课堂实录

中文版 AutoCAD
室内装潢设计课堂实录

陈志民 / 编著

清华大学出版社

北京

内容简介

本书是一本AutoCAD 2014的室内设计案例教程，以课堂实录的形式，全面讲解了该软件的各项功能和使用方法。全书共16课，循序渐进地介绍了室内装潢设计理论知识、室内装潢绘图理论知识、AutoCAD 2014基本操作、基本二维图形的绘制与编辑、图形标注与表格、图块及设计中心、施工图打印方法与技巧等内容。最后本书通过8课综合案例：包括室内常用符号和家具设计、单身公寓室内设计、三居室室内设计、办公空间室内设计、服装专卖店室内设计、中式餐厅室内设计、电气图和冷热水管走向图的绘制、室内装潢设计剖面图和详图的绘制，实战演练前面所学知识。

本书提供多媒体教学光盘，包含157个课堂实例、共1000多分钟的高清语音视频讲解，全面提高学习效率和兴趣。

本书内容全面，实例丰富，可操作性强，既可作为大学本科和高职高专有关室内设计相关专业的计算机辅助设计课程教材，也适用于广大AutoCAD用户自学和参考。

图书在版编目(CIP)数据

中文版AutoCAD室内装潢设计课堂实录 / 陈志民编著. --北京：清华大学出版社，2015
（课堂实录）

ISBN 978-7-302-40166-7

Ⅰ.①中… Ⅱ.①陈… Ⅲ.①室内装饰设计—计算机辅助设计—AutoCAD软件 Ⅳ.①TU238-39

中国版本图书馆CIP数据核字（2015）第096841号

责任编辑：陈绿春
封面设计：潘国文
责任校对：徐俊伟
责任印制：刘海龙

出版发行：清华大学出版社
　　　　　网　　　址：http://www.tup.com.cn，http://www.wqbook.com
　　　　　地　　　址：北京清华大学学研大厦A座　　　　　邮　　编：100084
　　　　　社 总 机：010-62770175　　　　　　　　　　　邮　　购：010-62786544
　　　　　投稿与读者服务：010-62776969，c-service@tup.tsinghua.edu.cn
　　　　　质 量 反 馈：010-62772015，zhiliang@tup.tsinghua.edu.cn
印 刷 者：北京富博印刷有限公司
装 订 者：北京市密云县京文制本装订厂
经　　销：全国新华书店
开　　本：188mm×260mm　　　印　张：22　　　字　数：610千字
　　　　　（附DVD1张）
版　　次：2015年9月第1版　　　印　次：2015年9月第1次印刷
印　　数：1～3500
定　　价：49.80元

产品编号：061939-01

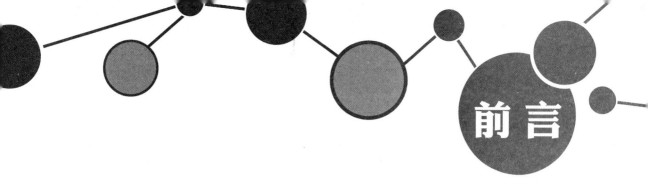

前 言

AutoCAD的全称是Auto Computer Aided Design（计算机辅助设计），作为一款通用的计算机辅助设计软件，它可以帮助用户在统一的环境下灵活完成概念和细节设计，并在一个环境下创作、管理和分享设计作品，所以十分适合广大普通用户使用。AutoCAD目前已成为世界上应用最广的CAD软件，市场占有率居世界第一。

本书特色

与同类书相比，本书具有以下特点。

（1）完善的知识体系

本书从室内装潢基础知识讲起，从简单到复杂，循序渐进地介绍了室内装潢设计理论知识、室内装潢绘图理论知识、AutoCAD 2014基本操作、基本二维图形的绘制与编辑、图形标注与表格、图块及设计中心、室内常用符号和家具设计、单身公寓室内设计、三居室室内设计、办公空间室内设计、服装专卖店室内设计、中式餐厅室内设计、电气图和冷热水管走向图的绘制、室内装潢设计剖面图和详图的绘制、施工图打印方法与技巧等内容，最后针对各行业需要，详细讲解AutoCAD在室内行业的应用方法。

（2）丰富的经典案例

本书所有案例针对初、中级用户量身订做。针对每节所学的知识点，将经典案例以课堂举例的方式穿插其中，与知识点相辅相成。

（3）实时的知识点提醒

AutoCAD绘图的一些技巧和注意点拨贯穿全书，使读者在实际运用中更加得心应手。

（4）实用的行业案例

本书每个练习和实例都取材于实际工程案例，具有典型性和实用性，涉及室内设计等，使广大读者在学习软件的同时，能够了解相关行业的绘图特点和规律，积累实际工作经验。

（5）手把手的教学视频

全书配备了高清语音视频教学，清晰直观的生动讲解，使学习更有趣、更有效率。

本书内容

本书共分16课，主要内容如下。

第1课　室内装潢设计概述：介绍室内装潢设计、家居空间设计要点和公共空间设计要点等内容。

第2课　室内装潢绘图概述：介绍室内设计制图内容、室内设计工程图的绘制方法以及室内设计制图国家标准等内容。

第3课　AutoCAD 2014基本操作：介绍AutoCAD 2014工作空间、工作界面、图形文件管理、控制图形显示、命令的调用方法、精确绘制图形以及图层的创建和管理等内容。

第4课　基本二维图形的绘制：介绍点、直线型、多边形以及曲线对象的绘制等内容。

第5课　二维图形的编辑：介绍对图形进行选择、移动、旋转、复制、修整、打断、合并、分解、倒角、圆角以及夹点编辑等多种操作。

第6课　图形标注与表格：介绍设置尺寸标注样式、图形尺寸的标注和编辑、文字标注的创建和编辑、多重引线标注和编辑及表格样式与表格的应用等内容。

第7课　图块及设计中心：介绍图块及其属性、设计中心与工具选项板的操作应用。

第8课　室内常用符号和家具设计：介绍符号类图块、门窗图形、室内家具陈设，以及厨卫设备的绘制方法。

第9课　单身公寓室内设计：完整介绍单身公寓整套图纸的设计，包括有原始结构图、墙体改造图、平面布置图、地面铺装图、顶棚平面图以及立面图等内容。

第10课　三居室室内设计：完整介绍三居室整套图纸的设计，包括有原始结构图、墙体改造图、平面布置图、地面铺装图、顶棚平面图以及立面图等内容。

第11课　办公空间室内设计：完整介绍办公空间整套图纸的设计，包括有原始结构图、平面布置图、地面铺装图、顶棚平面图以及立面图等内容。

第12课　服装专卖店室内设计：完整介绍服装专卖店整套图纸的设计，包括有平面布置图、地面铺装图、顶棚平面图以及立面图等内容。

第13课　中式餐厅室内设计：完整介绍中式餐厅整套图纸的设计，包括有平面布置图、地面铺装图、顶棚平面图以及立面图等内容。

第14课　绘制电气图和冷热水管走向图：完整介绍图例表、插座平面布置图、照明平面图以及冷热水管走向图的绘制方法。

第15课　绘制室内装潢设计剖面图和详图：完整介绍电视背景墙造型剖面图、门套剖面图、大厅天花剖面图以及卫生间剖面图的绘制方法。

第16课　施工图打印方法与技巧：深入讲解在模型空间和图纸空间打印图纸的操作方法。

本书作者

本书由陈志民编著，参加编写的还有陈运炳、申玉秀、李红萍、李红艺、李红术、陈云香、陈文香、陈军云、彭斌全、林小群、刘清平、钟睦、刘里锋、朱海涛、廖博、喻文明、易盛、陈晶、张绍华、黄柯、何凯、黄华、陈文轶、杨少波、杨芳、刘有良、刘珊、赵祖欣、齐慧明、胡莹君等。

由于作者水平有限，书中错误、疏漏之处在所难免。在感谢您选择本书的同时，也希望您能够把对本书的意见和建议告诉我们。

读者服务邮箱:lushanbook@gmail.com

目录

第4课　基本二维图形的绘制

第5课　二维图形的编辑

第6课 图形标注与表格

第7课 图块及设计中心

第8课 室内常用符号和家具设计

第1课
室内装潢设计概述

室内装潢设计是建筑物内部的环境设计，是以一定建筑空间为基础，运用技术和艺术因素制造的一种人工环境，它是一种以追求室内环境多种功能的完美结合，充分满足人们生活，工作中的物质需求和精神需求为目标的设计活动。本课主要对室内装潢设计的基础知识进行一个概括性介绍。

本课知识：

1. 掌握室内装潢设计基础知识。

2. 掌握家居空间设计要点基础知识。

3. 掌握公共空间设计要点基础知识。

1.1 室内装潢设计概述

室内装潢设计就是根据建筑物的使用性质、所处环境和相应标准，综合运用现代物质手段、技术手段和艺术手段，创建出功能合理、舒适优美、满足人们物质和精神生活需要的一种理想室内空间环境设计理念。如图1-1所示为某住宅的室内平面布置图和客厅装修效果图。

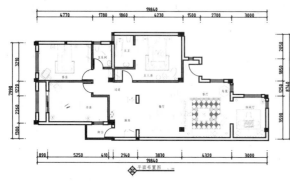

图1-1 某住宅的室内平面布置图和客厅装修效果图

1.1.1 室内装潢工程的工作流程

室内设计的工作流程一般包含设计准备阶段、方案设计阶段、施工图设计阶段以及设计实施阶段4个流程。

1. 设计准备阶段

设计准备阶段主要是接受委托任务书，签订合同，或者根据标书要求参加投标；明确设计期限并制定设计计划进度安排，考虑各有关工种的配合与协调；明确设计任务和要求，如室内设计任务的使用性质、功能特点、设计规模、等级标准以及总造价，根据任务的使用性质所需创造的室内环境氛围、文化内涵或艺术风格等；熟悉设计有关的规范和定额标准，收集分析必要的资料和信息，包括对现场的调查踏勘以及对同类型实例的参观等。

在签订合同或制定投标文件时，还包括设计进度安排，设计费率标准，即室内设计收取业主设计费占室内装饰总投入资金的百分比。

2. 方案设计阶段

方案设计阶段是在设计准备阶段的基础上，进一步收集、分析、运用与设计任务有关的资料与信息，构思立意，进行初步方案设计，深入设计，进行方案的分析与比较。确定初步设计方案，提供设计文件。

室内初步设计方案文件通常包括以下几种。

★ 平面图，常用比例1：50，1：100。
★ 室内立面展开图，常用比例1：20，1：50。
★ 平顶图或仰视图，常用比例1：50，1：100。
★ 室内透视图。
★ 室内装饰材料实样版面。
★ 设计意图说明和造价概算。

3. 施工图设计阶段

施工图设计阶段需要补充施工所必要的有关平面布置、室内立面和平顶等图纸，还需包括构造节点详细、细部大样图以及设备管线图，编制施工说明和造价预算。

4. 设计实施阶段

设计实施阶段也即是工程的施工阶段。室内工程在施工前，设计人员应向施工单位进行设计意图说明及图纸的技术交底；工程施工期间需按图纸要求核对施工实况，有时还需根据现场实况提出对图纸的局部修改或补充；施工结束时，会同质检部门和建设单位进行工程验收。

为了使设计取得预期效果，室内设计人

员必须抓好设计各阶段的环节，充分重视设计、施工、材料以及设备等各个方面，并熟悉、重视与原建筑物的建筑设计、设施设计的衔接，同时还须协调好与建设单位和施工单位之间的相互关系，在设计意图和构思方面取得沟通与共识，以期取得理想的设计工程成果。

1.1.2　室内装潢工程的装修风格

当代家装人群越来越广，人们对美的追求也不仅仅局限于原始的几个模式，更多的家庭装修风格开始融入到家居装饰中。下面将介绍一些常用的装修风格。

1. 现代风格

现代风格是一种简洁、质朴、抽象而明快的艺术风格形式，是当前室内设计市场中最为常见、最为流行的一种设计风格。该风格以特有质地、新颖造型、简洁图案等语汇，升华室内空间的现代品味。运用率直的流动线、直线及几何纹样形式，表现精细技艺、纯朴质地、明快色彩及简明造型，展示了艺术与生活、科学与技术完美统一的现代精神。如图1-2所示为现代风格的客厅装潢图。

图1-2　现代风格的客厅装潢图

2. 欧式风格

欧式风格，顾名思义指的是来自于欧罗巴洲的风格。主要有法式风格、意大利风格、西班牙风格、英式风格、地中海风格、北欧风格等几大流派。所谓风格，是一种长久以来随着文化的潮流形成的一种持续不断，内容统一，有强烈的独特性的文化潮流。欧式风格就是欧洲各国文化传统所表达的强烈的文化内涵。欧式风格按不同的地域文化可分为北欧、简欧和传统欧式。其中的田园风格于17世纪盛行欧洲，强调线形流动的变化，色彩华丽。它在形式上以浪漫主义

为基础，装修材料常用大理石、多彩的织物、精美的地毯，精致的法国壁挂，整体风格豪华、富丽，充满强烈的动感效果。另一种是洛可可风格，其爱用轻快纤细的曲线装饰，效果典雅、亲切，欧洲的皇宫贵族都偏爱这个风格。如图1-3所示为欧式风格的卧室装潢图。

图1-3　欧式风格的卧室装潢图

3. 日式风格

传统的日式风格将自然界的材质大量运用于居室的装饰，以淡雅节制、深邃禅意为境界，重视实际功能。日式设计风格直接受日本和式建筑影响，讲究空间的流动与分隔，流动则为一室，分隔则分几个功能空间，空间中总能让人静静地思考，禅意无穷。如图1-4所示为日式风格的卧室装潢图。

图1-4　日式风格的卧室装潢图

4. 中式风格

中式风格是以宫廷建筑为代表的中国古典建筑的室内装饰设计艺术风格，气势恢弘、壮丽华贵、高空间、大进深、雕梁画栋、金碧辉煌，造型讲究对称，色彩讲究对比，装饰材料以木材为主，图案多龙、凤、龟、狮等，精雕细琢、瑰丽奇巧。

中式风格在空间上讲究层次，多用隔窗、屏风来分割，用实木做出结实的框架，以固定支架，中间用棂子雕花，做成古朴的图案。其家具陈设讲究对称，重视文化意蕴；配饰擅用字画、古玩、卷轴、盆景，精致的工艺品加以点缀，更显主人的品位与尊贵，木雕画以壁挂为主，更具有文化韵味和独特风格，体现中国传统家居文化的独特魅力。如图1-5所示为中式风格的餐厅装潢图。

图1-5 中式风格的餐厅装潢图

5. 田园风格

田园风格是指采用具有"田园"风格的建材进行装修的一种方式。简单地说就是以田地和园圃特有的自然特征为形式手段，带有一定程度农村生活或乡间艺术特色，表现出自然闲适内容的作品或流派。是一种大众装修风格，其主旨是通过装饰装修表现出田园的气息。不过这里的田园并非农村的田园，而是一种贴近自然，向往自然的风格。如图1-6所示为田园风格的卧室装潢图。

6. 美式乡村风格

美式乡村风格有务实、规范、成熟的特点。其风格带着浓浓的乡村气息，以享受为最高原则，在面料、沙发的皮质上，强调它

的舒适度，感觉起来宽松柔软，家具以殖民时期为代表，体积庞大，质地厚重，坐垫也加大，彻底将以前欧洲皇室贵族的极品家具平民化，气派而且实用。主要使用可就地取材的松木、枫木，不用雕饰，仍保有木材原始的纹理和质感，还刻意添上仿古的瘢痕和虫蛀的痕迹，创造出一种古朴的质感，展现原始粗犷的美式风格。如图1-7所示为美式乡村风格的厨房装潢图。

图1-6 田园风格的卧室装潢图

图1-7 美式乡村风格的厨房装潢图

7. 地中海风格

地中海风格的家具以其极具亲和力的田园风情及柔和的色调和组合搭配上的大气很快被地中海以外的区域人群所接受。通常，"地中海风格"的家居，会采用这么几种设计元素：白灰泥墙、连续的拱廊与拱门，海蓝色的屋瓦和门窗。当然，设计元素不能简单拼凑，必须有贯穿其中的风格灵魂。地中海风格的灵魂，目前比较一致的看法就是"蔚蓝色的浪漫情怀，海天一色、艳阳高照的纯美自然"。如图1-8所示为地中海风格的

儿童房装潢图。

图1-8　地中海风格的儿童房装潢图

8. 东南亚豪华风格

　　东南亚豪华风格是一个结合东南亚民族岛屿特色及精致文化品位相结合的设计。这是一个新兴的居住与休闲相结合的概念，广泛地运用木材和其他的天然原材料，如藤条、竹子、石材、青铜和黄铜，深色的家具，局部采用一些金色的壁纸、丝绸质感的布料，灯光的变化体现了稳重及豪华感。如图1-9所示为东南亚豪华风格的客厅装潢图。

图1-9　东南亚豪华风格的客厅装潢图

9. 混搭风格

　　"混搭"装饰风格是一种特异的表现形式，它可以摆脱沉闷，突出重点，符合了当今人们追求个性、随意的生活态度。需要强调的是，"混搭"不是百搭，不是人为地制造出一个"四不像"，而是为了达到1+1>2的效果。因此，风格设计时能处理好两个以上不同风格作品在同一个空间里的搭配与协调，这样才能达到"混搭"目的。在"混搭"风格的居室内，既可以有欧式的家具，也可以有中式的饰品；既能够在客厅里体会到怀旧的感觉，也能够在卧室或阳台上发现休闲、轻松的元素。但不管怎样包容，绝不是生拉硬配，而是和谐统一，百花齐放，相得益彰。所以，混搭设计的重点是要形成统一的风格，细致到每一个角落，包括一个装饰品的运用都要独具匠心，这包括对成熟装饰风格的借鉴，也包括对家居装饰的准确理解，这是一个提高与升华的过程。如图1-10所示为混搭风格的客厅装潢图。

图1-10　混搭风格的客厅装潢图

1.1.3　室内装潢的现场量房

　　现场量房的主要作用是对室内施工现场中的室内长度和宽度、层高、梁、门窗、柱子和管道的位置和尺寸进行测量，并将测量的数据进行整理，勾勒出量房的草图，如图1-11所示。专业的测量工具一般有笔（两种以上颜色笔）、卷尺、电子测距仪等，如图1-12所示。在现场量房时，除了基本工具外（白纸、铅笔、圆珠笔、橡皮擦等），还可以借助手机、数据相机或摄像机等进行辅助拍摄。

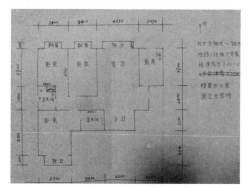

图1-11　量房草图

图1-12　测量工具

在测量房屋尺寸时，应该使用7.5米长的钢卷尺或专用量房仪，并且要精确到毫米（mm）。在实际操作中，可以采用自己认为最快捷的方法，且无论采用哪种方式，都需要把握10个测量要点，如图1-13所示为现场量房图。

★ 在工程项目现场走上一圈，仔细了解工程现场的房屋结构和房屋组成情况。

★ 通过速写方式绘制平面框架草图，并用不同颜色的笔来标注不同的部分。

★ 对照施工现场查看、校对绘制的草图是否完全正确。

★ 标注相应的尺寸线，要符合准确、简练原则，即用尽可能少的尺寸标注，准确地反映工程现场实际情况，并据此绘制出工程图样。

★ 平面尺寸的测量，一般从大门入口处开始，按房间次序进行测量。平面尺寸的测量一般距地1～1.3米的距离为好，每测量完一个尺寸就记录在绘制的框架草图上。

★ 当丈量好格局后，接下来用绿色圆珠笔大略勾绘梁位，再用卷尺测量梁高、梁宽和梁下的净高度。

★ 丈量或拍摄弱电、给水排水、空调排水孔、地坪状况等。

★ 尺寸测量完毕后，仔细检查标有各测量尺寸的平面草图，查看是否还有疏漏的地方。

★ 检查完毕后，开始测量高度方面尺寸，若工程现场不是非常复杂，只记录简单的数据即可，如房间净高、梁底的高度和门高等。

★ 依据现场草图，再通过AutoCAD绘制正确完整的图形。

图1-13　现场量房图

1.1.4　室内装潢工程施工的工作流程

室内装潢的施工一般有10大流程，下面将分别进行介绍。

1. 设计方案及施工图纸

一套完整的施工图纸应该包含有设计说明、原始结构图、墙体改造图、平面布置图、地面铺装图、顶棚平面图、电气平面图、给排水平面图、立面造型图、节点大样图以及3D效果图等。施工图纸绘制完成后，需要交由业主签字认可。

2. 现场设计交底

现场设计交底主要包含以下内容。

★ 业主、设计师、监理以及施工人员到达现场，根据施工图纸进行交底。

★ 对各部位难点进行讲解，确定开关插座等各部位的准确位置。

★ 对居室进行检测，对墙、地、顶的平整度和给排水管道、电、煤气畅通情况进行检测，并做好记录。

★ 对施工图纸现场进行最后确认。

★ 业主、设计师、监理、施工人员签署设计交底单等单据。

★ 准备开工。

3. 开工材料准备

根据设计方案，明确装修过程中所涉及的面积。特别是地砖面积、墙面漆面积以及地板面积等，以及各种所需要的材料（包括主要材料和辅助材料），并提前准备妥当，为后期的施工做准备。

在进行室内装潢开工之前，需要准备的材料包含有水泥、沙、红砖、木方、铁钉、钢钉、纹钉、电线、水管、穿线管、瓷砖以及油漆等，如图1-14所示。

图1-14 装修材料

4. 土建改造

土建改造包含有拆墙和砌墙两大块，如图1-15所示为拆墙和砌墙图。

图1-15 拆墙和砌墙图

在拆墙时需要注意以下7个方面。

★ 抗震构件如构造柱、圈梁等最好根据原建筑施工图来确定，或者请物业管理部门鉴别。

★ 承重墙、梁、柱、楼板等作为房屋主要骨架的受力构件不得随意拆除。

★ 不能拆除门窗两侧的墙体。

★ 不能拆除阳台下面的墙体，它对挑阳台往往起到抵抗颠覆的作用。

★ 砖混结构墙面开洞直径不宜大于1米。

★ 应该注意冷热水管的走向，拆除水管接头处应该用堵头密封。

★ 应该把墙内开关、插座、有线电视接头、电话线路等有关线盒拆除、放好。

5. 水电铺设

水电工程属于隐蔽工程，施工质量一旦出现问题，往往处理难度较大，维修工作量大，因此在进行水电铺设时，一定要注意其质量问题。如图1-16所示为水电铺设线路图。

图1-16　水电铺设线路图

水电改造的主要工作有水电定位、打槽、埋管和穿线，下面将水电铺设的施工注意事项进行介绍。

★　水电定位，也就是根据用户的需要定出全屋开关插座的位置和水路接口的位置，水电工要根据开关、插座以及水龙头的位置按图把线路走向给用户讲清楚。

★　水电打槽，好的打槽师傅打出的槽基本是一条直线，而且槽边基本没有什么毛齿。注意打槽之前，务必让水电工将所有的水电走向在墙上划出来标明，记得对照水电图，看是否一致。

★　水路改造时，注意周围一定要整洁。水路改造订合同时，最好注明水路改造用的材料。另外水路改造中要注意原房间下水管的大小，外接下水管的管子最好和原下水管匹配。

★　电路改造中，应注意事先要想好全屋的灯具和电器装在什么地方，以便确定开关插座的位置，同时要注意新埋线和换线的价格是不一样的。门铃最好买无线门铃。

6. 水泥施工

水泥施工的工作内容主要包括以下5点。

★　改动门窗位置。通过吊线、打水平尺以及量角尺等方法确保墙体上门洞、窗洞两侧现地面垂直所有转角是90°，如图1-17所示。

图1-17　门窗改造施工图

★　厨房和卫生间的防水处理。在进行防水处理时，需要清理基层，粉刷水泥、泥浆，待水泥完全干涸后，使用防水涂料，均匀粉刷在墙、地面上，如图1-18所示。

图1-18　防水处理施工图

★　包下水管道。包下水管道时，应该尽可能的减少包下水管道的阴阳角方正，与地面垂直。特别注意不准封闭下水管道上的检修口。

★　地面找平。地面找平时用水平尺找水平，需要注意地面浇水养护，如图1-19所示。

★　墙、地砖铺贴。对进入现场的墙、地砖进行开箱检查看材料的品种及规格是否符合设计要求，严格检查相同的材料是否有色差，仔细查看是否有破损、裂纹，测量其宽窄，对角线是否在允许偏差范围内（2mm），检查平整度。渗水度以及是否做过防污处理，如发现有质量问题，应该及时告知业主，请业主选择退货，如果业主坚持要用，须请业主签字认可，如图1-20所示。

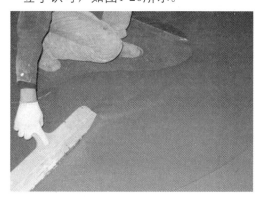

图1-19　地面找平施工图

图1-20　墙、地砖铺贴施工图

7. 木工施工

木工的工作内容包含以下几个方面。

★　木制品的制作。包含有门窗套、护墙板、顶角线、吊顶隔断、厨具和玄关等。如图1-21所示为吊顶施工图。

图1-21　吊顶施工图

★　家具制作。包含有衣橱、书橱、电视柜、鞋箱等，如图1-22所示。

图1-22　衣柜制作

★　铺设木地板、踢脚线（板），如图1-23所示。
★　玻璃制品的镶嵌配装。

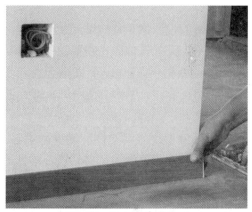

图1-23　实木踢脚线施工

8. 涂饰工程施工

涂饰工程是将油纸或水质涂料涂敷在木材、金属、抹灰层或混凝土等基层表面上，形成完整而坚韧的装饰保护层的一种饰面工程。涂料是指涂敷于物体表面并能与表面基体材料很好粘结形成完整而坚韧保护膜的材料，所形成的这层保护膜又称涂层。

各种装潢涂料工程的施工工程基本相同：包含基层处理、打底刮腻子、磨光以及涂刷涂料等环节。如图1-24所示为涂饰工程的现场施工。

9. 收尾工作

收尾工作包含有开关插座的安装、灯具的安装、门窗的安装、五金洁具的安装、窗帘杆的安装、橱柜的安装、抽油烟机的安装以及玻璃制品的安装等。最后做全面的清洁工作。

10. 竣工验收

检查灯具、插座、水管、龙头以及洁具的安装是否合格；检查地面砖和墙砖的铺贴是否合格；检查吊顶石膏板和金属扣板安装是否合格；检查木造型、门窗、橱柜以及门等部位的油漆、墙面涂料、壁纸以及玻璃的安装是否合格。工程检查完成后，让客户验收，客户验收合格，签收并交付工程款。

图1-24　涂饰工程的现场施工

1.1.5　室内装潢设计的基本原则

室内装潢设计的基本原则主要有以下6点。

1. 功能性

室内装潢设计作为建筑设计的延续与完善，是一种创造性的活动。为了方便人们在其中的活动及使用，完善其功能，需要对这样的空间进行再次设计，室内装潢设计完成的就是这样的一种工作。随着早期奇思设计机构设计总监单求安提出的轻装修重功能的理念在全国上下形成了一股风，在设计当中除去花哨的装饰，遵循功能至上的原则。

2. 经济性

室内装潢设计方案的设计需要考虑客户的经济承受能力，要善于控制造价，要创造出实用、安全、经济和美观的室内环境，这既是现实社会的要求，也是室内装潢设计经济性原则的要求。

3. 整体协调性

室内装潢设计既是一门相对独立的设计艺术，同时又是依附于建筑整体的设计。室内装潢设计是基于建筑整体设计，对各种环境、空间要素的重整合和再创造。在这一过程中，设计师个人意志的体现，个人风格的突显，个人创新的追求固然重要，但更要的是将设计的艺术创造性和实用舒适性相结合，将创意构思的独特性和建筑空间的完整性相融合，这是室内装潢设计整体性原则的根本要求。

4. 环保性

尊重自然、关注环境、保护生态是生态环境原则的最基本内涵。使创造的室内环境能与社会经济、自然生态、环境保护统一发展，使人与自然能够和谐、健康地发展是环保性原则的核心。

5. 创新性

创新是室内装潢设计活动的灵魂。这种创新不同于一般艺术创新的特点在于，它只有将委托设计方的意图与设计者的追求，结合技术创新将建筑空间的限制与空间创造的意图完美地统一起来，才是真正有价值的创新。

6. 艺术审美性

室内环境营造的目标之一，就是根据人们对于居住、工作、学习、交往、休闲、娱乐等行为和生活方式的要求，不仅在物质层面上满足其对实用及舒适程度的要求，同时还要求最大限度地与视觉审美方面的要求相结合，这就是室内设计的艺术审美性要求。

1.2 家居空间设计要点

住宅不仅要满足常规的使用功能，而且也要满足特定住户的物质要求和精神要求。除了考虑人对环境的生理需求及心理要求之外，还应该考虑材料和绿色环保问题，不能把有污染的材料和技术带进室内环境。我们根据居住建筑的不同功能可以将居室分为卧室、客厅、厨房、书房、卫生间等空间，下面分别介绍这些空间的设计要点。

1.2.1 客厅的设计

客厅是家庭居住环境中最大的生活空间，也是家庭的活动中心，它的主要功能是家庭会客、看电视、听音乐、家庭成员聚谈等。客厅室内家具配置主要有沙发、茶几、电视柜、酒柜及装饰品陈列柜等。由于客厅具有多功能的使用性，面积大、活动多、人流导向相互交替等特点，因此在设计中与卧室等其他生活空间须有一定的区别，设计时应充分考虑环境空间弹性利用，突出重点装修部位。在家具配置设计时应合理安排，充分考虑人流导航线路以及各功能区域的划分。然后再考虑灯光色彩的搭配以及其他各项客厅的辅助功能设计，如图1-25所示为客厅设计示例。

图1-25 客厅设计示例

客厅装修是家庭装修的重中之重，客厅装修的原则是：既要实用，也要美观，相比之下，美观更重要，具体家居的原则有以下几点。

1. 风格要明确

客厅是家庭住宅的核心区域，现代住宅中，客厅的面积最大，空间也是开放性的，地位也最高，它的风格基调往往是家居格调的主脉，把握着整个居室的风格。因此确定好客厅的装修风格十分重要。可以根据自己的喜好选择传统风格、混搭风格、现代风格、中式风格或西式风格等等。客厅的风格可以通过多种手法来实现，其中吊顶设计及灯光设计、还有就是后期的配饰，其中色彩的不同运用更适合表现客厅的不同风格，突出空间感。

2. 个性要鲜明

如果说厨卫的装修是主人生活质量的反映，那么客厅的装修则是主人的审美品位和生活情趣的反映，讲究的是个性。厨卫装修可以通过装成品的"整体厨房"、"整体浴室"来提高生活质量和装修档次，但客厅必须有自己独到的东西。不同的客厅装修中，每一个细小的差别往往都能折射出主人不同的人生观及修养和品味，因此设计客厅时要用心，要有匠心。个性可以通过装修材料、装修手段的选择及家具的摆放来表现，但更多的是通过配饰等"软装饰"来表现，如工艺品、字画、布艺、小饰品等，这些更能展示出主人的修养。

3. 分区要合理

客厅要实用，就必须根据自己的需要，进行合理的功能分区。如果家人看电视的时间非常多，那么就可以以视听柜为客厅中心，来确定沙发的位置和走向；如果不常看电视，客人又多，则完全可以会客区作为客厅的中心。客厅区域划分可以采用"硬性区分"和"软性划分"两种办法。软性划分是用"暗示法"塑造空间，利用不同装修材料、装饰手法、特色家具、灯光造型等来划分。如通过吊顶从上部空间将会客区与就餐区划分开来，地面上也可以通过局部铺地毯等手段把不同的区域划分开来。家具的陈设方式可以分为规则（对称）式和自由式。小空间的家具布置宜以集中为主，大空间则以分散为主。硬性划分是把空间分成相对封闭的几个区域来实现不同的功能。主要是通过隔断、家具的设置，从大空间中独立出一些小空间来。

4. 重点要突出

客厅有顶面、地面及四面墙壁，因为视角的关系，墙面理所当然地成为重点。但四面墙也不能平均用力，应确立一面主题墙。主题墙是指客厅中最引人注目的一面墙，一般是放置电视、音响的那面墙。在主题墙上，可以运用各种装饰材料做一些造型，以突出整个客厅的装饰风格。目前使用较多的如各种毛坯石板、木材等。主题墙是客厅装修的"点睛之笔"，有了这个重点，其他三面墙就可以简单一些，"四白落地"即可，如果都做成主题墙，就会给人杂乱无章的感觉。顶面与地面是两个水平面。顶面在人的上方，顶面处理对整修空间起决定性作用，对空间的影响要比地面显著。地面通常是最先引人注意的部分，其色彩、质地和图案能直接影响室内观感。

▌▌1.2.2　餐厅的设计

在现代家居中，餐厅正日益成为重要的活动场所，布置好餐厅，既能创造一个舒适的就餐环境，还会使居室增色不少，如图1-26所示为餐厅设计示例。

图1-26　餐厅设计示例

餐厅的设计与装饰，除了要同居室整体设计相协调这一基本原则外，还特别考虑餐厅的实用功能和美化效果。一般餐厅在陈设和设备上是具有共性的，那就是简单、便捷、卫生、舒适。主要有如下几点。

★　如果具备条件，单独用一个空间作餐厅是最理想的，在布置上也可以体现设计者或主人的喜好，风格明显。

★　对于住房面积不是很大的居室，也可以将餐厅设在厨房、过厅或客厅内。

★　一般居室，厨房多有外接阳台或称工作阳台，于是人们喜欢将灶具移至阳台，一可以节省备餐时间，甚至还可以留出家人简易的用餐空间，再就是可以让油烟更好的散往户外，减少室内空气污染。

★ 对于开敞式餐厅，在客厅与餐厅间放置屏风是实用与艺术兼具的做法，但须注意屏风格调与整体风格的协调统。

★ 餐厅的地面也可以略高于其他空间，以50公分为宜，以分割不同区域。

★ 独立式餐厅，其门的形式、风格、色彩应与餐厅内部，乃至整个居室的风格一致；餐厅地板的形状、色彩、图案和质料则最好要同其他区域有所区别，以此表明功能的不同，区域的不同。

★ 有的居室餐厅较小，可以在墙面上安装一定面积的镜面，以调节视觉，造成空间增大的效果。

★ 餐厅和厨房最好毗邻或者接近，方便实用。

★ 餐桌上的照明以吊灯为佳，也可以选择嵌在天花板上的射灯，或以地灯烘托气氛。

★ 不管选择哪一种灯光设备，都应该注意不可直接照射在用餐者的头部，否则既影响食欲，也不雅观。

★ 餐厅地板铺面材料，一般使用瓷砖、木板、或大理石，容易清理，而用地毯则容易沾污油腻污物。

★ 餐厅墙面的装饰要注意体现个人风格，既要美观又要实用，切不可信手拈来，盲目堆砌色彩，并要注意简洁、明快。

★ 餐厅家具宜选择调和的色彩，尤以天然木色、咖啡色、黑色等稳重的色彩为佳，尽量避免使用过于刺激的颜色。墙面的颜色应以明亮、轻快的颜色为主。

★ 餐桌是餐厅的主要家具，也是影响就餐气氛的关键因素之一。选择款式可以根据自己的喜好来确定，其大小应和空间比例相协调，餐厅用椅与餐桌相配套，也可单独购置组合，两者皆可。关键在造型，尺度以及舒适度上要考虑周全。餐橱的形式可与餐桌、餐椅相配套设计，也可以独立购置。餐橱有单体式，嵌墙式之分。

1.2.3　卧室的设计

卧室是人们经过一天紧张的工作后最好的休息和独处的空间，它应具有安静、温馨的特征，从选材、色彩、室内灯光布局到室内物件的摆设都要经过精心设计，如图1-27所示为卧室设计示例。

图1-27　卧室设计示例

在设计卧室时，首先想到的应该是舒适和宁静，我们可以通过对色彩的配置来营造舒适的卧室环境。具体到卧室颜色的选择，应该以有利于平静、放松为原则。合理的搭配色彩才能够让居住者更好的放松和休息。

卧室的色调应以宁静、和谐为主旋律，尽力营造温馨柔和、甜美浪漫的家居私密空间。面积较大的卧室，选择墙面装饰材料的范围比较广，而面积较小的卧室，则适合选择偏暖、色泽浅淡的图案和颜色。

卧室色彩一般以家具、墙面、地面的色彩为主调。比如，墙是以绿色系列为主调，房间的布艺织物就不宜选择太多的暖色调了。

浅亮的色调能使空间更具开阔感，使房间显得更为宽敞；深暗的色彩则容易使空间显得紧凑，给人一种温暖舒适的感觉。鲜艳的色彩能使人心情变得振奋、欢快；而深沉的色调则容易给人一种庄重压抑的感觉。

另外，鲜艳的色彩在强烈的光线下一般会显得更加生机勃发，暖色能够补偿室内光线的不足，因而可以用在朝北或者光线不足，显得阴冷的房间内，以增添房间的温暖感觉。而冷色则能够予人一种清新凉爽的感觉。对同一空间既运用冷色也用暖色进行色彩搭配时，要注意色彩比例的协调，才能营造出和谐的整体色彩效应，不至于显得杂乱无章。

1.2.4 书房的设计

书房，在现代家庭中占有独特的地位，它安静恬淡，慰藉人的心灵；它蕴藏丰厚，放飞人的思想。主人的习性、爱好、专长和品味在这里都能得到尽数体现。因此，书房正受到越来越多家庭的关注，如图1-28所示为书房设计示例。

图1-28　书房设计示例

要打造一个具有浓重书香气的书房，则需要通过以下四个方面来完成。

1. 壁纸讲究色彩和透气性

书房是人们阅读、写作、学习，甚至是上网聊天、休闲放松的地方，因此需要创造一个安静的环境。浅色调的空间颜色正是宁静恬淡环境的组成部分，而壁纸正好可以大显身手。建材家居市场中浅色系的壁纸很多，浅灰、乳黄、淡蓝等都可以装点出书房的宁静氛围。壁纸的种类有纯纸浆壁纸、无纺布壁纸、木纤维壁纸等。

除了大户型有专门书房外，对120平方米左右的房子，其书房的空间都会比较紧凑，从客厅中造书房或从卧室中挤书房的情况时有发生。因此，较小的空间内选用壁纸一定要注重透气性好，否则长时间看书学习会有憋闷的感觉，无纺布壁纸或木纤维壁纸是首选。

2. 家具突出实用和完备

蕴藏丰富的书房，自然少不了文雅厚重的书桌和书柜。如今，书房中的书桌、座椅、书柜采用传统中式风格的越来越多，中式的线条和常采用的实木材质让书房的书香气息更浓，这也彰显出了中式家具的魅力。书柜重要，书桌和座椅也不可或缺，根据书房空间的大小，书桌和座椅皆可定做。

3. 灯饰采用可调节方向和高度的落地灯

淡泊明志，宁静致远的书香之地除了空间的主灯之外，一定还要有一盏点亮心灵的阅读灯。书房灯饰的选择要明亮适中，光线过亮或过暗都不好，灯光的色度要柔和、不闪烁，以减轻视觉负担，另外，灯饰的功能性和装饰性也要兼顾。除了传统桌面上放置的护眼灯，外观漂亮、功能强大的落地灯也是较好的选择。

4. 窗帘宜用质料轻柔的纱帘

在书房的宁静和厚重中，窗帘是一道美丽的风景。

1.2.5 厨房的设计

厨房是解决饮食的主要空间，是最有生活气息的地方，以烹饪、洗涤、储藏为主要功能。通常情况下，厨房的设计除了要满足基本的烹饪功能外，还要重视空间与视觉的开阔性、舒适性，追求造型的美观、色彩的明快等。无论进行怎样的布局与设计，给主人提供一个方便、舒适、干净、明快的厨房环境是最基本的原则，使主人在忙碌一日三餐的同时，能够保持一个愉悦的心情，如图1-29所示为厨房设计示例。

图1-29 厨房设计示例

厨房的设计要点是干净、明快、方便、通风。特别要适合国人的烹调习惯，即适合于使用煎、炒、煮、炸等烹调方法，操作起来一定要方便、便于清理而又不失独特的风格。在进行厨房设计时，需要注意以下几点。

1. 创造中心工作台

水槽、灶台和冰箱，三角工作区曾经被视为厨房设计的黄金法则，但是这个概念正在被打破。首先，烤箱、微波炉等厨房设备的增加，令我们根本无法遵循三角工作动线，而厨房的开放，更向三角形提出了挑战。如果可以的话，最好在厨房里设一个中心工作台，集合储物、备餐、烹饪区等于一体，家人和朋友也可以一起动手，共同分享其中的乐趣。边做饭边交流，自然而亲切。

2. 照明设计

吊柜下方、吊柜和地柜内部、天花、烹饪区都应该安装照明设备，天花照明容易在某一区域留下阴影，从而影响人做饭时的操作。如果是切菜区域，还存在极大的危险。吊柜下方的照明最好能调节角度，适合不同做饭人的身高和视线角度。柜子内部灯的开关应该和柜门开合相连，使用起来更方便。

3. 为转角添加魅力

橱柜遇到转角位置，内部的空间很难再放东西。可以采取安装转盘或者可伸缩的拉篮，至此能将空间完全利用。而圆盘拉篮是最理想的解决方案，同时需要将橱柜也设计成圆弧形，既美观，又实用。

4. 配置早餐台

橱柜中的早餐台除去吃早餐之外，做饭间隙在这里休息、作为备餐台在餐前或是餐后对食物进行补充或整理、采购回来在这里整理食物，早餐台让你在厨房里变得更从容。

5. 物品的收纳

对于厨房收拾不尽的物品，最好的方法就是进行分类收纳。先分好区域，再考虑抽屉或者柜子内部的分类，使用拉篮、分隔件，类别分得越细致查找时越容易。调料盒、盘子托等特殊的分隔件是一笔不小的花销，不过为了日后使用方便，还是不能吝惜。

▌ 1.2.6 卫生间的设计

卫生间并不单指厕所，而是厕所、洗手间、浴池的合称。根据布局卫生间可分为独立型、兼用型和折中型三种。根据形式可分为半开放式、开放式和封闭式。目前比较流行的是区分干湿分区的半开放式。住宅的卫生间一般有专用和公用之分。专用的只服务于主卧室；公用的与公共走道相连接，由其他家庭成员和客人公用。

随着人们生活水平的日益提高，家庭装修对卫生间的要求越来越高，美观实用、功能齐全的卫生间逐渐成为了居室新宠，并且已由最早的一套住宅配置一个卫生间——单卫，到现在的双卫（主卫、客卫）和多卫（主卫、客卫、公卫）。由于卫生间是集盥洗、如厕、洗浴等各种功能于一体的室内空间，因此无论在空间布置上，还是设备材料、色彩、灯光设计等方面都不应忽视。

卫生间一般面积较小，但由于其实用性强、利用率高，所以更应该合理、巧妙地利用空间，从功能结构、材料选择、色彩、洁具选择等几个方面精心设计。

如图1-30所示为卫生间设计示例。

图1-30 卫生间设计示例

1.3 公共空间设计要点

公共空间是相对于私人空间而言的集体性空间领域，如商场、酒店、学校、医院、办公室等等。室内公共空间设计是通过对行为、环境、文化、时代、习俗、理念、科技以及生理和心理等因素的综合思维进行的空间设计，旨在改善公众的物理生活环境，提高公众精神生活质量。本节主要对公共空间的设计特点、设计原则以及室内陈设设计等基础知识进行讲解。

1.3.1 公共空间的设计特点

公共空间有5个设计特点。

1. 功能性

功能性包含有以下5个方面。

★ 设计更重视高、精、尖的技术运用。

★ 以人为本的设计理念代替了传统的自我维护意识。

★ 声、光、电子等现代的科技为现在公共空间提供了更快捷方便的服务。

★ 安全意识、防火防盗功能成为重要组成部分。

★ 公共空间不容忽视的精神功能。

2. 人性化

现代公共空间重视现代人心理与生理的体验感，重视人性化理念。例如：大型超市的存包处、手推车、手提筐；特殊商场为消费者提供的孩子看管区域；为残障人士提供的轮椅专用坡道；个别场所为顾客准备的临时雨伞；为消费者提供的电子查询、网上购物、送货上门、电话预约等多种功能的服务。

3. 科技性

现代科学技术的运用使现代主义设计应运而生，人们摒弃了传统的装饰手法和一些陈规戒律，努力寻求和社会发展相适应的设计途径，现代主义设计风格应运而生。随着人性化空间思潮的回归以及文化的融合，特别是科技的发展，数字化时代的到来，设计风格趋向科学技术与传统文化的结合。

4. 艺术性

艺术性包含有以下两个方面。

★ 建筑空间转向时空环境

现代公共空间设计从三维模式转向四维空间（体现了时间的概念）；突破了以往的地域化，使得不同时空的设计元素相互融合，创造出具有现代风格的设计概念。

★ 室内装饰转向室内设计

在经历了现代主义设计思潮后，人性的回归已经成为现代公共空间设计的主要方向，时尚、简约的设计方式，迎合了生活在城市中的人们渴望放松生活，能够回归自然的心态。

5. 相关性

现代公共空间设计已经不是早期六面体式的装饰，它还要与其他环境因素相结合。例如：商业空间设计提供服务、引导消费＋体现企业文化、展示理念、扩大内涵，如企业的VI系统引入等。再有就是设计师要考虑人是空间的重要因子，设计师在设计某个空间时要充分考虑人走入这个空间后的效果，有时人给环境带来活力，有时却能带来压力，反之亦然。

1.3.2 公共空间的设计原则

公共空间的设计原则有以下两点。

1. 使用功能要求

人之所以从事建筑活动，就是为了给自己提供一个生存和活动的理想场所。公共空间设计的目的正是为人们创造良好的公共空间环境，以满足人们在公共空间内进行学习、生活、工作及休闲的要求。不同的功能要求，提出了与之相适应的不同空间要求。

例如商场是为了购物；办公室是为了办公；剧院是为了演出；酒店客房是为了提供住宿等。设计的过程中要处理好各个空间的关系，注意室内物理环境、家具和陈设等整体色调的协调搭配。如图1-31和图1-32所示为商场公共空间和办公室公共空间。

图1-31　商场公共空间　　　　　　　　　图1-32　办公室公共空间

2. 精神功能要求

精神功能要求原则主要体现在以下3个方面。

★　室内公共空间的气氛：室内气氛与空间的性质、用途和使用对象有关。

★　室内公共空间的感受：作为设计者，要运用各种方法去影响人们的情感、意志和行动。

★　室内公共空间的意境：室内空间意境是指室内环境所集中体现的某种构思意图和主题，是室内设计中精神功能的高度概括。

▌1.3.3　公共空间室内陈设设计

室内陈设设计就是室内空间设计确定之后的局部设计，它包含有家具与饰物的陈列和摆设。作为设计师对陈设的认识应该是全方位的。设计师从陈设品中表达出一定的思想内涵和文化精神，并对空间形象的塑造、气氛表达、渲染起到烘托和画龙点睛的作用。在现代室内设计中强调加大艺术力度的发展趋势，室内陈设就必然被推到重要的位置上来，现代室内设计文化品味的高低，更多的是由室内陈设艺术的品位决定的。

公共空间的陈设设计和布置的原则有以下4个方面。

★　在充分了解使用性质和功能要求的条件下才能进行符合空间要求的陈设设计与布置。

★　陈设布置要注意空间和尺度的关系，大空间的陈设尺度要大一点，小空间的陈设要有一个适中的尺度，明显的陈设要轮廓感突出、色彩明朗。

★　公共空间的陈设布置要有一定的艺术性并创造符合设计意图的气氛。如：宾馆陈设要配合点缀室内亲切恬静的气氛，政治性的厅堂要考虑民族传统特色。

★　室内公共空间的总体色彩效果应以典雅、低纯度色为主，局部可用高纯度色或对比色处理，陈设要在室内环境中起到鲜艳丰富对比突出的作用。

▌1.3.4　公共空间的照明设计

在公共空间中，无论照明光源的颜色、形式、属性如何，其价值总是归结为功能性的表现。因此，照明系统的设计是以技术为条件、以功能为目的实用性设计，照明设计时需考虑的因素也是以此为基本出发点的。

通常，一个公共室内空间可以根据其使用功能划分为不同的区域，而不同的环境对于照明亮度以及光亮的来源要求是不同的，而且灯具的造型和位置、安置方式均会直接影响照明的亮度和功效。灯具的造型配置也是影响室内空间整体风格的一个重要因素。如图1-33所示为公共空间照明设计示例。

图1-33 公共空间照明设计示例

第2课
室内装潢绘图概述

在室内设计中，图样是表达设计师设计理念的重要工具，也是室内装饰施工的必备依据，在图样的制作过程中，应该遵循统一的制图规范。本课着重介绍室内设计制图的基本知识及注意事项，使初学者对室内设计制图有一个比较全面的认识及了解，为后面的深入学习打下基础。

本课知识：

1. 掌握室内设计制图内容的基础知识。
2. 掌握室内设计工程图的绘制方法。
3. 掌握室内设计制图的国家标准。

2.1 室内设计制图内容

一套完整的室内设计图纸包括详细的施工图和完整的效果图，下面将对施工图与效果图的内容进行讲解。

▌2.1.1　施工图与效果图

装饰施工图完整、详细地表达了装饰结构、材料构成以及施工的工艺技术要求等，是木工、油漆工、水电工等相关施工人员进行施工的依据，一般使用AutoCAD进行绘制。效果图反映的是装修的用材、家具布置和灯光设计的综合效果，由于是三维透视彩色图像，没有任何装修专业知识的普通业主也可以轻易地看懂设计方案，了解最终的装修效果。效果图一般使用3ds Max绘制，它根据施工图的设计进行建模、编辑材质、设置灯光和渲染，最终得到一张彩色的图像。如图2-1和图2-2所示的施工图和效果图。

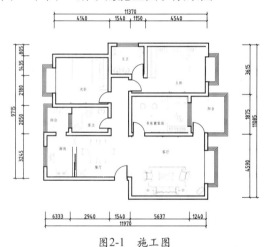

图2-1　施工图

图2-2　效果图

▌2.1.2　施工图的组成

一套完整的施工图绘制包括原始结构图、墙体改动图、平面布置图、地面布置图、顶面布置图、电气布置图以及给排水布置图，此外还包括表达各墙面装饰的立面布置图，表达施工工艺的节点图等。

1. 原始结构图

在经过实地量房之后，设计师需要将测量结果用图纸表示出来，包括房屋结构、空间关系、相关尺寸等，利用这些内容绘制出来的图纸，即为原始结构图。后面所有的设计、施工都是在原始结构图的基础上进行的，包括平面布置图、顶棚造型图、地面铺装图等，如图2-3所示。

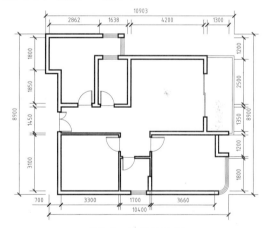

图2-3　原始结构图

2. 墙体改造图

墙体改造图是将需要进行拆建的墙体在图纸上清楚的表达出来，方便日后施工，如图2-4所示。

3. 平面布置图

平面布置图主要表现出室内空间的布置、区域的划分以及家具家电的摆放位置等，如图2-5所示。平面布置图清楚的表达了以下内容。

★ 鞋柜和衣柜的摆放位置和尺寸。

★ 沙发、电视、餐桌的摆放位置和尺寸。

★ 厨房各家电的摆放位置、橱柜的尺寸等。

★ 卧室床及组合柜的摆放位置和尺寸。

★ 卫生间洁具的摆放位置和尺寸。

★ 书房内书桌和书柜的摆放位置和尺寸。

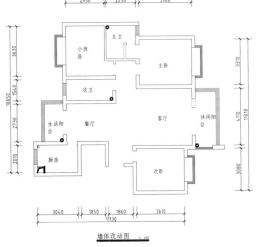

图2-4 墙体改造图

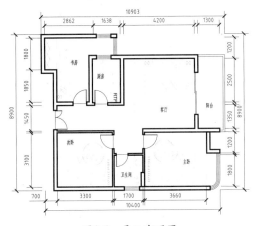

图2-5 平面布置图

4. 地面铺装图

地面铺装图用来表示客厅、餐厅、各门槛石、卧室、卫生间、厨房以及阳台地面的铺贴方式，包括使用的材料、尺寸、施工工艺以及铺贴花样等形式，如图2-6所示。

5. 顶棚平面图

顶棚平面图一般是用镜面视图或俯视图的表达方法绘制的。室内装饰设计的顶棚平面图主要是表示室内空间顶面装饰的构造、形状、标高、尺寸、材料以及设备的位置，如图2-7所示。顶棚平面图表达了以下内容。

图2-6 地面铺装图

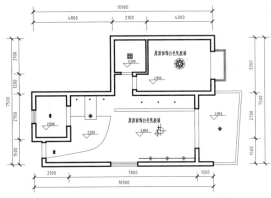

图2-7 顶棚平面图

★ 顶棚的造型、材料及施工做法说明。

★ 顶棚消防装置和通风装置布置情况。

★ 标注顶棚的尺寸、细部造型尺寸。

★ 标注顶棚的标高。

★ 标注顶棚的详图索引符号、图名和比例等。

★ 如需要剖面图表达的，顶棚平面图中还应该指明剖面图的剖切位置。

6. 电气布置图

主要用来表示室内各区域的配电情况，包括照明、插座以及开关的铺设方式及安装说明等，如图2-8所示。

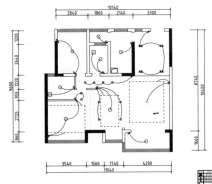

图2-8 电气布置图

7. 给排水布置图

在家庭的装修中，管道有给水和排水两个部分，同时又包括热水系统和冷水系统。绘制给排水布置图，用以表示室内给水排水管道、开关等用水设施的布置和安装情况，如图2-9所示。

8. 立面图

立面图是一种与垂直界面平行的正投影图，它能够反映垂直界面的形状、装修做法和其上的陈设，如图2-10所示。立面图清楚的表达了以下内容。

★ 墙面造型、材质，家具、家电及陈设在立面上的正投影图。

★ 门窗立面及其他装饰元素立面。

★ 材料名称、色彩及施工工艺做法说明。

★ 标注立面各组成部分尺寸、地面标高、顶棚标高。

★ 标注立面详图索引符号、图名、比例等。

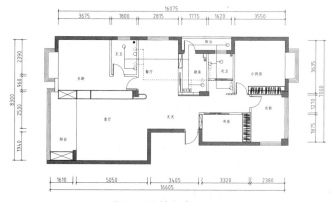

图2-9　给排水布置图

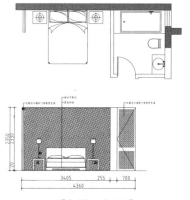

图2-10　立面图

2.2 室内设计工程图的绘制方法

室内工程图表达了建造完的建筑物室内外环境的进一步美化或改造的技术内容。本节将详细介绍室内工程图中的平面图、地面图、顶棚图、立面图、剖面图以及详图的形成与绘制方法。

2.2.1 平面图的形成与画法

平面图是室内设计工程中的主要图样。从设计角度看，它实际上是一种水平剖面图。就是用一个假象的水平剖切面，在窗台上方，把房间分隔开，移去上面的部分，由上往下看，对剩余部分画正投影图，如图2-11所示为室内平面图的形成。建筑平面图主要表达建筑实体、包括墙、柱、门和窗等配件；室内平面设计则主要表示室内环境要素，如家具与陈设等。室内平面图的范围，以房间内部为主。

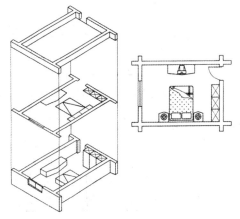

图2-11　室内平面图形成

下面将介绍平面图的绘制方法。

★ 绘制定位轴线和墙体对象。

★ 绘制门窗洞口。

★ 绘制门窗、阳台图形。

★ 画出各功能空间的家具、陈设、隔断及绿化等的形状、位置。

★ 在平面布置图中添加尺寸标注和图名。

2.2.2 地面图的形成与画法

地面图是表示地面做法的图样，包括用材和形式。地面铺装图的绘制方法与平面布置图相同，只是地面铺装图不需要绘制室内家具，只需要绘制地面所使用的材料和固定于地面的设备与设施图形。

地面图的画法主要包含以下几个步骤。

★ 选比例、定图幅。

★ 画出建筑主体结构的平面图。

★ 画出地面的造型轮廓线。

★ 标注地面材料的名称、规格和颜色。

2.2.3 顶棚图的形成与画法

顶棚图是以镜像投影法画出的反映顶棚平面形状、灯具位置、材料选用、尺寸标高及构造做法等内容的水平镜像投影图，是装饰施工图的主要图样之一。它是假想以一个剖切平面沿顶棚下方窗洞口位置进行剖切，移去下面部分后对上面的墙体、顶棚所作的镜像投影图。注意：在顶棚平面图中剖切到的墙柱用粗实线、未剖切到但能看到的顶棚、灯具、风口等用细实线表示，如图2-12所示为室内顶棚图的形成。

顶棚图的画法主要包含以下几个步骤。

★ 选比例、定图幅。

★ 画出建筑主体结构的平面图。

★ 画出天花的造型轮廓线、灯饰及各种设施。

★ 标注尺寸、剖面符号、详图索引符号及文字说明等。

★ 描粗整理图线。其中墙、柱用粗实线表示；天花灯饰等主要造型轮廓线用中实线表示；天花的装饰线、面板的拼装分格等次要的轮廓线用细实线表示。

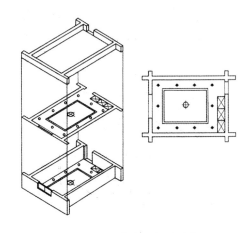

图2-12 室内顶棚图形成

2.2.4 立面图的形成与画法

将室内空间立面与之平行的投影面上投影，所得到的正投影图即为室内立面图。它主要用来表达内墙立面的造型、所用材料及其规格、色彩与工艺要求及装饰构件等。还表达了室内立面造型、门窗、比例尺度、家具陈设、壁挂等装饰的位置与尺寸、装饰材料及做法等，如图2-13所示为室内立面图的形成。

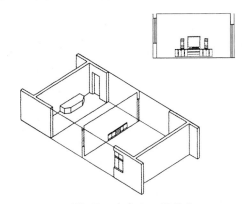

图2-13 室内立面图形成

立面图的画法主要包含以下几个步骤。

★ 选比例、定图幅。

★ 画出建筑主体结构的平面图。

★ 画出天花的造型轮廓线、灯饰及各种设施。

★ 标注尺寸、剖面符号、详图索引符号及文字说明等。

★ 描粗整理图线。其中墙、柱用粗实线表示；天花灯饰等主要造型轮廓线用中实线表示；天花的装饰线、面板的拼装分格等次要的轮廓线用细实线表示。

2.2.5 剖面图的形成与画法

剖面图是将装饰面（或装饰体）整体剖开（或局部剖开）后，得到的反映内部装饰结构与饰面材料之间关系的正投影图。

剖面图的画法主要包含以下几个步骤。

★ 选比例、定图幅。

★ 画出作为剖面图外轮廓的墙体、楼板面、楼板和顶棚。

★ 画处于正面的柱子、墙面以及按正面投影原理能够投影到画面上的所有配构件（如门、窗隔断和窗帘、壁饰、灯具、家具、设备与陈设等）。

★ 画出能够看到的家具、陈设、设备与设施。

★ 标注出墙面、柱面的材料与做法。

2.2.6 详图的内容与画法

详图包括构配件的详图和某些局部的放大图。如柱子详图、墙面详图、隔断详图等。如果专门设计家具和灯具，还要相应地绘制家具图和灯具图。

详图的画法主要包含以下几个步骤。

★ 选比例、定图幅。

★ 画墙（柱）的结构轮廓。

★ 画出门套、门扇等装饰形体轮廓。

★ 详细画出各部位的构造层次及材料图例。

★ 检查并加深、加粗图线。剖切到的结构体画粗实线，其他内容如图例、符号和可见线均为细实线。

★ 标注尺寸、做法及工艺说明。

★ 完成作图。

2.3 室内设计制图国家标准

室内设计制图多沿用建筑制图的方法和标准。但室内设计图样又不同于建筑图，因为室内设计是室内空间和环境的再创造，空间形态千变万化、复杂多样，其图样的绘制有其自身的特点。

2.3.1 图幅图框的规定

图纸幅面指的是图纸的大小，简称图幅。标准的图纸以A0号图纸841*1189为幅面基准，通过对折共分为5种规格。图框是在图纸中限定绘图范围的边界线。图纸的幅面、图框尺寸、格式应符合国家制图标准《房屋建筑制图统一标准GB/T50001——2001》的有关规定。如表2-1所示为图纸幅面及尺寸。

表2-1　图纸幅面及图框尺寸（单位：mm）

幅面代号	A0	A1	A2	A3	A4	A5
B（宽）×L（长）	841 × 1189	594 × 841	420 × 594	297 × 420	210 × 297	148 × 210
a	25					
c	10		5			
e	20		10			

在表1-1中B和L分别代表图幅短边和长边的尺寸，其短边与长边之比为1：1.4，a、c、e分别表示图框线到图纸边线的距离。图纸以短边作垂直边称为横式，以短边作水平边称为立式。一般A1～A3图纸宜横式，必要时，也可立式使用，单项工程中每一个专业所用的图纸，不宜超过两种幅面。目录及表格所采用的A4幅面，可不在此限。

如有特殊需要，允许加长A0～A3图纸幅面的长度，其加长部分应符合表2-2中的规定。

表2-2　图纸长边加长尺寸（单位：mm）

幅面尺寸	长边尺寸	长边加长后尺寸
A0	1189	1486、1635、1783、1932、2080、2230、2378
A1	841	1051、1261、1471、1682、1892、2102
A2	594	743、891、1041、1189、1338、1486、1635、1783、1932、2080
A3	420	630、841、1051、1261、1471、1682、1892

2.3.2 图线设置的规定

室内设计图纸主要由各种线条构成，不同的线型表示不同的对象和不同的部位，代表着不同的含义。为了图面能够清晰、准确、美观地表达设计思想，工程实践中采用了一套常用的线型，并规范了它们的使用范围。

为了使图样主次分明、形象清晰，建筑装饰制图采用的图线分为实线、虚线、点划线、折断线、波浪线等几种；按线宽度不同又分为粗、中、细三种。各类图线的线型、宽度及用途如表2-3所示。

表2-3　图线的线型、宽度及用途

名称	线型	线宽	一般用途
粗实线	———————	b	主要用于可见轮廓线 平面图及剖面图上被剖到部分的轮廓线、建筑物或构建物的外轮廓线、结构图中的钢筋、剖切位置线、地面线、详图符号的圆圈、图纸的图框线
中粗实线	———————	0.5b	可见轮廓线 剖面图中未被剖到但仍能看到而需要画出的轮廓线、标注尺寸的尺寸起止45°短线、剖面图及立面图上门窗等构配件外轮廓线、家具和装饰结构的轮廓线
细实线	———————	0.35b	尺寸线、尺寸界线、引出线及材料图例线、索引符号的圆圈、标高符号线、重合断面的轮廓线、较小图样中的中心线
粗虚线	— — — — —	b	总平面图及运输图中的地下建筑物或构筑物等，如房屋地面下的通道、地沟等位置线
中粗虚线	— — — — —	0.5b	需要画出看不见的轮廓线 拟建的建筑工程轮廓线
细虚线	— — — — —	0.35b	不可见轮廓线 平面图上高窗的位置线、吊柜的轮廓线
粗点划线	— · — · —	b	结构平面图中梁、屋架的位置线
细点划线	— · — · —	0.35b	中心线、定位轴线、对称线
细的双点划线	— ·· — ·· —	0.35b	假想轮廓线、成型前原始轮廓线
折断线	———/\———	0.35b	用以表示假想折断的边缘，在局部详图中用得最多
波浪线	∿∿∿∿∿∿	0.35b	构造层次的断开界限

画图时，每个图样应根据复杂程度与比例大小，先确定基本线框b，然后中粗线0.5b和细线0.35b的线框也随之而定，可参照表2-4中适当的线宽组。其中，需要微缩的图纸，不宜采用0.18mm线宽；在同一张图纸内，各不同线宽组中的细线，可统一采用较细的线宽组中的细线。

表2-4 线宽组（单位：mm）

线宽比	线宽组					
b	2.0	1.4	1.0	0.7	0.5	0.35
0.5b	1.0	0.7	0.5	0.35	0.25	0.18
0.35b	0.7	0.5	0.35	0.25	0.18	

2.3.3 字体的规定

在施工图的绘制中，用图线方式表示不充分和无法用图线表示的地方，就需要进行文字说明。比如：构造做法、材料名称、构配件名称以及统计表和图名等。文字说明是图纸内容的重要组成部分，制图规范对文字标注中的字体、字体的大小、字体字号搭配方面做了一些具体的规定。

一般原则为：字体端正、排列整齐，清晰准确，美观大方，避免过于个性化的文字标注。

字体：一般标注推荐使用仿宋字，标题可以使用楷体、隶书、黑体字等。例如：

楷体：制图规范（三号）制图规范（二号）

黑体：制图规范（四号）制图规范（二号）

仿宋：制图规范（三号）制图规范（二号）

隶书：制图规范（三号）制图规范（一号）

字体的大小：标注的文字高度要适中。同一类文字采用统一大小的文字，较大的字较概括性的说明内容，较小的字用于较细致的说明内容。

2.3.4 绘图比例的规定

比例是指图样中的图形与所表示的实物相应要素之间的线性尺寸之比，比例应以阿拉伯数字表示，写在图名的右侧，字高应比图名字高小一号或两号。

下面列出常用绘图比例，根据实际情况灵活使用。

★ 总图：1:500、1:1000、1:2000。

★ 平面图：1:50、1:100、1:150、1:200、1:300。

★ 立面图：1:50、1:100、1:150、1:200、1:300。

★ 剖面图：1:50、1:100、1:150、1:200、1:300。

★ 局部放大图：1:10、1:20、1:25、1:30、1:50。

★ 配件及构造详图：1:1、1:2、1:5、1:10、1:15、1:20、1:25、1:30、1:50。

2.3.5 尺寸标注的规定

在室内制图中，尺寸说明主要有以下几点要求。

★ 尺寸标注应力求准确、清晰、美观大方。同一张图纸中，标注风格应保持一致。

★ 尺寸线应尽量标注在图样轮廓线以外，从内到外依次标注从小到大的尺寸，不能将大尺寸标在内，小尺寸标在外。

★ 最大的尺寸线与图样轮廓线之间的距离不应小于10mm，两条尺寸线之间的距离一般为7～10mm。

★ 尺寸界线朝向图样的端头，距图样轮廓之间的距离应大于或等于2mm,不易直接与之相连。

★ 在图线拥挤的地方，应合理安排尺寸线的位置，但不应与图线、文字及符号相交；可以考虑将轮廓线作为尺寸界线，但不能作为尺寸线。

★ 室内设计图中连续重复的构配件等，当不易标明定位尺寸时，可以在总尺寸的控制下，不用数值而用"均分"或"EQ"字样表示定位尺寸。

2.3.6 常用图示标志

常用的图示标志包括有详图索引符号、详图符号、引出线、立面指向符等，下面将分别进行介绍。

1. 详图索引符号及详图符号

详图索引符号、详图编号也都是绘制施工图经常需要用到的图形。室内平、立、剖面图中，在需要另设详图表示的部位，标注一个索引符号，以表明该详图的位置，这个索引符号就是详图索引符号。

如图2-14所示（a）、（b）为详图索引符号，（c）、（d）为剖面详图索引符号。详图索引符号采用细实线绘制，圆圈直径约10mm左右。当详图在本张图样时，采用图2-14（a）、（c）的形式，当详图不在本张图样时，采用（b）、（d）的形式。

详图的编号用粗实线绘制，圆圈直径14mm左右，如图2-15所示。

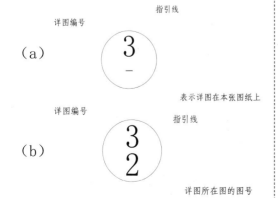

（a）

详图编号 指引线

表示详图在本张图纸上

（b）

详图编号 指引线

详图所在图的图号

（c）

剖面详图的剖切位置线，
表示由下向上投影

剖面详图的剖切位置线，
表示由上向下投影

（d）

图2-14　详图索引符号

图2-15　详图编号

2. 制图引线

制图引线可用于详图符号、标高等符号的索引，箭头圆点直径为3mm，圆点尺寸和引线宽度可根据图幅及图样比例调节，引出线在标注时应保证清晰，在满足标注准确、功能齐全的前提下，尽量保证图面美观，如图2-16所示。

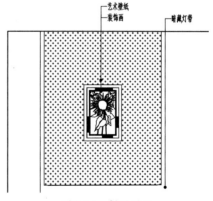

艺术壁纸
装饰面 暗藏灯带

图2-16　制图引线

3. 立面指向符

在房屋建筑中，一个特定的室内空间领域是由竖向分隔来界定的。因此，根据具体情况，就有可能出现绘制1个或多个立面来表达隔断、构配件、墙体及家具的设计情况。立面索引符号标注在平面图中，包括视点位置、方向和编号三个信息，用于建立平面图和室内立面图之间的联系。立面索引指向符号的形式如图2-17所示。

图2-17 立面指向符

4. 定位轴线

定位轴线是确定室内构配件位置及相互关系的基准线，也是室内设计和施工的需要。定位轴线一般应编号，编号应注写在轴线端部的圆内。圆应用细实线绘制，直径为8~10mm。定位轴线圆的圆心，应在定位轴线的延长线上或延长线的折线上。定位轴线中的编号在水平方向上采用阿拉伯数字，由左向右书写；在垂直方向上采用大写汉语拼音字母（但不得使用I、Q及Z三个字母），由

下向上书写，如图2-18所示。

图2-18 定位轴线

5. 标高符号

标高表示建筑物某一部位相对于基准面（标高的零点）的竖向高度，是竖向定位的依据，如图2-19所示。

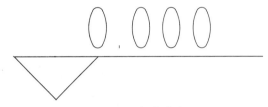

图2-19 标高符号

第3课
AutoCAD 2014基本操作

　　AutoCAD 2014是美国Autodesk公司开发的自动计算机辅助设计软件，用于二维绘图、详细绘制、设计文档和基本三维设计。软件拥有良好的用户界面，通过交互菜单或命令行方式便可以进行各种操作，设计出非常有创意的产品。本课主要讲解AutoCAD 2014的工作空间、工作界面、图形文件的管理、图形显示控制、AutoCAD命令调用以及图层等知识的基本操作方法。

本课知识：
1. 掌握AutoCAD 2014工作空间的认识。
2. 掌握AutoCAD 2014工作界面的认识。
3. 掌握图形文件的管理方法。
4. 掌握图形显示的控制方法。
5. 掌握AutoCAD命令的调用方法。
6. 掌握图层的创建与管理方法。

3.1 AutoCAD 2014工作空间

AutoCAD 2014为用户提供了4种工作空间,分别是【AutoCAD经典】、【草图与注释】、【三维基础】以及【三维建模】工作空间。选择不同的空间可以进行不同的操作,例如在【三维基础】工作空间下,可以方便地进行简单的三维建模操作。

3.1.1 【AutoCAD经典】工作空间

AutoCAD 2014的经典工作空间与AutoCAD传统界面比较相似,其界面主要由【应用程序】按钮、快速访问工具栏、菜单栏、工具栏、文本窗口与命令行以及状态栏等元素组成,如图3-1所示为【AutoCAD经典】工作空间。

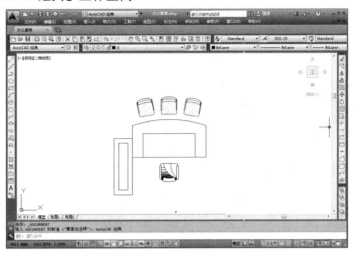

图3-1 【AutoCAD经典】工作空间

3.1.2 【草图与注释】工作空间

AutoCAD 2014默认的工作空间为【草图与注释】工作空间。其界面主要由【应用程序】按钮、【功能区】选项板、快速访问工具栏、绘图区、命令行窗口和状态栏等元素组成。在该空间中,可以方便地使用【默认】选项卡中的【绘图】、【修改】、【图层】、【注释】、【块】和【特性】等面板绘制和编辑二维图形,如图3-2所示为【草图与注释】工作空间。

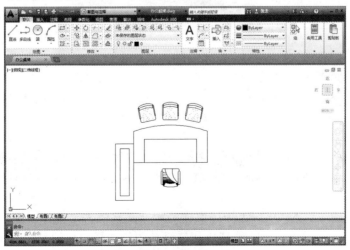

图3-2 【草图与注释】工作空间

3.1.3 【三维基础】工作空间

在【三维基础】空间中，能够非常简单方便地创建基本的三维模型，其【功能区】选项板中提供了各种常用的三维建模、布尔运算以及三维编辑工具按钮，如图3-3所示为【三维基础】工作空间。

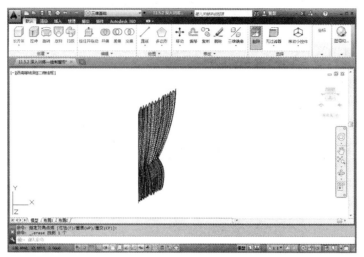

图3-3 【三维基础】工作空间

3.1.4 【三维建模】工作空间

【三维建模】空间界面与【草图与注释】空间界面相似。其【功能区】选项板中集中了三维建模、视觉样式、光源、材质、渲染和导航等面板，为绘制和观察三维图形、附加材质、创建动画、设置光源等操作提供了非常便利的环境，如图3-4所示。

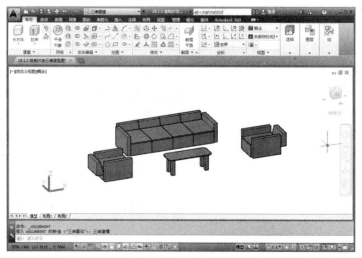

图3-4 【三维建模】工作空间

3.2 AutoCAD 2014工作界面

AutoCAD 2014界面清晰、功能强大、操作简便。它包含4个工作界面：AutoCAD经典、三维基础、三维建模和二维草图与注释。启动AutoCAD 2014程序后，系统默认显示的是AutoCAD的【草图与注释】工作界面，其界面主要由标题栏、快速访问工具栏、【应用程序】按钮 、【功能区】选项板、绘图区、文本窗口与状态栏以及命令行等内容组成，如图3-5所示。

图3-5　AutoCAD 2014默认工作界面

3.2.1　标题栏

标题栏位于应用程序窗口的最上方，用于显示当前正在运行的程序名及文件名等信息。AutoCAD默认的图形文件，其名称为DrawingN.dwg（N表示数字），如图3-6所示。

图3-6　标题栏

标题栏中的信息中心提供了多种信息来源。在文本框中输入需要帮助的问题，并单击【搜索】按钮 ，即可获取相关的帮助；单击【登录】按钮 ，可以登录Autodesk 360以访问与桌面软件集成的服务；单击【Autodesk Exchange应用程序】按钮 ，可以打开Autodesk Exchange Apps网站，并从Autodesk Exchange Apps商店获得产品附加模块和扩展程序；单击【保持连接】按钮 ，可以提醒用户产品更新并提供对可通过Subscription Center和社交媒体获取的信息的快速访问；单击【帮助】按钮 ，可以访问帮助，查看相关信息；单击标题栏右侧的按钮组 ，可以最小化、最大化或关闭应用程序窗口。

3.2.2　快速访问工具栏

AutoCAD 2014的快速访问工具栏中包含最常用的操作快捷按钮，方便用户使用。在默认状态下，快速访问工具栏中包含7个快捷工具，分别为【新建】按钮 、【打开】按钮 、【保存】按钮 、【另存为】按钮 、【打印】按钮 、【放弃】按钮 和【重做】按钮 ，单击右侧的展开按钮 ，弹出【工作空间】下拉三角列表 ，如图3-7所示。

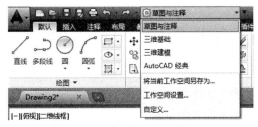

图3-7　快速访问工具栏

3.2.3 【应用程序】按钮

单击快速访问工具栏左侧的【应用程序】按钮，系统将打开【应用程序】菜单，其中包含了AutoCAD的功能和命令。选择相应的命令，可以创建、打开、保存、打印和发布AutoCAD文件，将当前图形作为电子邮件附件发送，以及制作电子传送集。此外，还可以执行图形维护以及关闭图形等操作，如图3-8所示。

【应用程序】菜单除了可以调用如上所述的常规命令外，调整其显示为【小图像】或【大图像】，然后将鼠标置于菜单右侧排列的【最近使用文档】名称上，可以快速预览打开过的图像文件内容，如图3-9所示。

此外，在【应用程序】按钮菜单中的【搜索】按钮左侧的空白区域内输入命令名称，即会弹出与之相关的各种命令的列表，选择其中对应的命令即可快速执行，如图3-10所示。

图3-8 【应用程序】菜单　　　图3-9 快速预览图像文件内容　　　图3-10 搜索功能

3.2.4 【功能区】选项板

【功能区】选项板是一种特殊的选项板，位于绘图区的上方，是菜单和工具栏的主要替代工具，用于显示与基于任务的工作空间关联的按钮和控件。默认状态下，在【草图与注释】工作界面中，【功能区】选项板中包含【默认】、【插入】、【注释】、【参数化】、【视图】、【管理】、【输出】、【插件】和【Autodesk 360】9个选项卡，每个选项卡中包含若干个面板，每个面板中又包含许多命令按钮，如图3-11所示。

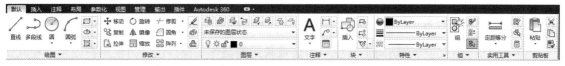

图3-11 【功能区】选项板

在功能区选项卡中，有些面板按钮右下角有箭头，表示有扩展菜单，单击箭头，扩展菜单会列出更多的工具按钮。

如果需要扩大绘图区域，则可以单击选项卡右侧的三角形按钮，使各面板最小化为面板按钮；再次单击该按钮，使各面板最小化为面板标题；再次单击该按钮，使【功能区】选项板最小化为选项卡；再次单击该按钮，可以显示完整的功能区。

3.2.5 绘图区

工作界面中央的空白区域称为绘图窗口，也称为绘图区，是用户进行绘制工作的区域，所有的绘图结果都反映在这个窗口中。如果图纸比例较大，需要查看未显示的部分时，可以单击绘图区右侧与下侧滚动条上的箭头，或者拖曳滚动条上的滑块来移动图纸。

在绘图区中除了显示当前的绘图结果外，还显示了当前使用的坐标系类型、导航栏以及坐标原点、X轴、Y轴、Z轴的方向等，如图3-12所示。其中导航栏是一种用户界面元素，用户可以从中访问通用导航工具和特定于产品的导航工具。

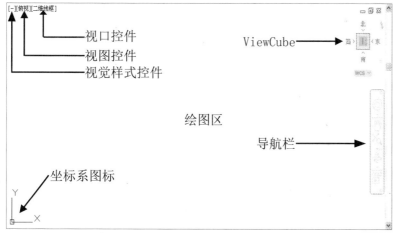

图3-12 绘图区

3.2.6 命令行

命令行位于绘图窗口的下方，用于显示提示信息和输入数据，如命令、绘图模式、变量名、坐标值和角度值等，如图3-13所示。

图3-13 命令行

按快捷键F2，打开AutoCAD文本窗口，如图3-14所示，其中显示了命令行窗口的所有信息。文本窗口也称专业命令窗口，用于记录在窗口中操作的所有命令，如单击按钮和选择菜单项等。在文本窗口中输入命令，按回车键确认，即可执行相应的命令。

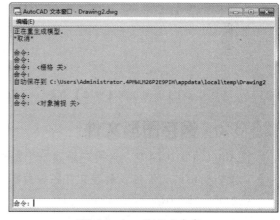

图3-14 AutoCAD文本窗口

3.2.7 状态栏

状态栏位于AutoCAD 2014窗口的最下方，用于显示当前光标的状态，如X、Y和Z的坐标值，用户可以以图标或文字的形式查看图形工具按钮。通过捕捉工具、极轴工具、对象捕捉工具和对象追踪工具的快捷菜单，用户可以轻松地更改这些绘图工具的设置，如图3-15所示。

图3-15 状态栏

3.3 图形文件的管理

图形文件的管理一般包括新建图形文件、保存图形文件、打开图形文件、输出图形文件、加密图形文件以及关闭图形文件等，下面将分别进行介绍。

3.3.1 新建图形文件

启动AutoCAD 2014之后，系统将自动新建一个名为Drawing1的图形文件，该图形文件默认以acadiso.dwt为模板，根据需要用户也可以新建图形文件，以完成相应的绘图操作。

在AutoCAD 2014中可以通过以下几种方法启动【新建】命令：

★ 菜单栏：执行【文件】|【新建】命令。
★ 工具栏：单击【快速访问】工具栏中的【新建】按钮。
★ 命令行：在命令行中输入NEW/QNEW命令。
★ 快捷键：按Ctrl+N组合键。
★ 应用程序：单击【应用程序】按钮，在下拉菜单中选择【新建】命令，如图3-16所示。

执行以上任一操作后，系统均会弹出【选择样板】对话框，如图3-17所示。用户可以根据绘图需要，通过该对话框选择不同的绘图样板。选中某绘图样板后，对话框右上角会出现选中样板内容预览。确定选择后单击【打开】按钮，即可以样板文件创建一个新的图形文件。

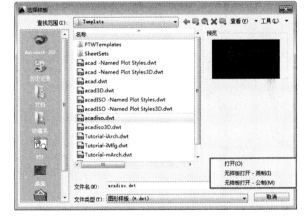

图3-16 【应用程序】菜单调用【新建】命令　　　图3-17 【选择样板】对话框

3.3.2 保存图形文件

在AutoCAD 2014中，当用户新建一个图形文件并对其进行创建和编辑后，可以使用【保存】功能以当前的文件名或新建文件名保存图形文件。

在AutoCAD 2014中可以通过以下几种方法启动【保存】命令：

★ 菜单栏：执行【文件】|【保存】命令。
★ 工具栏：单击【快速访问】工具栏中的【保存】按钮。
★ 命令行：在命令行中输入SAVE命令。
★ 快捷键：按Ctrl+S组合键。
★ 应用程序：单击【应用程序】按钮，在下拉菜单中选择【保存】命令，如图3-18所示。

在第一次保存新创建的图形文件时，系统将打开【图形另存为】对话框，如图3-19所示。默认情况下，文件以AutoCAD 2013图形（DWG）格式保存，但用户也可以在【文件类型】下拉列表框中选择其他格式。

图3-18 【应用程序】菜单调用【保存】命令　　　　图3-19 【图形另存为】对话框

3.3.3 打开图形文件

在AutoCAD 2014中，如果用户的计算机中已经保存了AutoCAD文件，可以使用【打开】功能直接将其打开并进行查看和编辑。可以通过以下几种方法启动【打开】命令。

★ 菜单栏：执行【文件】|【打开】命令。

★ 工具栏：单击【快速访问】工具栏中的【打开】按钮。

★ 命令行：在命令行中输入OPEN命令。

★ 快捷键：按Ctrl+O组合键。

★ 应用程序：单击【应用程序】按钮，在下拉菜单中选择【打开】命令。

【案例3-1】：打开小户型平面布置图

01 单击【应用程序】按钮，在下拉菜单中选择【打开】命令，如图3-20所示。

02 打开【选择文件】对话框，如图3-21所示。

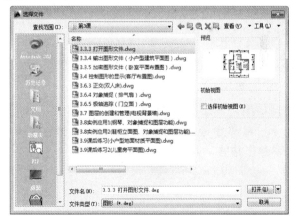

图3-20 【应用程序】菜单　　　　　　　图3-21 【选择文件】对话框

03 在对话框中选择"第3课\3.3.3 打开图形文件.dwg"素材文件，单击【打开】按钮，打开素材文件，如图3-22所示。

> 提示
>
> 在计算机【我的电脑】窗口中找到要打开的AutoCAD文件，然后直接双击文件图标，可以跳过【选择文件】对话框，直接打开AutoCAD文件。

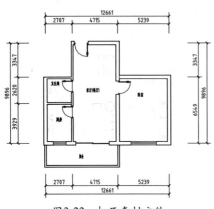

图3-22 打开素材文件

3.3.4 输出图形文件

使用【输出】命令可以将AutoCAD文件输出为其他格式的文件，以适合在其他程序软件中编辑需要。

在AutoCAD 2014中可以通过以下几种方法启动【输出】命令：

★ 菜单栏：执行【文件】|【输出】命令。

★ 命令行：在命令行中输入EXPORT命令。

★ 功能区：在【输出】选项卡中，单击【输出】面板中的【输出】按钮，选择需要的输出格式，如图3-23所示。

图3-23 【输出】面板

★ 应用程序：单击【应用程序】按钮，在下拉菜单中选择【输出】命令并选择一种输出格式，如图3-24所示。

图3-24 【应用程序】菜单调用【输出】命令

【案例 3-2】：输出小户型建筑平面图

01 单击【快速访问】工具栏中的【打开】按钮，打开"第3课\3.3.4 输出图形文件"素材文件，如图3-25所示。

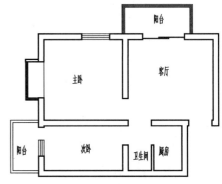

图3-25 素材文件

02 在命令行中输入EXPORT命令，并按回车键结束，打开【输出数据】对话框，如图3-26所示。

图3-26 【输出数据】对话框

03 在对话框中设置好输出路径和文件名，单击【保存】按钮，打开【查看三维DWF】对话框，如图3-27所示。

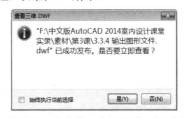

图3-27 【查看三维DWF】对话框

04 单击【否】按钮，完成图形文件的输出操作。

3.3.5 加密图形文件

图形文件绘制完成后，可以对其设置密码，使其成为机密文件。设置密码后的文件在打开时需要输入正确的密码，否则就不能打开。

【案例3-3】：加密卧室平面布置图

01 单击【快速访问】工具栏中的【打开】按钮
，打开"第3课\3.3.5　加密图形文件"
素材文件，如图3-28所示。

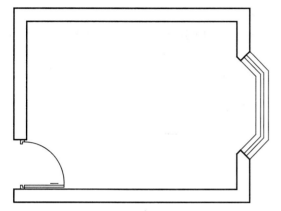

图3-28　素材文件

02 按组合键Ctrl+Shift+S，打开【图形另存
为】对话框，单击对话框右上角的
工具(L) ▼ 按钮，在弹出的下拉菜单中选择
【安全选项】选项，如图3-29所示。

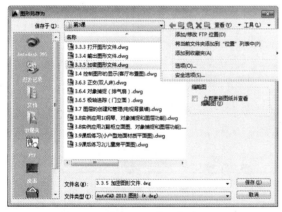

图3-29　【图形另存为】对话框

03 打开【安全选项】对话框，在其中的文本框
中输入打开图形的密码，单击【确定】按
钮，如图3-30所示。

图3-30　【安全选项】对话框

04 系统弹出【确认密码】对话框，提示用户再
次确认上一步设置的密码，此时要输入与
上一步完全相同的密码，如图3-31所示。

图3-31　【确认密码】对话框

05 密码设置完成后，系统返回【图形另存为】
对话框，设置好保存路径和文件名称，单
击【保存】按钮即可保存文件。

3.3.6　关闭图形文件

当完成对图形文件的编辑之后，如果
用户只是想关闭当前打开的文件，而不退出
AutoCAD程序，可以根据相应的操作，关闭
当前的图形文件。

调用【关闭】命令的方法如下：

★ 菜单栏：执行【文件】|【关闭】命令。

★ 命令行：在命令行中输入CLOSE命令。

★ 按钮法：单击菜单栏右侧的【关闭】按
钮 ✕。

★ 快捷键：按Ctrl+F4组合键。

★ 应用程序1：单击【应用程序】按钮 ▲，
在下拉菜单中选择【关闭】命令，如图
3-32所示。

图3-32　【应用程序】菜单调用【关闭】命令

★ 应用程序2：单击【应用程序】按钮 ▲，在
下拉菜单中，单击【退出AutoCAD 2014】
按钮。

调用【关闭】命令后，如果当前图形文件没有保存，系统将弹出提示对话框，如图3-33所示。在该提示框中，需要保存修改则单击【是】按钮，否则单击【否】按钮，单击【取消】按钮则取消关闭操作。

图3-33 提示对话框

3.4 控制图形的显示

在绘制图形过程中，有时为了更准确地绘制、编辑和查看图形中某一部分图形对象，需要用到平移和缩放视图等功能。平移视图可以重新定位图形，方便看清楚图形的其他部分。此时不会改变图形对象的位置或比例，只是改变视图。用户通过缩放视图功能可以更快速、准确地绘制图形。

在绘制与编辑图形的过程中，屏幕上经常会留下对象的选取标记，而这些标记并不是图形中的对象，因此当前图形画面会显得很混乱，这时就可以使用AutoCAD 2014中的重画和重生成功能来清除这些痕迹。

3.4.1 全部缩放

使用【全部缩放】功能，可以在当前视窗中显示整个模型空间界限范围之内的所有图形对象。

下面介绍4种调用【缩放】命令的方法。

★ 菜单栏：执行【视图】|【缩放】命令。
★ 命令行：在命令行中输入ZOOM/Z命令。
★ 功能区：在【视图】选项卡中，单击【二维导航】面板中的视图缩放工具按钮，如图3-34所示。
★ 导航栏：单击导航栏中的视图缩放工具按钮如图3-35所示。

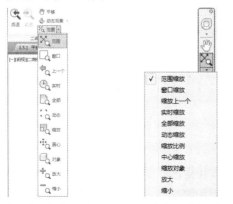

图3-34 【二维导航】面板　　图3-35 导航栏

【案例3-4】：全部缩放显示客厅布置图

01 单击【快速访问】工具栏中的【打开】按钮 📂，打开"第3课\3.4.1 全部缩放"素材文件，如图3-36所示。

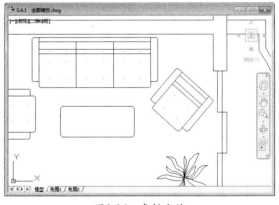

图3-36 素材文件

02 在【视图】选项卡中，单击【二维导航】面板中的【全部】 按钮，即可全部缩放图形，如图3-37所示。

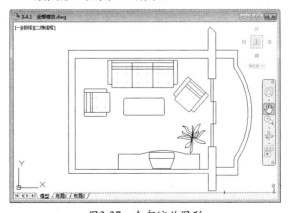

图3-37 全部缩放图形

3.4.2　中心缩放

使用【中心缩放】功能可以以指定点为中心点，整个图形按照指定的缩放比例缩放，而这个点在缩放操作之后将称为新视图的中心点，如图3-38和图3-39所示为中心缩放前后的对比效果图。

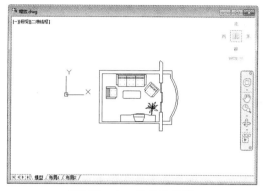

图3-38　中心缩放前效果

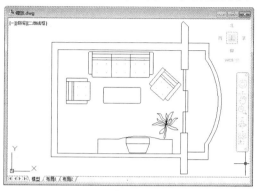

图3-39　中心缩放后效果

3.4.3　窗口缩放

使用窗口缩放可以放大某一指定区域。在使用窗口缩放视图命令时，尽量使所绘制的矩形框的对角点与屏幕成一定的比例，并非一定是正方形，如图3-40和图3-41所示为窗口缩放前后的对比效果图。

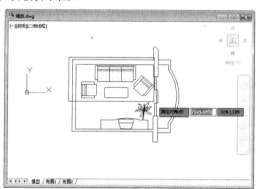

图3-40　窗口缩放前效果

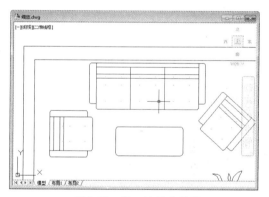

图3-41　窗口缩放后效果

3.4.4　范围缩放

范围缩放视图可以在绘图区中尽可能大地显示图形对象，使用的显示边界只是显示图形，而不是显示图形界限，如图3-42和图3-43所示为范围缩放前后的对比效果图。

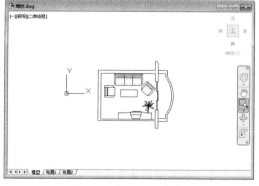

图3-42　范围缩放前效果

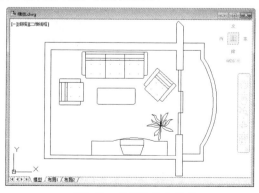

图3-43　范围缩放后效果

3.4.5 上一个缩放

使用上一个缩放功能,可以将视图状态恢复到上一个视图显示的图形状态,最多可恢复此前的10个视图,如图3-44和图3-45所示为上一个缩放前后的对比效果图。

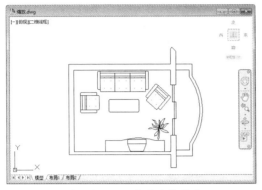

图3-44 上一个缩放前效果

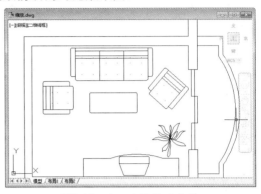

图3-45 上一个缩放后效果

3.4.6 比例缩放

使用比例缩放功能缩放图形时,可以在命令行提示下,根据相应的参数来放大或缩小图形对象,如图3-46和图3-47所示为比例缩放前后的对比效果图。

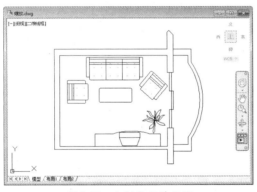

图3-46 比例缩放前效果

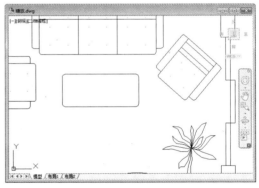

图3-47 比例缩放后效果

3.4.7 对象缩放

使用对象缩放功能缩放图形时,可以尽可能大地显示一个或多个选定的对象并使其位于绘图区域的中心,如图3-48和图3-49所示为对象缩放前后的对比效果图。

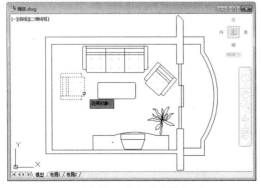

图3-48 对象缩放前效果

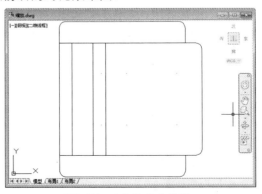

图3-49 对象缩放后效果

3.4.8　动态缩放

使用动态缩放功能缩放图形时，移动视图框或调整它的大小，将其中的视图平移或缩放，以充满整个视口，如图3-50和图3-51所示为动态缩放前后的对比效果图。

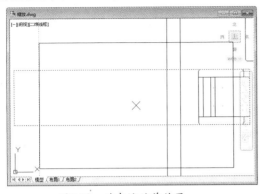
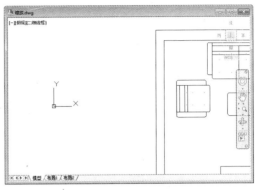

图3-50　动态缩放前效果　　　　　　　　　图3-51　动态缩放后效果

3.4.9　实时缩放

使用实时缩放功能可以帮助用户观察图形的大小，还可以放大和缩小图形，而且原图形的尺寸并不会发生改变，如图3-52和图3-53所示为实时缩放的放大和缩小效果。

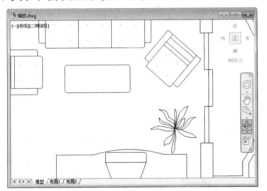
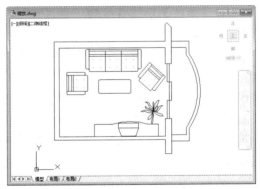

图3-52　放大效果　　　　　　　　　　　　图3-53　缩小效果

3.4.10　图形平移

在平移工具中，【实时平移】工具使用的频率最高，通过使用该工具可以拖动十字光标来移动视图在当前窗口中的位置。

在AutoCAD 2014中，启动【平移】功能的常用方法有以下几种。

★ 菜单栏：执行【视图】|【平移】命令。

★ 命令行：在命令行中输入PAN/P命令。

★ 功能区：在【视图】选项卡中，单击【二维导航】面板中的【平移】按钮 平移 。

★ 导航面板：单击导航面板中的【平移】按钮 。

★ 鼠标滚轮方式：按住鼠标滚轮拖动，可以快速进行视图平移。

视图平移可以分为【实时平移】和【定点平移】两种，其含义如下。

★ 实时平移：光标形状变为手型 时，按住鼠标左键拖动可以使图形的显示位置随鼠标向同一方向移动。

★ 定点平移：通过指定平移起始点和目标点的方式进行平移。

如图3-54和图3-55所示为图形平移的前后效果。

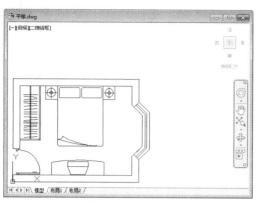

图3-54 平移前

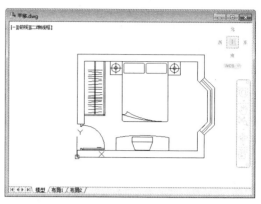

图3-55 平移后

3.4.11 重生成与重画图形

使用重画和重生成功能可以更新屏幕和重生成屏幕显示，使屏幕清晰明了，方便绘图。

1. 重生成图形

使用【重生成】命令，可以重生成屏幕显示，此时系统将从磁盘调用当前图形的数据，它比【重画】命令速度慢，重生成屏幕显示的时间。

在AutoCAD 2014中，启动【重生成】功能的方法有以下几种。

★ 菜单栏：执行【视图】|【重生成】命令。

★ 命令行：在命令行中输入REGEN/RE命令。

调用【重生成】命令后，效果对比如图3-56所示。

2. 重画图形

使用【重画】命令，系统将在显示内存中更新屏幕显示，不仅可以清除临时标记，还可以更新用户的当前视口。

在AutoCAD 2014中，启动【重画】功能的方法有以下几种。

★ 菜单栏：执行【视图】|【重画】命令。

★ 命令行：在命令行中输入REDRAWALL/RADRAW/RA命令。

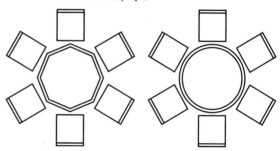

图3-56 重生成图形的前后对比效果

3.5 AutoCAD命令的调用方法

在AutoCAD中，命令的调用方法是很灵活的。菜单命令、工具栏按钮、命令和系统变量都是相互的，可以选择某一菜单，或是单击某个工具按钮，或在命令行中使用快捷键输入命令和系统变量来执行相应的命令。

3.5.1 使用鼠标操作

在绘图区中，光标通常显示为【十】字线形式。当光标移至菜单选项、工具或是对话框内时，光标会变成一个箭头。在此时，无论光标是呈【十】字线形式还是箭头形式，当单击或按住鼠标键时，都会执行相应的命令或动作。在AutoCAD中，鼠标键是按照下述规则定义的。

1. 鼠标左键

在AutoCAD中，鼠标的左键通常称为选择拾取键。在绘制图形时，经常需要直接选择对象，或者使用窗口等方式选择对象，有时也需要单击或双击对象，这些操作都需要使用鼠标左键来完成。

2. 鼠标中键

在AutoCAD中，鼠标的中键通常有3个作用：移动画面、放大或缩小画面和显示全部图形。

按住鼠标中键，鼠标指针将变为手的形状，然后移动鼠标，画面就会随着鼠标的移动而移动。

在通常情况下，向前滚动鼠标中键，将放大当前的画面；向后滚动鼠标中键，将缩小当前的画面。

如果当前文档中包含太多的图形，而没有全部显示出来，则可以双击鼠标中键，即可实现显示全部的图形内容。

3. 鼠标右键

鼠标右键，相当于Enter键，用于结束当前使用命令，此时系统将根据当前的绘图状态而弹出不同的快捷菜单，如图3-57所示。

4. 弹出菜单

当使用Shift键和鼠标右键组合时，系统将弹出一个快捷菜单，用于设置捕捉点的方式，如图3-58所示。

图3-57　右键快捷菜单

图3-58　弹出菜单

3.5.2　使用键盘输入

在AutoCAD中，每一个命令都有其对应的快捷键，用户可以使用输入快捷键的方法来提高工作效率。并且通过键盘除了可以输

入命令以及系统变量之外，还可以输入文本对象、数值参数、点的坐标或是对参数进行选择。

3.5.3　使用命令行

使用命令行输入命令是AutoCAD的一大特色功能，同时也是最快捷的绘图方式。这就要求用户熟记各种绘图命令，一般对AutoCAD比较熟悉的用户都用此方式绘制图形，因为这样可以大大提高绘图的速度和效率。

AutoCAD绝大多数命令都有其相应的简写方式。如【直线】命令LINE的简写方式是L，绘制【圆】命令CIRCLE简写方式是C，如图3-59所示。对于常用的命令，用简写方式输入将大大减少键盘输入的工作量，提高工作效率。另外，AutoCAD对命令或参数输入不区分大小写，因此操作者不必考虑输入的大小写。

图3-59　命令行调用C【圆】命令

3.5.4　使用菜单栏

菜单栏调用是AutoCAD 2014提供的功能最全、最强大的命令调用方法。AutoCAD绝大多数常用命令都分门别类地放置在菜单栏中。三个绘图工作空间在默认情况下没有菜单栏，需要用户自己调出。例如，若需要在菜单栏中调用【圆】命令，选择【绘图】|【多边形】菜单命令即可，如图3-60所示。

图3-60　菜单栏调用【多边形】命令

3.5.5 使用工具栏

与菜单栏一样，工具栏不显示于三个工作空间。需要通过【工具】|【工具栏】|【AutoCAD】菜单命令调出。单击工具栏中的按钮，即可执行相应的命令。用户在其他工作空间绘图，也可以根据实际需要调出工具栏。

3.5.6 使用功能区

功能区使得绘图界面无须显示多个工具栏，系统会自动显示与当前绘图操作相应的面板，从而使得应用程序窗口更加整洁。因此，可以将进行操作的区域最大化，使用单个界面来加快和简化工作。例如，若需要在功能区中调用【多段线】命令，单击【绘图】面板中的【多段线】按钮，即可，如图3-61所示。

图3-61　功能区调用【多段线】命令

3.6 精确绘制图形

准确性是施工图的一个硬性指标，在利用AutoCAD进行绘图时通常需要结合利用到捕捉、追踪和动态输入等功能，进行精确绘图并提高绘图效率。

3.6.1 栅格

栅格是一些标定位置小点，使用它可以提供直观的距离和位置参照。

在AutoCAD 2014中，启动【栅格】功能有以下几种方法。

★ 快捷键：按F7键（限于切换开、关状态）。

★ 状态栏：单击状态栏上的【栅格模式】按钮▦（限于切换开、关状态）。

★ 菜单栏：执行【工具】|【绘图设置】命令，在系统弹出的【草图设置】对话框中选择【捕捉与栅格】选项卡，勾选【启用栅格】复选框。

★ 命令行：在命令行中输入DDOSNAP命令。

在命令行中输入DS并回车，系统弹出【草图设置】对话框，选择【捕捉与栅格】选项卡，勾选【启用栅格】复选框，如图3-62所示，即可启用【栅格】功能，如图3-63所示。

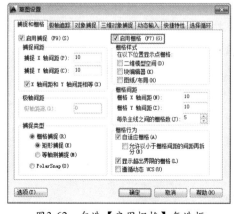

图3-62　勾选【启用栅格】复选框

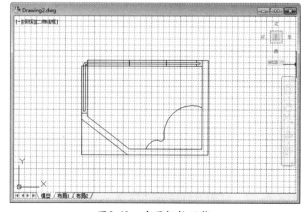

图3-63　启用栅格功能

在【捕捉和栅格】选项卡中，与【栅格模式】有关的各选项含义如下。

★ 【启用栅格】复选框：用于控制是否显示栅格。

★ 【栅格样式】选项组：在二维上下文中设定栅格样式。也可以使用GRIDSTYLE系统变量设定栅格样式。

★ 【栅格X轴间距】文本框：用于设置栅格水平方向上的间距。

★ 【栅格Y轴间距】文本框：用于设置栅格垂直方向上的间距。

★ 【每条主线之间的栅格数】数值框：用于指定主栅格线相对于次栅格线的频率。

★ 【自适应栅格】复选框：用于限制缩放时栅格的密度。

★ 【允许以小于栅格间距的间距再拆分】复选框：用于是否能够以小于栅格间距的间距来拆分栅格。

★ 【显示超出界限的栅格】复选框：用于确定是否显示界限之外的栅格。

★ 【遵循动态UCS】复选框：遵循动态UCS的XY平面而改变栅格平面。

3.6.2 捕捉

捕捉用于设置鼠标光标移动的间距。在AutoCAD 2014中，启动【捕捉】功能有以下几种方法。

★ 快捷键：按F9键（限于切换开、关状态）。

★ 状态栏：单击状态栏上的【捕捉模式】按钮（限于切换开、关状态）。

★ 菜单栏：执行【工具】|【绘图设置】命令，在系统弹出的【草图设置】对话框中选择【捕捉与栅格】选项卡，勾选【启用捕捉】复选框。

★ 命令行：在命令行中输入DDOSNAP命令。

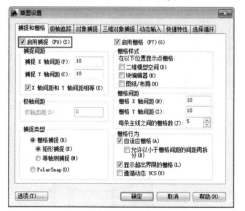

图3-64 勾选【启用捕捉】复选框

在命令行中输入DS并回车，系统弹出【草图设置】对话框，选择【捕捉与栅格】

选项卡，勾选【启用捕捉】复选框，如图3-64所示，即可启用【捕捉模式】功能。

在【捕捉和栅格】选项卡中，与【捕捉模式】有关的各选项含义如下。

★ 【启用捕捉】复选框：用于控制捕捉功能的开闭。

★ 【捕捉间距】选项组：用于设置捕捉参数，其中【捕捉X轴间距】与【捕捉Y轴间距】文本框用于确定捕捉栅格点在水平和垂直两个方向上的间距。

★ 【捕捉类型】选项组：用于设置捕捉类型和样式，其中捕捉类型包括【栅格捕捉】和【PolarSnap（极轴捕捉）】。【栅格捕捉】是指按正交位置捕捉位置点，【极轴捕捉】是指按设置的任意极轴角捕捉位置点。

★ 【极轴间距】选项区域：该选项只有在选择【极轴捕捉】捕捉类型时才可用。既可在【极轴距离】文本框中输入距离值，也可在命令行输入SNAP，设置捕捉的有关参数。

3.6.3 正交

【正交】的含义是指在绘制图形时指定的第一个点后，连接光标和起点的直线总是平行于X轴或Y轴。若捕捉设置为等轴测模式时，正交还迫使直线平行于第三个轴中的一个。在【正交】模式下，使用光标只能绘制水平直线或垂直直线，此时只要输入长度参数即可。

在AutoCAD 2014中，启动【正交】功能有以下几种方法。

★ 快捷键：按F8键（限于切换开、关状态）。

★ 状态栏：单击状态栏上的【正交模式】按钮（限于切换开、关状态）。

【案例3-5】：使用正交功能完善双人床

01 单击【快速访问】工具栏中的【打开】按钮，打开"第3课\3.6.3 正交"素材文件，如图3-65所示。

02 单击状态栏上的【正交模式】按钮，开启【正交】模式；调用L【直线】命令，根据命令行提示，捕捉左侧合适的端点，如图3-66所示。

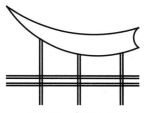

图3-65　素材文件

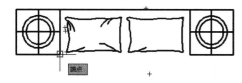

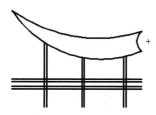

图3-66　捕捉左侧端点

03 向下移动鼠标，显示出正交线，如图3-67所示。

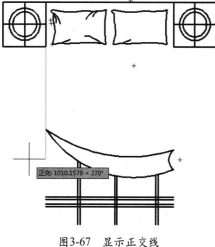

图3-67　显示正交线

04 输入长度参数【1600】，按回车键结束，即可使用正交功能绘制直线，如图3-68所示。

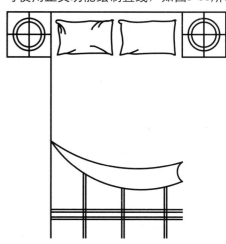

图3-68　使用正交功能绘制直线

05 重复使用【直线】功能，结合【正交】模式，绘制水平直线和垂直直线，如图3-69和图3-70所示。

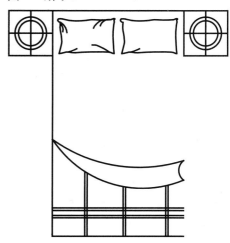

图3-69　使用正交功能绘制水平直线

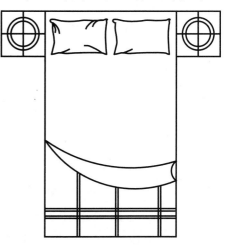

图3-70　使用正交功能绘制垂直直线

3.6.4 对象捕捉

在实际绘图过程中，有时经常需要找到已有图形的特殊点，如圆心点、切点、中点以及象限点等，这时可以启动对象捕捉功能。在AutoCAD 2014中，启动【对象捕捉】功能有以下几种方法。

★ 快捷键：按F3键（限于切换开、关状态）。

★ 状态栏：单击状态栏上的【对象捕捉】按钮□（限于切换开、关状态）。

★ 菜单栏：执行【工具】|【绘图设置】命令，在系统弹出的【草图设置】对话框中选择【对象捕捉】选项卡，勾选【启用对象捕捉】复选框，如图3-71所示。

★ 命令行：在命令行中输入DDOSNAP命令。

图3-71 【草图设置】对话框

在【对象捕捉】选项卡中共列出13种对象捕捉点和对应的捕捉标记，其含义如下。

★ 端点（E）：捕捉直线或是曲线的端点。

★ 中点（M）：捕捉直线或是弧段的中心点。

★ 圆心（C）：捕捉圆、椭圆或弧的中心点。

★ 节点（D）：捕捉用POINT命令绘制的点对象。

★ 象限点（Q）：捕捉位于圆、椭圆或是弧段上0°、90°、180°和270°处的点。

★ 交点（I）：捕捉两条直线或是弧段的交点。

★ 延长线（X）：捕捉直线延长线路径上的点。

★ 插入点（S）：捕捉图块、标注对象或外部参照的插入点。

★ 垂足（P）：捕捉从已知点到已知直线的垂线的垂足。

★ 切点（N）：捕捉圆、弧段及其他曲线的切点。

★ 最近点（R）：捕捉处在直线、弧段、椭圆或样条曲线上，而且距离光标最近的特征点。

★ 外观交点（A）捕捉两个对象在视图平面上的交点。若两个对象没有直接相交，则系统自动计算其延长后的交点；若两对象在空间上为异面直线，则系统计算其投影方向上的交点。

★ 平行线（L）：选定路径上的一点，使通过该点的直线与已知直线平行。

【案例3-6】：使用对象捕捉功能完善排气扇

01 单击【快速访问】工具栏中的【打开】按钮📂，打开"第3课\3.6.4 对象捕捉"素材文件，如图3-72所示。

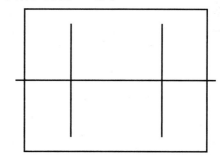

图3-72 素材文件

02 单击【绘图】面板中的【圆心，半径】按钮◎，根据命令行提示，捕捉内部直线的左侧交点，如图3-73所示。

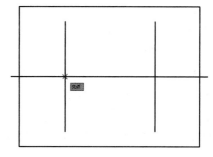

图3-73 捕捉左侧交点

03 输入圆半径参数为【105】，按回车键结束，即可使用对象捕捉功能绘制圆，如图3-74所示。

04 重新调用C【圆】命令，结合【交点捕捉】和【圆心点捕捉】功能，绘制其他圆，如图3-75所示。

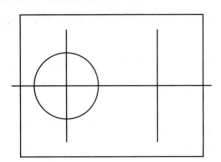

图3-74　使用对象捕捉功能绘制圆

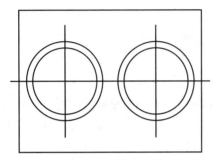

图3-75　绘制其他圆

3.6.5　自动追踪

自动追踪实质上也是一种精确定位的方法，当要求输入的点在一定的角度线上，或者输入的点与其他的对象有一定关系时，可以非常方便地利用自动追踪功能来确定位置。自动追踪包括两种追踪方式：极轴追踪和对象捕捉追踪，下面将对其分别进行介绍。

1. 极轴追踪

极轴追踪是指在事先给定的极轴角或极轴角的倍数显示一条追踪线，并显示光标所在位置相对上一点的距离和角度。

在AutoCAD 2014中，启动【极轴追踪】功能有以下几种方法。

★　快捷键：按F10键（限于切换开、关状态）。

★　状态栏：单击状态栏上的【极轴追踪】按钮（限于切换开、关状态）。

★　菜单栏：执行【工具】|【绘图设置】命令，在系统弹出的【草图设置】对话框中选择【极轴追踪】选项卡，勾选【启用极轴追踪】复选框，如图3-76所示。

★　命令行：在命令行中输入DDOSNAP命令。

【案例3-7】：使用极轴功能完善门立面

01 单击【快速访问】工具栏中的【打开】按钮，打开"第3课\3.6.5　自动追踪"素材

文件，如图3-77所示。

图3-76　【极轴追踪】选项卡

02 单击状态栏上的【极轴追踪】按钮，开启【极轴追踪】功能，右键单击【极轴追踪】按钮，打开快捷菜单，选择【设置】命令，如图3-78所示。

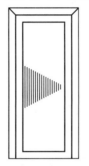 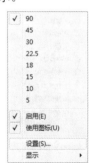

图3-77　素材文件　　图3-78　选择【设置】命令

03 打开【草图设置】对话框，在【极轴追踪】选项卡中，修改【增量角】为153，添加【27】的附加角，如图3-79所示。

图3-79　【极轴追踪】选项卡

04 单击【确定】按钮，完成极轴追踪的设置。

05 调用PL【多段线】命令，结合【153°极轴追踪】和【对象捕捉】功能，绘制多段线，如图3-80所示。

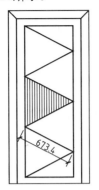

图3-80 绘制多段线

2. 对象捕捉追踪

对象捕捉追踪是按追踪与已绘图形对象的某种特定关系来追踪，这种特定的关系确定了一个用户事先并不知道的角度。

在AutoCAD 2014中，启动【对象捕捉追踪】功能有以下几种方法。

★ 快捷键：按F11键（限于切换开、关状态）。

★ 状态栏：单击状态栏上的【对象捕捉追踪】按钮（限于切换开、关状态）。

★ 菜单栏：执行【工具】|【绘图设置】命令，在系统弹出的【草图设置】对话框中选择【对象捕捉】选项卡，勾选【启用对象捕捉追踪】复选框。

▌3.6.6 动态输入

使用【动态输入】功能可以在指针位置处显示标注输入和命令提示等信息，从而加快绘图效率。

在AutoCAD 2014中，启动【动态输入】功能有以下几种方法。

★ 快捷键：按F12键（限于切换开、关状态）。

★ 状态栏：单击状态栏上的【动态输入】按钮（限于切换开、关状态）。

1. 启用指针输入

在【草图设置】对话框的【动态输入】选项卡中，选择【启用指针输入】复选框，如图3-81所示。单击【指针输入】选项区的【设置】按钮，打开【指针输入设置】对话框，如图3-82所示。可以在其中设置指针的格式和可

见性。在工具提示中，十字光标所在位置的坐标值将显示在光标旁边。命令提示用户输入点时，可以在工具提示（而非命令窗口）中输入坐标值。

图3-81 【动态输入】选项卡

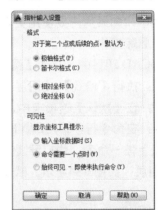

图3-82 【指针输入设置】对话框

2. 启用标注输入

在【草图设置】对话框的【动态输入】选项卡中，选择【可能时启用标注输入】复选框，启用标注输入功能。单击【标注输入】选项区域的【设置】按钮，打开【标注输入的设置】对话框，如图3-83所示。

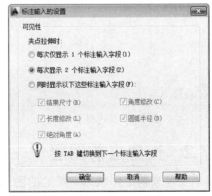

图3-83 【标注输入的设置】对话框

3. 显示动态提示

在【动态提示】选项卡中，启用【动态提示】选项组中的【在十字光标附近显示命令提示和命令输入】复选框，可在光标附近显示命令提示。

3.7 图层的创建和管理

图层是绘图环境的基本设置。可以对各图层进行打开、关闭、冻结、解冻、锁定以及解锁等操作，以决定各图层的可见性与可操作性。在AutoCAD 2014中，每一个图形中都包含多个图层，每一个图层都表示不同特性的图形对象（包括颜色和线型等），能够极大的提高绘图效率。

3.7.1 创建和删除图层

开始绘制新图层时，AutoCAD会自动创建一个名称为0的特殊图层。默认情况下，图层将被指定使用7号颜色（为白色或黑色，由背景颜色决定，本书背景颜色为白色，则图层颜色为黑色）、Continuous线型、"默认"线宽及Normal打印样式，用户不能删除或重命名该图层。在绘图过程中，如果用户要使用更多的图层来组织图层，就需要先创建新图层，也可以将多余的图层进行删除操作。

在AutoCAD 2014中，启动【图层】功能有以下几种方法。

★ 菜单栏：执行【格式】|【图层】命令。

★ 功能区：在【默认】选项卡中，单击【图层】面板中的【图层特性】按钮 圄。

★ 命令行：在命令行中输入LAYER（或LA）并按回车键。

执行以上任一命令，均打开【图层特性管理器】对话框，单击对话框上方的【新建】按钮 ，新建图层，如图3-84所示。默认情况下，创建的图层会以"图层1"、"图层2"等按顺序进行命名。

如果用户需要对多余的图层进行删除操作，其方法如下。

★ 在【图层特性管理器】对话框中选择图层名称，然后单击 即可。

★ 在【图层特性管理器】对话框中选择需删除的图层，单击右键，在弹出的快捷菜单中选择【删除图层】命令，如图3-85所示，即可删除所选择的图层。

图3-84　新建图层

图3-85　快捷菜单

3.7.2 设置当前图层

当前层是当前工作状态下所处的图层。当设定有一图层为当前层后，接下来所绘制的全部对象都将位于该图层中。如果以后想在其他图层中绘图，就需要更改当前层设置。

在AutoCAD中设置当前层有以下几种常用方法。

★ 在【图层特性管理器】对话框中选择目标图层，单击【置为当前】按钮✓，如图3-86所示。

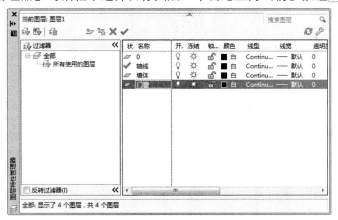

图3-86 通过【图层特性管理器】设置当前图层

★ 在【默认】选项卡中，单击【图层】面板中的【图层控制】下拉列表，选择目标图层，即可将图层设置为【当前图层】，如图3-87所示。

图3-87 通过功能面板设置当前图层

★ 通过【图层】工具栏的下拉列表，选择目标图层，同样可将其设置为【当前图层】，如图3-88所示。

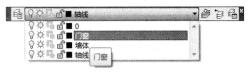

图3-88 【图层】工具栏下拉列表

3.7.3 切换图形所在图层

绘制复杂的图形时，由于图形元素的性质不同，用户常需要将某个图层上的对象切换到其他图层上，其切换方法如下。

在AutoCAD中切换图形所在图层有以下几种常用方法。

★ 选择需要切换图层的图形，右击图形，在快捷菜单中选择【快捷特性】命令，打开【快捷特性】选项板，选择【图层】下拉列表中所需的图层即可切换图形所在图层，如图3-89所示。

图3-89 【快捷特性】选项板

★ 选择图形对象后，在【图层控制】下拉列表选择所需图层。操作结束后，列表框自动关闭，被选择的图形对象转移到刚选择的图层上。

★ 选择图形之后，再在命令行中输入PR并按回车键，系统弹出【特性】选项板。在【图层】下拉列表中选择所需图层，如图3-90所示，即可切换图层。

图3-90 【特性】面板

3.7.4 设置图层特性

用户通过【特性】面板或者【图层特性管理器】对话框可以方便的修改图形对象的颜色、线型、线宽等。下面将介绍如何修改已有对象的这些特征。

【案例 3-8】： **设置电视背景墙的图层特性**

01 单击【快速访问】工具栏中的【打开】按钮 📂，打开"第3课\3.7.4 设置图层特性"素材文件，如图3-91所示。

02 调用LA【图层】命令，打开【图层特性管理器】对话框，新建【家具】、【装饰】、【填充】图层，如图3-92所示。

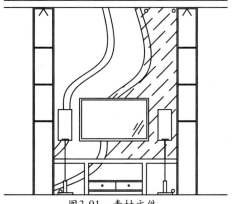

图3-91 素材文件

图3-92 【图层特性管理器】对话框

03 单击【填充】图层中的【颜色】列，打开【选择颜色】对话框，选择【蓝】颜色，如图3-93所示，单击【确定】按钮，即可设置颜色。

04 单击【家具】图层中的【线宽】列，打开【线宽】对话框，选择【0.30mm】线宽，如图3-94所示，单击【确定】按钮，即可设置线宽。

05 单击【装饰】图层中的【线型】列，打开【选择线型】对话框，单击【加载】按钮，如图3-95所示。

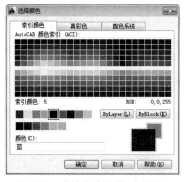

图3-93 【选择颜色】对话框

图3-94 【线宽】对话框

图3-95 【选择线型】对话框

06 打开【加载或重载线型】对话框，选择【ACAD_IS002W100】线型，如图3-96所示，单击【确定】按钮，返回到【选择线型】对话框，选择【ACAD_IS002W100】线型，单击【确定】按钮，即可设置线型。

07 在绘图区中选择合适的线条图形，将其修改至【装饰】图层，效果如图3-97所示。

08 依次选择其他的图形，修改其图层，最终效果如图3-98所示。

图3-96 【加载或重载线型】对话框

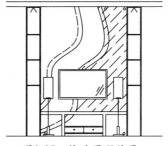

图3-97 修改图形效果

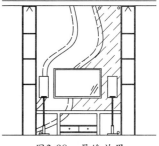

图3-98 最终效果

3.7.5 设置图层状态

图层状态是用户对图层整体特性的开/关设置，包括隐藏或显示、冻结或解冻、锁定或解锁、打印或不打印等。有效地控制图层的状态，可以更好地管理图层上的图形对象。

1. 打开与关闭图层

在绘图的过程中可以将暂时不用的图层关闭，被关闭的图层中的图形对象将不可见，并且不能被选择、编辑、修改以及打印。在AutoCAD中关闭图层的常用方法有以下几种。

★ 在【图层特性管理器】对话框中选中要关闭的图层，单击 💡 按钮即可关闭选择图层，图层被关闭后该按钮将显示为 🥚 ，表明该图层已经被关闭。

★ 在【默认】选项卡中，打开【图层】面板中的【图层控制】下拉列表，单击目标图层 💡 按钮即可关闭图层。

★ 打开【图层】工具栏下拉列表，单击目标图层前的 💡 按钮即可关闭该图层。

当关闭的图层为【当前图层】时，将弹出如图3-99所示的确认对话框，此时单击【关闭当前图层】链接即可。

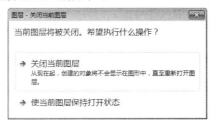

图3-99 【图层-关闭当前图层】对话框

2. 冻结与解冻图层

将长期不需要显示的图层冻结，可以提高系统运行速度，减少了图形刷新的时间，因为这些图层将不会被加载到内存中。AutoCAD不会在被冻结的图层上显示、打印或重生成对象。在AutoCAD中冻结图层的常用方法有以下几种。

★ 在【图层特性管理器】对话框中单击要冻结的图层前的【冻结】图标 ☀ ，即可冻结该图层，图层冻结后将显示为 ❄ 。

★ 在【默认】选项卡中，打开【图层】面板中的【图层控制】下拉列表，单击目标图层 ☀ 图标。

★ 打开【图层】工具栏图层下拉列表，单击目标图层前的 ☀ 图标即可冻结该图层。

如果要冻结的图层为【当前图层】时，将弹出如图3-100所示的对话框，提示无法冻结【当前图层】，此时需要将其他图层设置为【当前图层】才能冻结该图层。

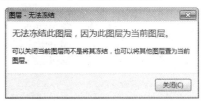

图3-100 【图层-冻结】对话框

3. 锁定与解锁图层

如果某个图层上的对象只需要显示、不需要选择和编辑，那么可以锁定该图层。被锁定图层上的对象不能被编辑、选择和删除，但该层的对象仍然可见，而且可以在该层上添加新的图形对象。在AutoCAD中锁定图层的常用方法有以下几种。

★ 在【图层特性管理器】对话框中单击

【锁定】图标 🔓，即可锁定该图层，图层锁定后该图标将显示为 🔒。

★ 在【默认】选项卡中，打开【图层】面板中的【图层控制】下拉列表，单击 🔓 图标即可锁定该图层。

★ 打开【图层控制】下拉列表，单击目标图层前的 🔓 图标即可锁定该图层。

3.7.6 创建室内绘图图层

室内绘图图层包含有【轴线】、【墙体】、【门窗】、【填充】以及【标注】等图层，下面将介绍其创建方法。

【案例3-9】：创建室内绘图图层模板

`01` 单击【快速访问】工具栏中的【新建】按钮 🗋，新建空白文件。

`02` 调用LA【图层】命令，打开【图层特性管理器】对话框，新建【轴线】图层，如图3-101所示。

图3-101 新建【轴线】图层

`03` 单击【轴线】图层中的【颜色】列，打开【选择颜色】对话框，选择【红】颜色，如图3-102所示。

图3-102 【选择颜色】对话框

`04` 单击【确定】按钮，即可修改图层颜色。

`05` 单击【轴线】图层中的【线型】列，打开【选择线型】对话框，单击【加载】按钮，打开【加载或重载线型】对话框，选择【CENTER】线型，如图3-103所示。

图3-103 【加载或重载线型】对话框

`06` 单击【确定】按钮，返回到【选择线型】对话框，选择【CENTER】线型，如图3-104所示。

图3-104 【选择线型】对话框

07 单击【确定】按钮，完成
【轴线】图层的修改，如
图3-105所示。

图3-105 修改【轴线】图层

08 用相同的方法创建其他图
层，创建完成的图层，如
图3-106所示。

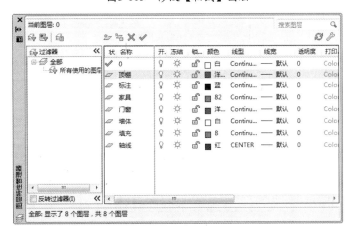

图3-106 创建其他图层

3.8 实例应用

3.8.1 绘制钢琴

钢琴是源自西洋古典音乐中的一种键盘乐器，普遍用于独奏、重奏、伴奏等演出，用于作曲和排练音乐十分方便。弹奏者通过按下键盘上的琴键，牵动钢琴里面包着绒毡的小木槌，继而敲击钢丝弦发出声音，被称为乐器之王。本实例通过绘制如图3-107所示钢琴图形，主要练习【直线】、【偏移】、【对象捕捉】、【修剪】和【图层】功能的应用。

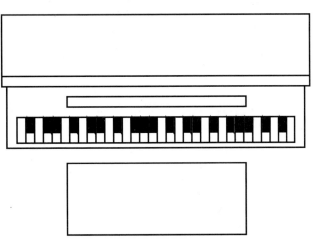

图3-107 钢琴

01 单击【快速访问】工具栏中的【新建】按钮，新建空白文件。

02 调用LA【图层】命令，打开【图层特性管理器】对话框，依次新建【家具】和【填充】图层，如图3-108所示。

图3-108 【图层特性管理器】对话框

03 将【家具】图层置为当前。调用L【直线】命令，开启【正交】模式，绘制直线，如图3-109所示。

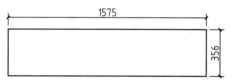

图3-109 绘制直线

04 调用O【偏移】命令，将新绘制的最下方水平直线向上偏移51，如图3-110所示。

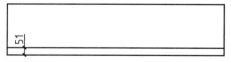

图3-110 偏移图形

05 调用L【直线】命令，结合【正交】和【端点捕捉】功能，绘制直线；调用M【移动】命令，调整直线位置，如图3-111所示。

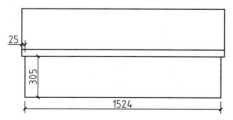

图3-111 绘制图形

06 调用O【偏移】命令，将最下方的水平直线向上进行偏移操作，如图3-112所示。

07 调用O【偏移】命令，将最左侧的垂直直线向右进行偏移操作，如图3-113所示。

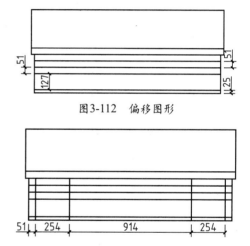

图3-112 偏移图形

图3-113 偏移图形

08 调用TR【修剪】命令，修剪图形，如图3-114所示。

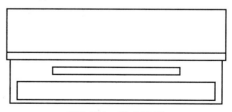

图3-114 修剪图形

09 调用O【偏移】命令，将合适的垂直直线进行偏移操作，如图3-115所示。

10 将【填充】图层置为当前。调用REC【矩形】命令，绘制一个38×76的矩形；调用M【移动】命令，将新绘制的矩形进行移动操作，效果如图3-116所示。

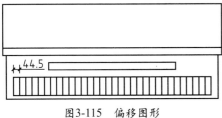

图3-115 偏移图形

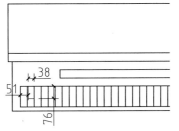

图3-116 绘制图形

11 调用H【图案填充】命令，在新绘制的矩形内填充【SOLID】图案，如图3-117所示。

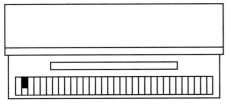

图3-117 填充图形

12 调用CO【复制】命令，将新绘制的图形进

行复制操作，如图3-118所示。

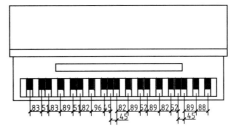

图3-118 复制图形

13 调用L【直线】和M【移动】命令，结合【正交】和【对象捕捉】功能，绘制图形，并将新绘制的图形修改至【家具】图层，如图3-119所示。

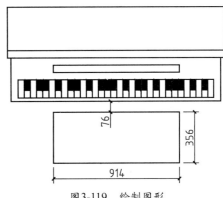

图3-119 绘制图形

3.8.2 绘制鞋柜立面图

鞋柜的主要用途是来陈列闲置的鞋，其立面图主要是指鞋柜的立面造型图。本实例绘制图3-120所示鞋柜立面图，主要练习【图层】、【直线】、【正交】、【偏移】、【修剪】和【图案填充】的方法。

01 单击【快速访问】工具栏中的【新建】按钮，新建空白文件。

02 调用LA【图层】命令，打开【图层特性管理器】对话框，依次新建【家具】和【填充】图层，如图3-121所示。

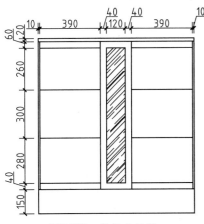

图3-120 鞋柜立面图

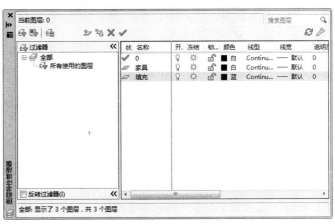

图3-121 【图层特性管理器】对话框

03 将【家具】图层置为当前。调用L【直线】命令，开启【正交】模式，绘制封闭直线，如图3-122所示。

04 调用O【偏移】命令，将最左侧的垂直直线向右进行偏移操作，如图3-123所示。

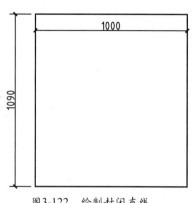

图3-122　绘制封闭直线

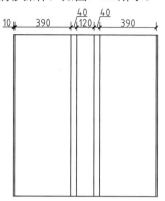

图3-123　偏移图形

05 调用O【偏移】命令，将最上方的水平直线向下进行偏移操作，如图3-124所示。

06 调用TR【修剪】命令，修剪图形，如图3-125所示。

07 将【填充】图层置为当前。调用H【图案填充】命令，选择【AR-RROOF】图案，修改【图案填充角度】为45，【图案填充比例】为2，拾取填充区域，填充图形，如图3-126所示。

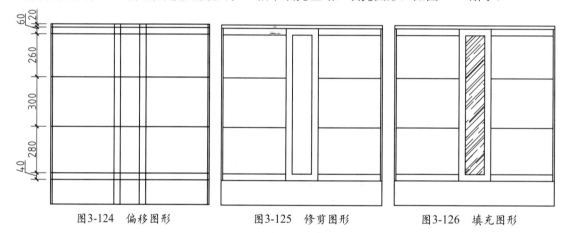

图3-124　偏移图形　　　　　　图3-125　修剪图形　　　　　　图3-126　填充图形

3.9 课后练习

3.9.1　绘制小户型地面铺装图

　　小户型地面铺装图主要用来表达小户型的各个空间的地面铺装情况。本小节通过绘制如图3-127所示的小户型地面铺装图，主要考察【图层】和【图案填充】命令的应用。

　　提示步骤如下。

01 单击【快速访问】工具栏中的【打开】按钮，打开"第3课\3.9.1　绘制小户型地面铺装图.dwg"素材文件，如图3-128所示。

02 调用LA【图层】命令，打开【图层特性管理器】对话框，新建【填充】图层（洋红色），双击【填充】图层，将其置为当前图层，如图3-129所示。

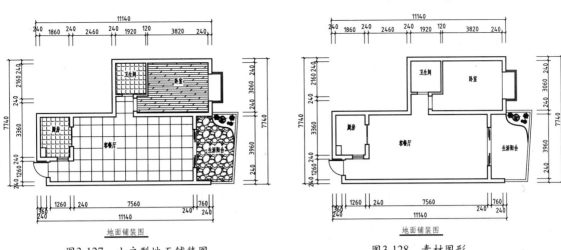

图3-127 小户型地面铺装图　　　　　　　图3-128 素材图形

图3-129 【图层特性管理器】对话框

03 调用H【图案填充】命令，选择【ANGLE】图案，修改【图案填充比例】为40，填充厨房和卫生间区域，效果如图3-130所示。

04 调用H【图案填充】命令，选择【DOLMIT】图案，修改【图案填充比例】为20，填充卧室区域，效果如图3-131所示。

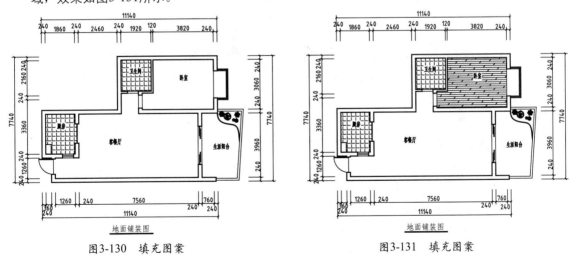

图3-130 填充图案　　　　　　　　　　　图3-131 填充图案

05 调用H【图案填充】命令，选择【NET】图案，修改【图案填充比例】为255，填充客餐厅区域，效果如图3-132所示。

06 调用H【图案填充】命令，选择【GRAVEL】图案，修改【图案填充比例】为30，填充阳台区域，效果如图3-133所示。

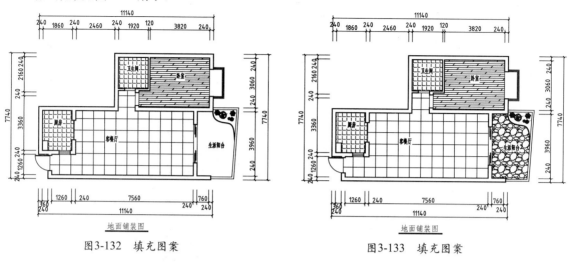

图3-132 填充图案   图3-133 填充图案

3.9.2 绘制儿童房平面布置图

儿童房平面布置图主要用来表达儿童房空间中各家具的布置图，本小节通过绘制如图3-134所示的儿童房平面布置图，熟悉巩固【图层】、【切换对象所在图层】等命令。

提示步骤如下。

01 单击【快速访问】工具栏中的【打开】按钮 📂，打开"第3课\3.9.2 绘制儿童房平面布置图.dwg"素材文件，如图3-135所示。

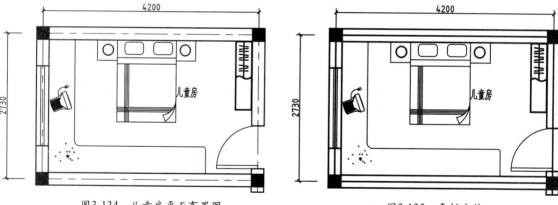

图3-134 儿童房平面布置图   图3-135 素材文件

02 调用LA【图层】命令，打开【图层特性管理器】对话框，新建【轴线】图层（红色、CENTER），如图3-136所示。

03 选择4条中心线对象，在【图层】面板的【图层】下拉列表框中，选择【轴线】图层，即可将选择的图形进行图层修改，效果如图3-134所示。

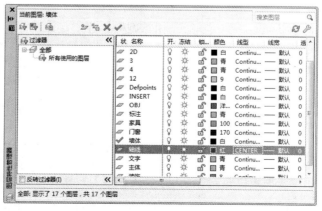

图3-136 新建图层

第4课
基本二维图形的绘制

任何复杂的图形都是由简单的点、线、面等基本图形元素组成的，绘制的方法虽然很简单，却是绘制复杂图形的基础。二维图形包括点、线段、曲线、多段线、正多边形和矩形等，接下来本课将详细介绍二维图形的绘制方法及技巧。

本课知识：

1. 掌握点对象的绘制方法。
2. 掌握直线型对象的绘制方法。
3. 掌握多边形对象的绘制方法。
4. 掌握曲线对象的绘制方法。

4.1 点对象的绘制

在AutoCAD 2014中，点对象可用作捕捉和偏移对象的节点和参考点，可以通过【单点】、【多点】、【定数等分点】和【定距等分点】4种方法创建点对象。

4.1.1 设置点样式

默认情况下，点是没有长度和大小的，因此很难看见。但在AutoCAD中，可以给点设置不同的显示样式，这样就可以清楚地知道点的位置。在AutoCAD 2014中，启动【点样式】功能的常用方法主要有以下几种。

★ 菜单栏：执行【格式】|【点样式】命令。

★ 功能区：在【默认】选项卡中，单击【实用工具】面板上的【点样式】按钮。

★ 命令行：在命令行中输入DDPTYPE命令。

执行以上任一命令，均可以打开如图4-1所示的【点样式】对话框，在该对话框中，各常用选项的含义如下。

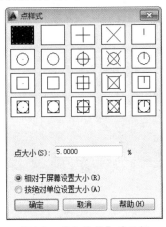

图4-1 【点样式】对话框

★ 【点大小】文本框：用于设置点的显示大小，可以相对于屏幕尺寸设置点大小，也可以设置点的绝对大小。

★ 【相对于屏幕设置大小】单选按钮：用于按屏幕尺寸的百分比设置点的显示大小。当进行改变显示比例时，点的显示大小并不改变。

★ 【按绝对单位设置大小】单选按钮：使用实际单位设置点的大小。当改变显示比例时，AutoCAD显示的点的大小随之改变。

4.1.2 绘制单点

作为节点对象或参照几何图形对象的点对象，对于对象捕捉和相对偏移是非常有用的，调用【单点】命令一次只能绘制一个点，如图4-2所示单点效果。调用【单点】命令的方法如下。

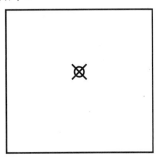

图4-2 单点效果

★ 菜单栏：执行【绘图】|【点】|【单点】命令。

★ 命令行：输入POINT/PO命令。

4.1.3 绘制多点

使用【多点】命令，可以连续指定多个点，直到按Esc键结束命令为止。

调用【多点】命令的方法如下。

★ 菜单栏：执行【绘图】|【点】|【多点】命令。

★ 功能区：在【默认】选项卡中，单击【绘图】面板中的【多点】按钮。

4.1.4 绘制定数等分点

使用【定数等分】命令可以将点或块沿图形对象的长度间隔排列。在绘制定数等分点之前，注意在命令行中输入的是等分数，而不是点的个数，如果要将所选对象分成N等份，有时将生成N-1个点。

调用【定数等分】命令的方法如下。

★ 菜单栏：执行【绘图】|【点】|【定数等分】命令。

★　命令行：输入DIVIDE/DIV命令。

★　功能区：在【默认】选项卡中，单击【绘图】面板中的【定数等分】按钮⚒。

【案例4-1】：使用定数等分点完善衣柜平面图

01 单击【快速访问】工具栏中的【打开】按钮📂，打开"第4课\4.1.4　绘制定数等分点"素材文件，如图4-3所示。

02 单击【实用工具】面板上的【点样式】按钮📝，打开【点样式】对话框，选择合适的点样式，如图4-4所示，单击【确定】按钮，完成点样式的设置。

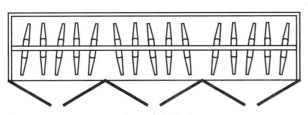

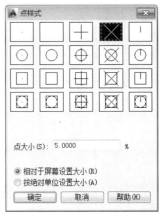

图4-3　素材文件　　　　　　　　　　　　　　　图4-4　【点样式】对话框

03 单击【绘图】面板中的【定数等分】按钮⚒，定数等分对象，如图4-5所示，命令行提示如下。

```
命令：_divide↙                              //调用【定数等分】命令
选择要定数等分的对象：                        //选择水平直线对象
输入线段数目或[块(B)]：3↙                     //指定线段参数，按回车键结束即可
```

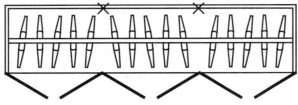

图4-5　定数等分对象

04 单击【绘图】面板中的【定数等分】按钮⚒，将下方合适的水平直线进行3等分的定数等分操作。

05 调用L【直线】命令，结合【节点捕捉】功能，绘制直线，并删除定数等分点，如图4-6所示。

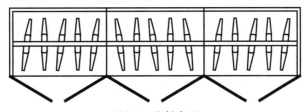

图4-6　绘制直线

4.1.5　绘制定距等分点

使用【定距等分点】命令，可以将绘图区中指定的对象以确定的长度进行等分。

调用【定距等分】命令的方法如下。

★　菜单栏：执行【绘图】|【点】|【定距等分】命令。

★ 命令行：输入MEASURE/ME命令。

★ 功能区：在【默认】选项卡中，单击【绘图】面板中的【定距等分】按钮。

【案例4-2】：使用定距等分点完善门立面

01 单击【快速访问】工具栏中的【打开】按钮，打开"第4课\4.1.5　绘制定距等分点"素材文件，如图4-7所示。

02 单击【实用工具】面板上的【点样式】按钮，打开【点样式】对话框，设置点样式。

03 单击【绘图】面板中的【定距等分】按钮，绘制定距等分点，如图4-8所示，命令行提示如下。

命令：_measure↙	//调用【定距等分】命令
选择要定距等分的对象：	//选择垂直直线对象
指定线段长度或 [块(B)]：300↙	//输入长度参数，按回车键结束

04 重新调用【定距等分】命令，在另外一条垂直直线上绘制定距等分点，如图4-9所示。

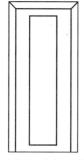

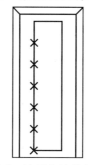
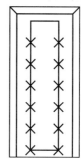

图4-7　素材文件　　　图4-8　绘制定距等分点　　　图4-9　绘制其他定距等分点

05 调用PL【多段线】命令，结合【中点捕捉】和【节点捕捉】功能，绘制多段线，如图4-10所示。

06 调用E【删除】命令，删除定距等分点，最终效果如图4-11所示。

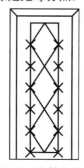
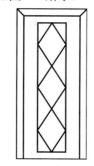

图4-10　绘制多段线　　　图4-11　最终效果

4.2 直线型对象的绘制

直线型对象是所有图形的基础，该对象包括【直线】、【射线】、【构造线】、【多段线】和【多线】等。各线型具有不同的特征，用户应根据实际绘制需要选择线型。

4.2.1 绘制直线

直线是绘制图形时最常见的图形元素之一，绘制直线的方法比较简单，一般只需要确定直线的起点和端点，即可完成线条的绘制。

调用【直线】命令的方法如下。

★ 菜单栏：执行【绘图】|【直线】命令。

★ 命令行：输入LINE/L命令。

★ 功能区：在【默认】选项卡中，单击【绘图】面板中的【直线】按钮。

【案例4-3】：绘制洗脸台的直线

01 单击【快速访问】工具栏中的【打开】按钮，打开"第4课\4.2.1　绘制直线"素材文件，如图4-12所示。

02 单击【绘图】面板中的【直线】按钮，开启【正交】功能，绘制直线，最终效果如图4-13所示，命令行提示如下。

```
命令：_line↙                              //调用【直线】命令
指定第一个点：<正交 开>                     //捕捉左侧端点，开启【正交】模式
指定下一点或 [放弃(U)]：400↙               //输入第一条直线的长度参数
指定下一点或 [放弃(U)]：1000↙              //输入第二条直线的长度参数
指定下一点或 [闭合(C)/放弃(U)]：400↙        //输入第二条直线的长度参数
指定下一点或 [闭合(C)/放弃(U)]：             //按回车键结束，完成直线绘制
```

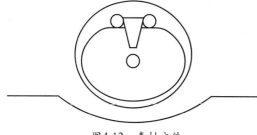

图4-12　素材文件

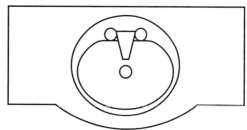

图4-13　图形效果

4.2.2　绘制射线

射线是只有起点和方向但没有终点的直线，即射线为一端固定而另一端无限延伸的直线，通常用作绘图的辅助线。

调用【射线】命令的方法如下。

★ 菜单栏：执行【绘图】|【射线】命令。

★ 命令行：输入RAY命令。

★ 功能区：在【常用】选项卡中，单击【绘图】面板中的【射线】按钮。

4.2.3　绘制构造线

构造线是一条没有起点和终点的无限延伸的直线，它通常会被用作辅助绘图线。构造线具有普通AutoCAD图形对象的各项属性，如图层、颜色和线型等，还可以通过修改变成射线和直线。

调用【构造线】命令的方法如下。

★ 菜单栏：执行【绘图】|【构造线】命令。

★ 命令行：输入XLINE/XL命令。

★ 功能区：在【常用】选项卡中，单击【绘图】面板中的【构造线】按钮。

执行以上任一命令，均可以启动【构造线】功能，其命令行提示如下。

```
命令：_xline↙                            //调用【构造线】命令
指定点或 [水平(H)/垂直(V)/角度(A)/二等分(B)/偏移(O)]：
```

在【构造线】命令行中，各选项的含义如下。

★ 水平（H）：绘制一条通过指定点且平行于X轴的构造线。

★ 垂直（V）：绘制一条通过指定点且平行于Y轴的构造线。

★ 角度（A）：以指定的角度或参照某条已经存在的直线以一定的角度绘制一条构造线。

★ 二等分（B）：绘制角平分线。使用该选项绘制的构造线将平分指定的两条相交线之间的夹角。

★ 偏移（O）：通过另一条直线对象绘制与此平行的构造线，绘制此平行构造线时可以指定偏移的距离与方向，也可以指定通过的点。

4.2.4 绘制和编辑多段线

多段线是由等宽或不等宽的直线或圆弧等多条线段构成的特殊线段，这些线段所构成的图形是一个整体，并可以对其进行编辑操作。

1. 绘制多段线

多段线是由多条可以改变线宽的线段或是圆弧相连而成的复合体。

调用【多段线】命令的方法如下。

★ 菜单栏：执行【绘图】|【多段线】命令。

★ 命令行：输入PLINE/PL命令。

★ 功能区：在【默认】选项卡中，单击【绘图】面板中的【多段线】按钮 🔄 。

【案例4-4】：绘制椅子中的多段线

01 单击【快速访问】工具栏中的【打开】按钮 🗁 ，打开"第4课\4.2.4 绘制和编辑多段线1"素材文件，如图4-14所示。

02 单击【绘图】面板中的【多段线】按钮 🔄 ，结合【对象捕捉】功能，绘制多段线，如图4-15所示。命令行提示如下。

```
命令：_pline↙                                                    //调用【多段线】命令
指定起点：↙                                                      //捕捉合适的端点，指定起点
当前线宽为 0.0000
指定下一个点或 [圆弧(A)/半宽(H)/长度(L)/放弃(U)/宽度(W)]：@370.5,0↙        //输入第二点参数值
指定下一点或 [圆弧(A)/闭合(C)/半宽(H)/长度(L)/放弃(U)/宽度(W)]：@77.8,-390.2↙   //输入第三点参数值
指定下一点或 [圆弧(A)/闭合(C)/半宽(H)/长度(L)/放弃(U)/宽度(W)]：a↙           //选择【圆弧(A)】选项
指定圆弧的端点或
[角度(A)/圆心(CE)/闭合(CL)/方向(D)/半宽(H)/直线(L)/半径(R)/第二个点(S)/放弃(U)/宽度(W)]：s↙
                                                                //选择【第二点(S)】选项
指定圆弧上的第二个点：@-10.4,-41.5                               //输入圆弧第二点参数
指定圆弧的端点：@-38.7,-18.3↙                                   //输入圆弧端点参数
指定圆弧的端点或 [角度(A)/圆心(CE)/闭合(CL)/方向(D)/半宽(H)/直线(L)/半径(R)/第二个点(S)/放弃(U)/宽度(W)]：l↙
                                                                //选择【长度(L)】选项
指定下一点或 [圆弧(A)/闭合(C)/半宽(H)/长度(L)/放弃(U)/宽度(W)]：@-428.1,0↙
                                                                //输入第四点参数值
指定下一点或 [圆弧(A)/闭合(C)/半宽(H)/长度(L)/放弃(U)/宽度(W)]：a↙          //选择【圆弧(A)】选项
指定圆弧的端点或
[角度(A)/圆心(CE)/闭合(CL)/方向(D)/半宽(H)/直线(L)/半径(R)/第二个点(S)/放弃(U)/宽度(W)]：s↙
                                                                //选择【第二点(S)】选项
指定圆弧上的第二个点：@-38.7,18.3↙                              //输入圆弧第二点参数
指定圆弧的端点：@-10.4,41.5↙                                    //输入圆弧端点参数
指定圆弧的端点或[角度(A)/圆心(CE)/闭合(CL)/方向(D)/半宽(H)/直线(L)/半径(R)/第二个点(S)/放弃(U)/宽度(W)]：l↙
                                                                //选择【长度(L)】选项
指定下一点或 [圆弧(A)/闭合(C)/半宽(H)/长度(L)/放弃(U)/宽度(W)]：c          //选择【闭合(C)】选项，
                                                                完成多段线绘制
```

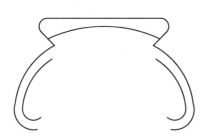

图4-14 素材文件

在【多段线】命令行中，各选项含义如下。

★ 圆弧（A）：将圆弧段添加到多段线中。

★ 半宽（H）：指定从宽多段线线段的中心到其一边的宽度。

★ 长度（L）：在与上一线段相同的角度方向上绘制指定长度的直线段。如果上一线段是圆弧，将绘制与该圆弧段相切的新直线段。

★ 放弃（U）：删除最近一次添加到多段线上的直线段。

★ 宽度（W）：指定下一条直线段的宽度。

2. 编辑多段线

使用【编辑多段线】命令可以编辑多段线。二维和三维多段线、矩形、正多边形和三维多边形网格都是多段线的变形，均可使

图4-15 绘制多段线

用该命令进行编辑。

调用【编辑多段线】命令的方法如下。

★ 菜单栏：执行【修改】|【对象】|【多段线】命令。

★ 命令行：输入PEDIT/PE命令。

★ 功能区：在【默认】选项卡中，单击【修改】面板中的【编辑多段线】按钮 。

【案例4-5】：编辑浴盆中的多段线

01 单击【快速访问】工具栏中的【打开】按钮 ，打开"第4课\4.2.4 绘制和编辑多段线2"素材文件，如图4-16所示。

02 单击【修改】面板中的【编辑多段线】按钮 ，编辑多段线，效果如图4-17所示。命令行提示如下。

```
命令：_pedit↙                                              //调用【编辑多段线】命令
选择多段线或 [多条(M)]：
  输入选项 [闭合(C)/合并(J)/宽度(W)/编辑顶点(E)/拟合(F)/样条曲线(S)/非曲线化(D)/线型生成(L)/反转(R)/
放弃(U)]：w↙                                              //选择【宽度（W）】选项
  指定所有线段的新宽度：0↙                                  //输入新宽度参数
  输入选项 [闭合(C)/合并(J)/宽度(W)/编辑顶点(E)/拟合(F)/样条曲线(S)/非曲线化(D)/线型生成(L)/反转(R)/
放弃(U)]：c↙                                              //选择【闭合（C）】选项，按两次回车键结束
```

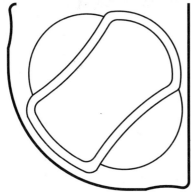

图4-16 素材文件

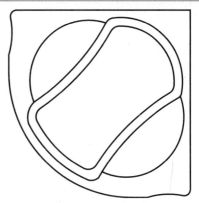

图4-17 图形效果

在【编辑多段线】命令行中，各选项含义如下。

★ 闭合（C）：创建闭合多段线。

★ 合并（J）：在开放的多段线的尾端点添加直线、圆弧或多段线和从曲线拟合多段线中删除曲线拟合。

★ 宽度（W）：为整个多段线指定新的统一宽度。

★ 编辑顶点（E）：提供一组子选项，使用户能够编辑顶点和与顶点相邻的线段。

★ 拟合（F）：用于创建圆弧拟合多段线。

★ 样条曲线（S）：将样条曲线拟合成多段线，且闭合时，以多段线各顶点作为样条曲线的控制点。

★ 非曲线化（D）：删除拟合或样条曲线插入的额外顶点，回到初始状态。

★ 线型生成（L）：用于控制非连续线型多段线顶点处的线型。

★ 反转（R）：反转多段线顶点的顺序。

★ 放弃（U）：还原操作，可一直返回到

【编辑多段线】命令任务开始时的状态。

4.2.5　绘制多线

多线是一种由多条平行线组成的组合对象，平行线之间的间距和数目是可以调整的，多线常用于绘制建筑图中的墙线和电子线路图等平行线。多线可以包含1～16条平行的直线，这些直线被称为元素。根据直线的多少，多线相应地可被称为三元素线和五元素线等。

调用【多线】命令的方法如下。

★ 菜单栏：执行【绘图】|【多线】命令。

★ 命令行：输入MLINE/ML命令。

【案例4-6】：完善建筑结构图

01 单击【快速访问】工具栏中的【打开】按钮，打开"第4课\4.2.5　绘制多线"素材文件，如图4-18所示。

02 在命令行中输入ML【多线】命令并回车，绘制多线，如图4-19所示。命令行提示如下。

```
命令: ML MLINE✓                                          //调用【多线】命令
当前设置: 对正 = 无, 比例 = 120.00, 样式 = STANDARD
指定起点或 [对正(J)/比例(S)/样式(ST)]: s✓                  //选择【比例（S）】选项
输入多线比例 <120.00>: 240✓                               //输入比例参数
当前设置: 对正 = 无, 比例 = 240.00, 样式 = STANDARD
指定起点或 [对正(J)/比例(S)/样式(ST)]: j✓                  //选择【对正（J）】选项
输入对正类型 [上(T)/无(Z)/下(B)] <无>: z✓                 //选择【无（Z）】选项
当前设置: 对正 = 无, 比例 = 240.00, 样式 = STANDARD
指定起点或 [对正(J)/比例(S)/样式(ST)]:
指定下一点:                                               //指定第一点
指定下一点或 [放弃(U)]:                                   //指定第二点
指定下一点或 [闭合(C)/放弃(U)]:                           //指定第三点
指定下一点或 [闭合(C)/放弃(U)]: c✓                        //选择【闭合（C）】选项，按回车键结束
```

图4-18　素材文件

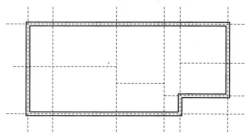

图4-19　绘制多线

03 重新调用ML【多线】命令，绘制【比例】为240的多线，如图4-20所示。

04 重新调用ML【多线】命令，绘制【比例】为120的多线，如图4-21所示。

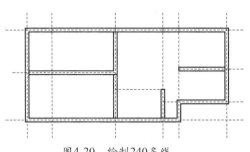

图4-20　绘制240多线

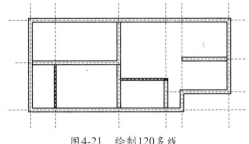

图4-21　绘制120多线

在【多线】命令行中，各选项含义如下。

★ 起点：指定多线的下一个顶点。

★ 对正（J）：指定多线的下一个顶点。

★ 比例（S）：控制多线的全局宽度。该比例不影响线型比例。

★ 样式（ST）：指定多线的样式。

4.3 多边形对象的绘制

在绘图过程中，多边形的使用频率较高，主要包括矩形和正多边形等。矩形和正多边形是绘图中常用的一种简单图形，它们都具有共同的特点，即不论它们从外观上看有几条边，实质上都是一条多段线。本节主要介绍创建矩形和正多边形的方法。

4.3.1 绘制矩形

矩形是绘制平面图形时常用的简单图形，也是构成复杂图形的基本图形元素，在各种图形中都可作为组成元素。

调用【矩形】命令的方法如下。

★ 菜单栏：执行【绘图】|【矩形】命令。

★ 命令行：输入RECTANG/REC命令。

★ 功能区：在【默认】选项卡中，单击【绘图】面板中的【矩形】按钮▣。

【案例4-7】：完善冰箱

01 单击【快速访问】工具栏中的【打开】按钮，打开"第4课\4.3.1　绘制矩形"素材文件，如图4-22所示。

02 单击【绘图】面板中的【矩形】按钮▣，绘制矩形，如图4-23所示。命令行提示如下。

```
命令：_rectang↙                                    //调用【矩形】命令
指定第一个角点或 [倒角(C)/标高(E)/圆角(F)/厚度(T)/宽度(W)]：↙    //指定左上方对角点
指定另一个角点或 [面积(A)/尺寸(D)/旋转(R)]：↙              //指定右下方对角点即可
```

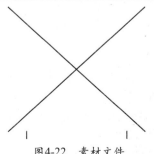

图4-22　素材文件

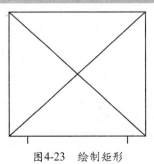

图4-23　绘制矩形

03 重新调用REC【矩形】命令，结合【临时点捕捉】和【对象捕捉】功能，绘制矩形，如图4-24所示。命令行提示如下。

```
命令：_rectang↙                                     //调用【矩形】命令
指定第一个角点或 [倒角(C)/标高(E)/圆角(F)/厚度(T)/宽度(W)]: from 基点: <偏移>: @-27,0 ↙
                                                    //捕捉左下方端点，输入基点参数值
指定另一个角点或 [面积(A)/尺寸(D)/旋转(R)]: @450,-36↙    //输入对角点参数，按回车键结束
```

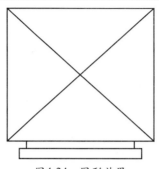

图4-24　图形效果

在【矩形】命令行中，各选项含义如下：

★ 倒角（C）：设置矩形的倒角距离，需指定矩形的两个倒角距离。

★ 标高（E）：指定矩形的平面高度，默认情况下，矩形在XY平面内。

★ 圆角（F）：指定矩形的圆角半径。

★ 厚度（T）：设置矩形的厚度，一般在创建矩形时，经常使用该选项。

★ 宽度（W）：为要创建的矩形指定多段线的宽度。

★ 面积（A）：用于设置矩形的面积来绘制图形。

★ 尺寸（D）：可以通过设置长度和宽度尺寸来绘制矩形。

★ 旋转（R）：用于绘制倾斜的矩形。

4.3.2　绘制多边形

多边形是建筑绘图中经常用到的一种简单图形。使用【多边形】命令可以绘制边数为3～1024的二维多边形。

调用【多边形】命令的方法如下。

★ 菜单栏：执行【绘图】|【多边形】命令。

★ 命令行：输入POLYGON /POL命令。

★ 功能区：在【默认】选项卡中，单击【绘图】面板中的【多边形】按钮⬠。

【案例4-8】：完善地面石材

01 单击【快速访问】工具栏中的【打开】按钮🗁，打开"第4课\4.3.2　绘制多边形"素材文件，如图4-25所示。

02 单击【绘图】面板中的【多边形】按钮⬠，绘制多边形，如图4-26所示。命令行提示如下。

```
命令：_polygon ↙                                   //调用【多边形】命令
输入侧面数 <4>: 8↙                                 //输入侧面参数
指定正多边形的中心点或 [边(E)]: ↙                    //捕捉中间交点
输入选项 [内接于圆(I)/外切于圆(C)] <I>: i↙           //选择【内接于圆（I）】选项
指定圆的半径: 1100↙                                //输入半径参数，按回车键结束
```

03 重新调用POL【多边形】命令，绘制一个半径为1000的八边形，如图4-27所示。

在【多边形】命令行中，各选项含义如下。

★　边（E）：该方式将通过边的数量和长度来确定正多边形。

★　内接于圆（I）：以指定多边形内接圆半径的方式来绘制多边形。

★　外切于圆（C）：以指定多边形外切圆半径的方式来绘制多边形。

图4-25　素材文件

图4-26　绘制多边形

图4-27　绘制多边形

4.4　曲线对象的绘制

曲线是图形的重要组成部分，是建筑绘图中不可缺少的一部分。因为曲线使得建筑图形对象的样式变得更加丰富。曲线对象主要包括圆、圆弧、椭圆、椭圆弧和样条曲线。

4.4.1　绘制样条曲线

样条曲线是一种能够自由编辑的曲线，在曲线周围将显示控制点，可以通过调整曲线上的起点、控制点、终点以及偏差变量来控制曲线。

调用【样条曲线】命令的方法如下。

★　菜单栏：执行【绘图】|【样条曲线】命令。

★　命令行：输入SPLINE/SPL命令。

★　功能区：在【默认】选项卡中，单击【绘图】面板中的【样条曲线拟合】按钮 或是【样条曲线控制点】按钮 。

【案例4-9】：完善淋浴间

01　单击【快速访问】工具栏中的【打开】按钮 ，打开"第4课\4.4.1　绘制样条曲线"素材文件，如图4-28所示。

02　在命令行中输入SPL【样条曲线】命令并回车，绘制样条曲线，如图4-29所示。命令行提示如下。

命令：SPL/SPLINE✓	//调用【样条曲线】命令
当前设置：方式=拟合　节点=弦	
指定第一个点或　[方式(M)/节点(K)/对象(O)]：	//指定第一点
输入下一个点或　[起点切向(T)/公差(L)]：	//指定第二点
输入下一个点或　[端点相切(T)/公差(L)/放弃(U)]：	//指定第三点
输入下一个点或　[端点相切(T)/公差(L)/放弃(U)/闭合(C)]：	//指定第四点
输入下一个点或　[端点相切(T)/公差(L)/放弃(U)/闭合(C)]：	//指定第五点
输入下一个点或　[端点相切(T)/公差(L)/放弃(U)/闭合(C)]：	//指定第六点
输入下一个点或　[端点相切(T)/公差(L)/放弃(U)/闭合(C)]：	//指定第七点，按回车键结束

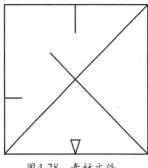
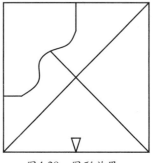

图4-28　素材文件　　　　　　　　图4-29　图形效果

在【样条曲线】命令行中，各选项含义如下。

★ 第一点：指定样条曲线的第一个点，或者是第一个拟合点或者是第一个控制点，具体取决于当前所用的方法。

★ 方式（M）：控制是使用拟合点还是使用控制点来创建样条曲线。

★ 节点（K）：指定节点参数化，它是一种计算方法，用来确定样条曲线中连续拟合点之间的零部件曲线如何过渡。

★ 对象（O）：将二维或三维的二次或三次样条曲线拟合多段线转换成等效的样条曲线。根据DELOBJ系统变量的设置，保留或放弃原多段线。

4.4.2　绘制圆和圆弧

圆和圆弧是曲线对象中比较常见的两种图形，下面将分别介绍其绘制方法。

1. 绘制圆

圆是简单的二维图形，圆的绘制在AutoCAD中使用非常频繁，可以用来表示柱、轴及孔等特征。在绘图过程中，圆是使用最多的基本图形元素之一。

调用【圆】命令的方法如下。

★ 菜单栏：执行【绘图】|【圆】命令。

★ 命令行：输入CIRCLE/C命令。

★ 功能区：在【默认】选项卡中，单击【绘图】面板中的【圆】按钮。

菜单栏中的【绘图】|【圆】子菜单中提供了6种绘制圆的子命令，各子命令的含义如下。

★ 圆心、半径：用圆心和半径方式绘制圆。

★ 圆心、直径：用圆心和直径方式绘制圆。

★ 三点：通过三点绘制圆，系统会提示指定第一点、第二点和第三点。

★ 两点：通过两点绘制圆，系统会提示指定圆直径的第一端点和第二端点。

★ 相切、相切、半径：通过两个其他对象的切点和输入半径值来绘制圆，系统会提示指定圆的第一切线和第二切线上的点及圆的半径。

★ 相切、相切、相切：通过三条切线绘制圆。

【案例4-10】：　绘制椅子中的圆

01 单击【快速访问】工具栏中的【打开】按钮，打开"第4课\4.4.2　绘制圆和圆弧1"素材文件，如图4-30所示。

02 单击【绘图】面板中的【圆】按钮，绘制圆，如图4-31所示。命令行提示如下。

命令：_circle↙　　　　　　　　　　　　　　　　　　//调用【圆】命令

指定圆的圆心或 [三点(3P)/两点(2P)/切点、切点、半径(T)]：3p↙　　//选择【三点（3P）】选项

指定圆上的第一个点：↙　　　　　　　　　　　　　　//指定第一点

指定圆上的第二个点：✓　　　　　　　　　　//指定第二点
指定圆上的第三个点：✓　　　　　　　　　　//指定第三点，按回车键结束

03 重新调用C【圆】命令，以【圆心，半径】方式绘制圆，如图4-32所示。命令行提示如下。

命令：_circle✓　　　　　　　　　　　　　　//调用【圆】命令
指定圆的圆心或 [三点(3P)/两点(2P)/切点、切点、半径(T)]：✓　//指定圆心点
指定圆的半径或 [直径(D)] <270.0000>：250✓　//输入半径参数，按回车键结束

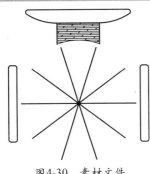

图4-30　素材文件　　　　　　图4-31　绘制圆　　　　　　图4-32　绘制圆

在【圆】命令行中，各选项的含义如下。

★ 圆心：基于圆心和直径（或半径）绘制圆。
★ 三点（3P）：基于圆周上的三点绘制圆。
★ 两点（2P）：基于圆直径上的两个端点绘制圆。
★ 切点、切点、半径（T）：创建相切于三个对象的圆。

2. 绘制圆弧

弧是圆的一部分，它也是一种简单图形。绘制圆弧与绘制圆相比，相对要困难一些，除了圆心和半径外，圆弧还需要指定起始角和终止角。

调用【圆弧】命令的方法如下。

★ 菜单栏：执行【绘图】|【圆弧】命令。
★ 命令行：输入ARC/A命令。
★ 功能区：在【常用】选项卡中，单击【绘图】面板中的【圆弧】按钮。

菜单栏中的【绘图】|【圆弧】子菜单中提供了11种绘制圆弧的子命令，各子命令的含义如下。

★ 三点：通过指定圆弧上的三点绘制圆弧，需要指定圆弧的起点、通过的第二个点和端点。
★ 起点、圆心、端点：通过指定圆弧的起点、圆心、端点绘制圆弧。
★ 起点、圆心、角度：通过指定圆弧的起点、圆心、包含角绘制圆弧。
★ 起点、圆心、长度：通过指定圆弧的起点、圆心、弦长绘制圆弧。
★ 起点、端点、角度：通过指定圆弧的起点、端点、包含角绘制圆弧。
★ 起点、端点、方向：通过指定圆弧的起点、端点和圆弧的起点切向绘制圆弧。
★ 起点、端点、半径：通过指定圆弧的起点、端点和圆弧半径绘制圆弧。
★ 圆心、起点、端点：通过指定圆弧的圆心、起点、端点方式绘制圆弧。
★ 圆心、起点、角度：通过指定圆弧的圆心、起点、圆心角方式绘制圆弧。
★ 圆心、起点、长度：通过指定圆弧的圆心、起点、弦长方式绘制圆弧。
★ 继续：绘制其他直线或非封闭曲线后，执行菜单栏中的【绘图】|【圆弧】|【继续】命令，系统将自动以刚才所绘制对象的终点作为即将绘制的圆弧的起点。

【**案例**4-11】：完善电视柜组合

01 单击【快速访问】工具栏中的【打开】按钮📂，打开"第4课\4.4.2 绘制圆和圆弧2"素材文件，如图4-33所示。

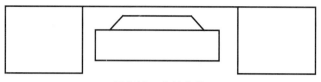

图4-33 素材文件

02 单击【绘图】面板中的【圆弧】按钮🖊，绘制圆弧，如图4-34所示。命令行提示如下。

```
命令：_arc↙                                              //调用【圆弧】命令
圆弧创建方向：逆时针(按住 Ctrl 键可切换方向)。
指定圆弧的起点或 [圆心(C)]：↙                              //指定圆弧起点
指定圆弧的第二个点或 [圆心(C)/端点(E)]：@477.7,-40↙        //输入第二点参数
指定圆弧的端点：↙                                          //指定圆弧端点
```

图4-34 绘制圆弧

03 重新调用A【圆弧】，绘制圆弧，如图4-35所示。命令行提示如下。

```
命令：_arc↙                                              //调用【圆弧】命令
圆弧创建方向：逆时针(按住 Ctrl 键可切换方向)。
指定圆弧的起点或 [圆心(C)]：↙                              //指定圆弧起点
指定圆弧的第二个点或 [圆心(C)/端点(E)]：e↙                  //选择【端点（E）】选项
指定圆弧的端点：↙                                          //指定圆弧端点
指定圆弧的圆心或 [角度(A)/方向(D)/半径(R)]：r↙             //选择【半径（R）】选项
指定圆弧的半径：1945.63↙                                  //输入圆弧半径参数，按回车键结束
```

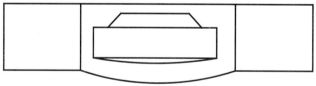

图4-35 绘制圆弧

【圆弧】命令的命令行选项含义如下。

★ 起点：使用圆弧周线上的三个指定点绘制圆弧。第一个点为起点。

★ 圆心（C）：通过指定圆弧所在圆的圆心开始。

4.4.3 绘制圆环和填充圆

圆环是由同一圆心、不同直径的两个同心圆组成的。如果圆环的内直径为0，则圆环为填充圆。

调用【圆环】命令的方法如下。

★ 菜单栏：执行【绘图】|【圆环】命令。

★ 命令行：输入DONUT/DO命令。

★ 功能区：在【默认】选项卡中，单击【绘图】面板中的【圆环】按钮◎。

AutoCAD默认情况下所绘制的圆环为填充的实心图形。如果在绘制圆环之前，在命令行中输入FILL命令，则可以控制圆环或圆的填充可见性。执行FILL命令后，命令行提示如下：

输入模式 [开(ON)/关(OFF)] <开>:

开（ON）、关（OFF）表示绘制的圆环和圆是否要填充，如图4-36和图4-37所示。

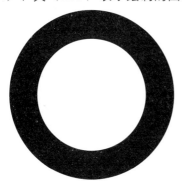

图4-36 【开】模式效果　　　　　　图4-37 【关】模式效果

4.4.4 绘制椭圆和椭圆弧

椭圆和椭圆弧是一类特殊样式的曲线对象，下面将这两种曲线对象分别进行介绍。

1. 绘制椭圆

与圆相比，椭圆的半径长度不一，形状由定义其长度和宽度的两条轴决定，较长的称为长轴，较短的称为短轴。

调用【椭圆】命令的方法如下。

★ 菜单栏：执行【绘图】|【椭圆】命令。

★ 命令行：输入ELLIPSE/EL命令。

★ 功能区：在【默认】选项卡中，单击【绘图】面板中的【圆心】按钮◎。

菜单栏上的【绘图】|【椭圆】子菜单提供了两种绘制椭圆的命令，各命令的含义如下。

★ 圆心：通过指定椭圆的中心点、一条轴的一个端点及另一条轴的半轴长度来绘制椭圆。

★ 轴、端点：通过指定椭圆一条轴的两个端点及另一条轴的半轴长度来绘制椭圆。

【案例4-12】：完善洗脸盆中的椭圆

01 单击【快速访问】工具栏中的【打开】按钮📂，打开"第4课\4.4.4　绘制椭圆和椭圆弧"素材文件，如图4-38所示。

02 单击【绘图】面板中的【圆心】按钮◎，绘制椭圆，如图4-39所示。命令行提示如下。

命令：_ellipse✓	//调用【椭圆】命令
指定椭圆的轴端点或 [圆弧(A)/中心点(C)]：_c✓	//选择【中心点（C）】选项
指定椭圆的中心点：from✓	//调用【捕捉自】命令，捕捉中间的圆的圆心点
基点：<偏移>：@0,-102✓	//输入偏移参数
指定轴的端点：279✓	//输入长轴参数
指定另一条半轴长度或 [旋转(R)]：178✓	//输入短轴参数，按回车键结束即可

2. 绘制椭圆弧

椭圆弧是椭圆的一部分，它类似于椭圆，不同的是它的起点和终点没有闭合。绘制椭圆弧需要确定的参数：椭圆弧所在椭圆的两条轴及椭圆弧的起点和终点的角度。

调用【椭圆弧】命令的方法如下。

★ 菜单栏：执行【绘图】|【椭圆弧】命令。

★ 功能区：在【默认】选项卡中，单击【绘图】面板中的【椭圆弧】按钮🔁。

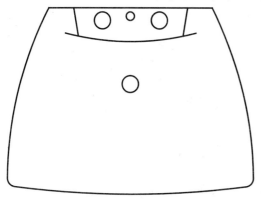

图4-38 素材文件

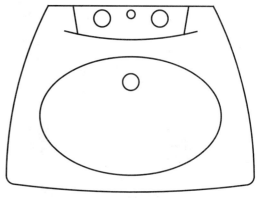

图4-39 图形效果

4.5 实例应用

4.5.1 绘制双人床

双人床是床的一种分类，其主要作用是供人躺在上面睡觉的家具，本实例通过绘制如图4-40所示双人床图形，主要练习【矩形】、【直线】、【圆】、【图案填充】和【多段线】功能的应用。

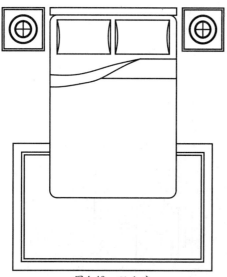

图4-40 双人床

01 单击【快速访问】工具栏中的【新建】按钮📄，打开【选择样板】对话框，选择【室内图层模板】文件，单击【打开】按钮，新建空白文件。

02 绘制床。调用REC【矩形】命令，绘制一个1372×1905的矩形，如图4-41所示。

图4-41 绘制矩形

03 调用F【圆角】命令，修改【圆角半径】为76，将新绘制的矩形进行圆角操作，如图4-42所示。

04 绘制床头。调用REC【矩形】和M【移动】命令，结合【对象捕捉】功能，绘制矩形，如图4-43所示。

05 绘制枕头。调用REC【矩形】命令，绘制一个584×356的矩形；调用M【移动】命令，调整新绘制矩形的位置，如图4-44所示。

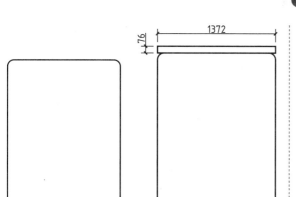

图4-42 圆角矩形　　　图4-43 绘制矩形

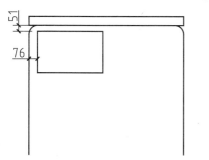

图4-44 绘制矩形

06 调用A【圆弧】命令，结合【端点捕捉】功能，捕捉新绘制矩形的左侧上、下端点为圆弧起点和端点，设置【半径】为635，绘制圆弧，如图4-45所示。

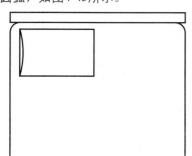

图4-45 绘制圆弧

07 调用MI【镜像】命令，将新绘制的圆弧进行镜像操作，如图4-46所示。

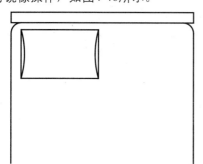

图4-46 镜像图形

08 绘制床头柜。调用REC【矩形】命令，绘制一个450×450的矩形；调用M【移动】命令，调整新绘制矩形的位置，如图4-47所示。

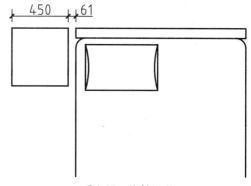

图4-47 绘制矩形

09 调用O【偏移】命令，将新绘制的矩形向内偏移20，如图4-48所示。

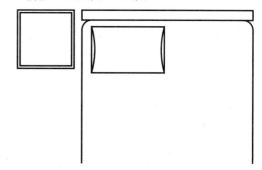

图4-48 偏移图形

10 调用C【圆】命令，结合【中点捕捉】和【中点捕捉追踪】功能，分别绘制半径为80、90、140、150，如图4-49所示。

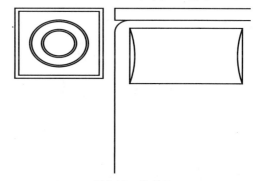

图4-49 绘制圆

11 调用L【直线】命令，结合【象限点捕捉】功能，绘制直线，如图4-50所示。

12 调用MI【镜像】命令，选择床头柜和枕头对象，将其进行镜像操作，如图4-51所示。

13 绘制床单。调用X【分解】命令，分解圆角矩形；调用O【偏移】命令，偏移图形，如

图4-52所示。

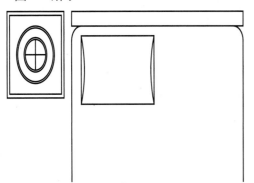

图4-50 绘制直线

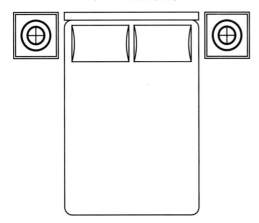

图4-51 镜像图形

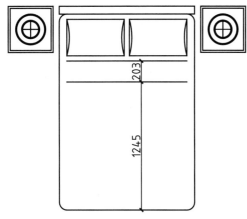

图4-52 修改图形

14 调用EX【延伸】命令，延伸相应的图形，调用SPL【样条曲线】，结合【对象捕捉】功能，绘制样条曲线对象，如图4-53所示。

15 调用TR【修剪】命令，修剪多余的图形，如图4-54所示。

16 调用PL【多段线】命令，结合【正交】和【中点捕捉】功能，绘制多段线；调用M【移动】命令，移动多段线对象，效果如图4-55所示。

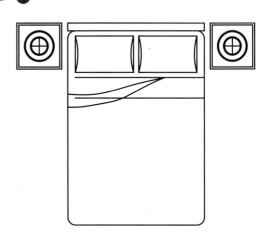

图4-53 绘制样条曲线

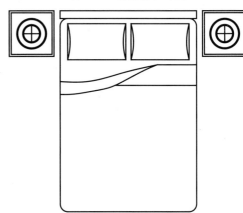

图4-54 修剪图形

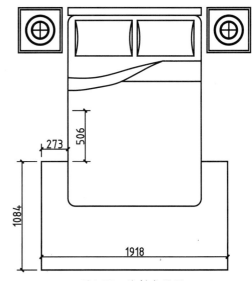

图4-55 绘制多段线

17 调用O【偏移】命令，将新绘制的多段线进行偏移操作，如图4-56所示。

18 将【填充】图层置为当前。调用H【图案填充】命令，选择【AR-PARQ1】图案，修改【图案填充角度】为270、【图案填充比例】为1.5，填充图形，如图4-57所示。

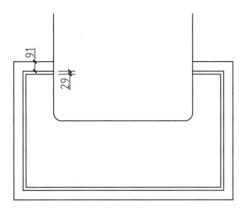

图4-56　偏移多段线

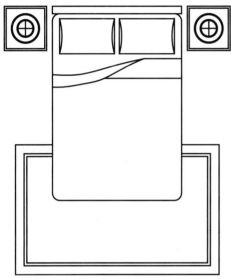

图4-57　填充图形

19 调用H【图案填充】命令，选择【AR-SAND】图案，填充图形，得到最终效果，如图4-58所示。

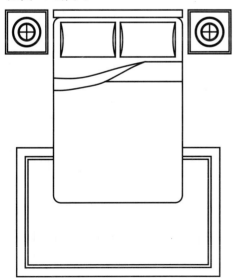

图4-58　填充图形

4.5.2　绘制坐便器

坐便器属于建筑给排水材料领域的一种卫生洁具，本实例绘制图4-59所示坐便器，主要练习【矩形】、【圆角】、【椭圆】、【多段线】、【圆弧】和【偏移】命令的应用方法。

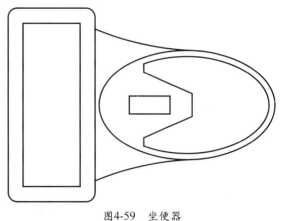

图4-59　坐便器

01 单击【快速访问】工具栏中的【新建】按钮 🗋，新建空白文件。

02 调用REC【矩形】命令，绘制一个235×510矩形；调用O【偏移】命令，将新绘制的矩形向内偏移40，如图4-60所示。

03 调用F【圆角】命令，修改【半径】为24，对大矩形进行圆角操作，如图4-61所示。

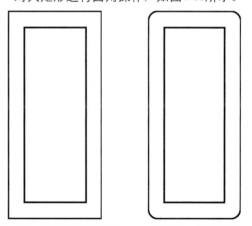

图4-60　绘制并偏移矩形　　　图4-61　圆角矩形

04 调用EL【椭圆】命令，以【中心点】方式绘制椭圆；调用M【移动】命令，将新绘制的椭圆的位置进行调整，如图4-62所示。

05 调用L【直线】命令，绘制一条长度为79的水平直线；调用RO【旋转】和M【移动】命令，调整图形，效果如图4-63所示。

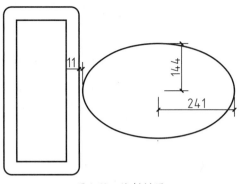

图4-62 绘制椭圆

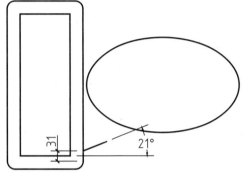

图4-63 绘制图形

06 调用F【圆角】命令，修改【圆角半径】为800，圆角图形，如图4-64所示。

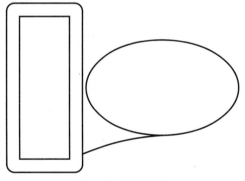

图4-64 圆角图形

07 调用MI【镜像】命令，镜像图形，如图4-65所示。

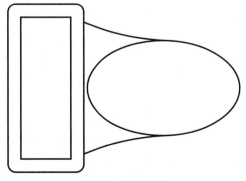

图4-65 镜像图形

08 调用REC【矩形】命令，绘制一个112×47的矩形；调用M【移动】命令，移动矩形，如图4-66所示。

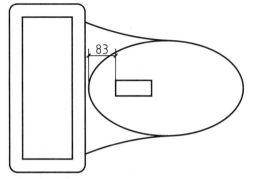

图4-66 移动矩形

09 调用O【偏移】命令，将椭圆对象向内偏移16，效果如图4-67所示。

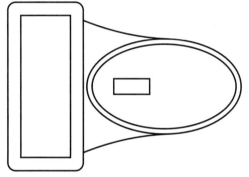

图4-67 偏移椭圆

10 调用PL【多段线】命令，结合【23°极轴追踪】功能，绘制多段线；调用M【移动】命令，移动图形，如图4-68所示。

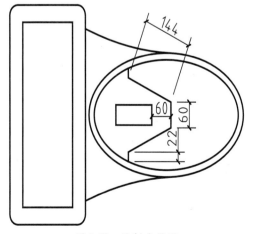

图4-68 绘制多段线

11 调用TR【修剪】命令，修剪图形，如图4-69所示。

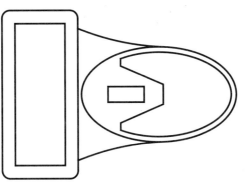

图4-69 修剪图形

4.6 课后练习

4.6.1 绘制地面拼花

地面拼花的主要作用是对地面起到装饰点缀的作用。本小节通过绘制如图4-70所示的地面拼花,主要考察【矩形】、【直线】和【图案填充】命令的应用。

图4-70 地面拼花

提示步骤如下。

01 单击【快速访问】工具栏中的【新建】按钮 ，打开【选择样板】对话框,选择【室内图层模板】文件,单击【打开】按钮,新建空白文件。

02 调用REC【矩形】命令,绘制一个2500×2500的矩形;调用O【偏移】命令,将新绘制的矩形进行偏移操作,如图4-71所示。

03 调用RO【旋转】命令,将最外侧的大矩形

进行45°的旋转复制操作,如图4-72所示。

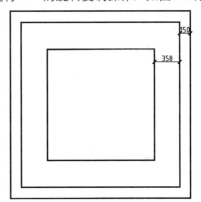

图4-71 绘制并偏移矩形

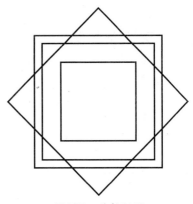

图4-72 旋转矩形

04 调用O【偏移】命令,将旋转后的矩形进行偏移操作,如图4-73所示。

05 调用L【直线】命令,结合【中点捕捉】功能,连接直线,如图4-74所示。

图4-73 偏移图形

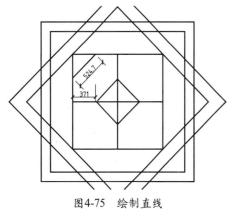

图4-74 连接直线

06 调用L【直线】和M【移动】命令，结合【对象捕捉】和【45°极轴追踪】功能，绘制直线，如图4-75所示。

图4-76 镜像图形

08 调用TR【修剪】命令，修剪图形，如图4-77所示。

图4-77 修剪图形

09 将【填充】图层置为当前。调用H【图案填充】命令，填充图形，如图4-78所示。

图4-75 绘制直线

07 调用MI【镜像】命令，将新绘制的直线进行镜像操作，如图4-76所示。

图4-78 填充图形

4.6.2 绘制小便器

小便器也是一种卫生洁具，本小节通过绘制如图4-79所示的小便器，熟悉巩固【多段线】、【圆】、【圆弧】和【直线】等命令的应用方法。

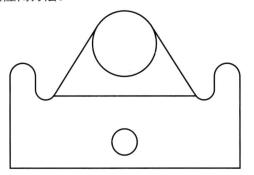

图4-79 小便器

提示步骤如下。

01 单击【快速访问】工具栏中的【新建】按钮 ，新建空白文件。

02 调用PL【多段线】命令，绘制多段线，尺寸如图4-80所示。

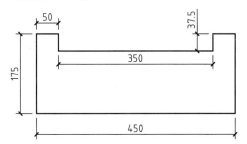

图4-80 绘制多段线

03 调用C【圆】命令，以【两点】方式绘制圆，如图4-81所示。

图4-81 绘制圆

04 调用C【圆】命令，以【圆心、半径】方式绘制圆；调用M【移动】命令，调整新绘制圆的位置，如图4-82所示。

05 调用A【圆弧】命令，以【起点、端点、半径】方式绘制圆；调用M【移动】命令，调整新绘制圆弧的位置，如图4-83所示。

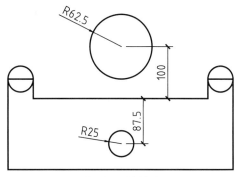

图4-82 绘制圆

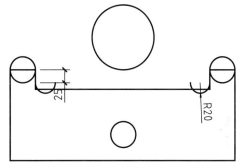

图4-83 绘制圆弧

06 调用L【直线】命令，结合【切点捕捉】功能，绘制两条切线，如图4-84所示。

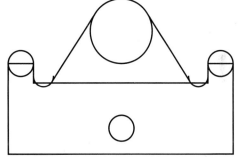

图4-84 绘制切线

07 调用TR【修剪】命令，修剪图形，如图4-85所示。

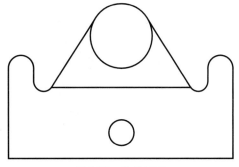

图4-85 修剪图形

第5课
二维图形的编辑

　　使用AutoCAD绘图是一个由简到繁、由粗到精的过程，通过绘制基本图形之后，再在后期修整得到精确的图形。AutoCAD 2014提供了丰富的图形编辑命令，如复制、移动、镜像、偏移、阵列、拉伸以及修剪等。使用这些命令能够方便地改变图形的大小、位置、方向、数量及形状，从而绘制出更为复杂的图形。

本课知识：
1. 掌握选择对象的方法。
2. 掌握对象的移动和旋转方法。
3. 掌握图形对象的复制方法。
4. 掌握图形对象的修整方法。
5. 掌握图形对象的打断、合并和分解方法。
6. 掌握图形对象的倒角和圆角方法。
7. 掌握夹点对象的编辑方法。

5.1　选择对象的方法

对图形进行任何编辑和修改操作的时候，必须先选择图形对象。针对不同的情况，采用最佳的选择方法，能大幅提高图形的编辑效率。AutoCAD 2014提供了多种选择对象的基本方法，如直接选取、窗口选取、交叉窗口选取以及栏选取等。

5.1.1　直接选取

直接选取又称为点取对象，直接将光标拾取点移动到欲选取对象上，然后单击鼠标左键即可完成选取对象的操作。如图5-1所示为直接选取前后对比效果。

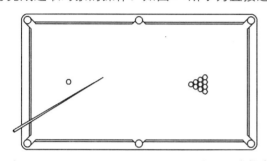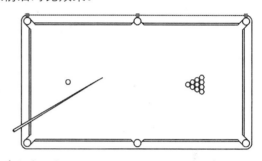

图5-1　直接选取前后对比效果

5.1.2　窗口选取

窗口选取对象是以指定对角点的方式，定义矩形选取范围的选取方法。选取对象时，从左往右拉出选择框，只有全部位于矩形窗口中的图形对象才会被选中，如图5-2所示。

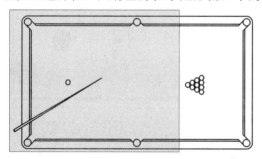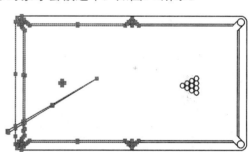

图5-2　窗口选取对象效果

5.1.3　窗交选取

窗交先取也是指通过指定对角线的方式，定义矩形选取范围的选择方法。但与窗口选择的方向相反，它是从右下角往左上角拖拽矩形框，无论是全部还是部分位于选择框中的图形对象都将被选中，如图5-3所示。

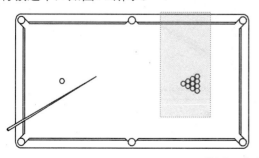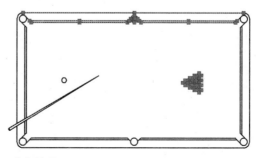

图5-3　窗交选取对象效果

5.1.4 不规则窗口选取

不规则窗口选取是以指定若干点的方式定义不规则形状的区域来选择对象，包括圈围和圈交两种方式。

1. 圈围选取

圈围是一种多边形窗口选择方式，与窗口选择对象的方法类似，不同的是圈围方法可以构造任意形状的多边形，被多边形选择框完全包围的对象才能被选中，如图5-4所示。

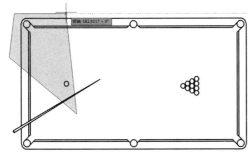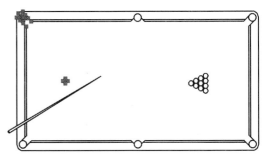

图5-4 圈围选取对象效果

2. 圈交选取

圈交是一种多边形窗交选择方式，与窗交选择对象的方法类似，不同的是圈交方法可以构造任意形状的多边形，它可以绘制任意闭合但不能与选择框自身相交或相切的多边形，如图5-5所示。

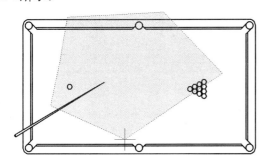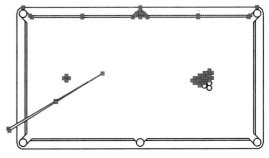

图5-5 圈交选取对象效果

5.1.5 栏选取

使用【栏选】方式可以选择与选择栏相交的所有对象。栏选方法与圈交方法相似，只是栏选不闭合，并且栏选可以自交，如图5-6所示。

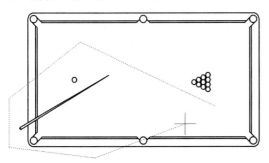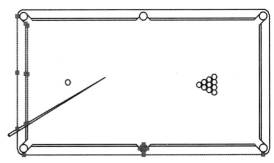

图5-6 栏选选取对象效果

5.1.6　快速选择

若用户需要选择具有某些共同特征性的对象，就可以使用【快速选择】对话框进行选择。在【快速选择】对话框中设置图层、线型、颜色及图案填充等特性来选择图形对象。

在AutoCAD 2014中，启动【快速选择】功能的常用方法有以下几种。

★ 菜单栏：执行【工具】|【快速选择】命令。

★ 命令行：在命令行中输入QSELECT命令。

★ 功能区：在【默认】选项卡中，单击【实用工具】面板的【快速选择】按钮。

【案例5-1】：通过【快速选择】修改主卧平面图

01 单击【快速访问】工具栏中的【打开】按钮，打开"第5课\5.1.6　快速选择"素材文件，如图5-7所示。

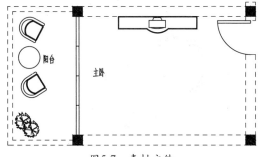

图5-7　素材文件

02 单击【实用工具】面板中的【快速选择】按钮，打开【快速选择】对话框，在【特性】列表框中，选择【图层】选项，在【值】列表框中，选择【墙体】选项，如图5-8所示。

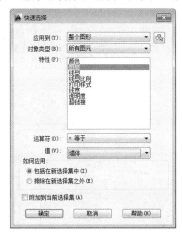

图5-8　【快读选择】对话框

03 单击【确定】按钮，即可快速选择对象，如图5-9所示。

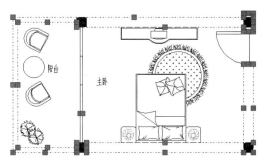

图5-9　快速选择图形

04 在【特性】面板中，单击【对象颜色】列表框，选择【白】选项，如图5-10所示。

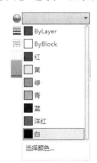

图5-10　【对象颜色】列表框

05 在【特性】面板中，单击【线型】列表框，选择【Continuous】选项，如图5-11所示。

图5-11　【线型】列表框

06 按Esc键退出，即可更改选择图形的颜色和线型，最终效果如图5-12所示。

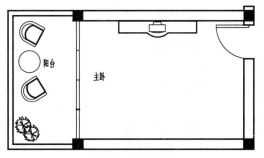

图5-12　最终效果

在【快速选择】对话框中，各选项的含义如下。

★ 应用到：选择所设置的过滤条件是应用到整个图形还是当前的选择集。如果当前图形中已有一个选择集，则可以选择【当前选择】。

★ 【选择对象】按钮：单击该按钮将临时关闭【快速选择】对话框，允许用户选择要对其应用过滤条件的对象。

★ 对象类型：指定包含在过滤条件中的对象类型，如果过滤条件应用到整个图形，则该列表框中将列出整个图形中所有可用的对象类型。如果图形中已有一

个选择集，则该列表框中将只列出该选择集中的对象类型。

★ 特性：指定过滤器的对象特性。

★ 运算符：控制过滤器中对象特性的运算范围。

★ 值：指定过滤器的特性值。

★ 如何应用：指定是将符合给定过滤条件的对象包括在新选择集内还是排除在外。

★ 【附加到当前选择集】复选框：指定创建的选择集替换还是附加到当前选择集。

5.2 移动和旋转对象

在绘制图形的过程中，经常需要对图形进行一些基本的编辑操作，如移动和旋转操作，本节将介绍移动和旋转对象的方法。

5.2.1 移动对象

使用【移动】命令是指图形对象的位置平行移动，移动过程中图形的大小、形状和角度都是不改变的。

在AutoCAD 2014中，启动【移动】功能的常用方法有以下几种。

★ 菜单栏：执行【修改】|【移动】命令。

★ 命令行：在命令行中输入MOVE/M命令。

★ 功能区：在【默认】选项卡中，单击【修改】面板中的【移动】按钮。

【案例5-2】：移动装饰画

01 单击【快速访问】工具栏中的【打开】按钮，打开"第5课\5.2.1 移动对象"素材文件，如图5-13所示。

02 单击【修改】面板中的【移动】按钮，移动图形，效果如图5-14所示。命令行提示如下。

```
命令：_move↙                                    //调用【移动】命令
选择对象：指定对角点：找到 30 个↙              //框选右下方所有图形
选择对象：
指定基点或 [位移(D)] <位移>：↙                //捕捉选择图形的左上方端点
指定第二个点或 <使用第一个点作为位移>：@-466,627↙  //输入第二点坐标，完成移动
```

图5-13 素材文件

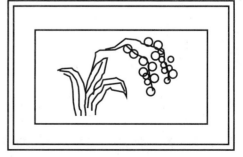

图5-14 移动效果

5.2.2 旋转对象

使用【旋转】命令可以将选中的对象围绕指定的基点进行旋转，以改变图形方向。

在AutoCAD 2014中，启动【旋转】功能的常用方法有以下几种。

★ 菜单栏：执行【修改】|【旋转】命令。

★ 命令行：在命令行中输入ROTATE/RO命令。

★ 功能区：在【默认】选项卡中，单击【修改】面板中的【旋转】按钮 。

【案例5-3】： 旋转沙发组合中的单人沙发

`01` 单击【快速访问】工具栏中的【打开】按钮 ，打开"第5课\5.2.2　旋转对象"素材文件，如图5-15所示。

`02` 单击【修改】面板中的【旋转】按钮 ，旋转图形，如图5-16所示。命令行提示如下。

```
命令: _rotate✓                                    //调用【旋转】命令
UCS 当前的正角方向:  ANGDIR=逆时针  ANGBASE=0
选择对象: 指定对角点: 找到 1 个✓                     //框选单人沙发
指定基点: ✓                                       //捕捉选择图形的上方中点
指定旋转角度, 或 [复制(C)/参照(R)] <0>: -45✓        //输入角度参数，完成旋转操作
```

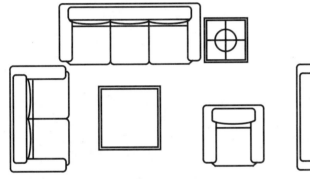

图5-15　素材文件

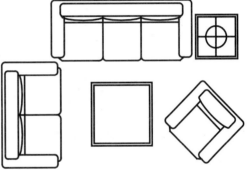

图5-16　旋转效果

在【旋转】命令行中，各选项含义如下。

★ 旋转角度：逆时针旋转的角度为正值，顺时针旋转的角度为负值。

★ 复制（C）：创建要旋转的对象的副本，即保留源对象。

★ 参照（R）：按参照角度和指定的新角度旋转对象。

> **提示**
>
> 在AutoCAD中，逆时针旋转的角度为正值，顺时针旋转的角度为负值。

5.3 复制对象

在绘图过程中，经常需要对图形对象进行复制操作。在AutoCAD 2014中，提供了多种复制对象的方法，包括【复制】命令、【镜像】命令、【偏移】命令和【阵列】命令等。用户可以轻松地对图形对象进行不同方式的复制操作。

5.3.1 删除对象

使用【删除】命令可以将绘制的不符合要求的图形对象或不再需要的辅助图形对象删除。

在AutoCAD 2014中，启动【删除】功能的常用方法有以下几种。

★ 菜单栏：执行【修改】|【删除】命令。
★ 命令行：在命令行中输入ERASE/E命令。
★ 功能区：在【默认】选项卡中，单击【修改】面板中的【删除】按钮 。
★ 快捷键：按Delete键。

5.3.2 复制对象

在绘制图形过程中，需要重复绘制一个相同的图形对象时，使用【复制】命令可以一次复制出一个或者多个相同的图形对象，使绘图更加快捷、方便。

在AutoCAD 2014中，启动【复制】功能的常用方法有以下几种。

★ 菜单栏：执行【修改】|【复制】命令。
★ 命令行：在命令行中输入COPY/CO命令。
★ 功能区：在【默认】选项卡中，单击【修改】面板中的【复制】按钮 。

【案例5-4】：使用【复制】功能完善衣柜

01 单击【快速访问】工具栏中的【打开】按钮 ，打开"第5课\5.3.2 复制对象"素材文件，如图5-17所示。

02 单击【修改】面板中的【复制】按钮 ，复制图形，效果如图5-18所示。命令行提示如下：

```
命令: _copy↙                                    //调用【复制】命令
选择对象：指定对角点：找到 24 个↙              //选择被子图形
选择对象：
当前设置：复制模式 = 多个
指定基点或 [位移(D)/模式(O)] <位移>：↙         //捕捉图形的左下方中点
指定第二个点或 [阵列(A)] <使用第一个点作为位移>：440↙      //指定第二点参数
指定第二个点或 [阵列(A)/退出(E)/放弃(U)] <退出>：930↙      //指定第三点参数
指定第二个点或 [阵列(A)/退出(E)/放弃(U)] <退出>：1370↙     //指定第四点参数，按回车键结束即可
```

03 重新调用CO【复制】命令，将衣柜中的其他图形进行复制操作，得到最终效果，如图5-19所示。

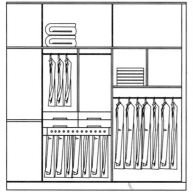
图5-17 素材文件

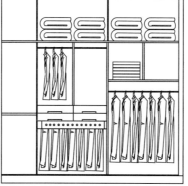
图5-18 复制图形

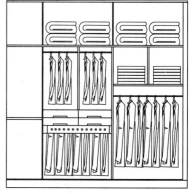
图5-19 最终效果

在【复制】命令行中，各选项的含义如下。

★ 位移（D）：使用坐标指定相对距离和方向。指定的两点定义一个矢量，指示复制对象的放置离原位置有多远以及以哪个方向放置。
★ 模式（O）：控制命令是否自动重复（COPYMODE系统变量）。
★ 阵列（A）：快速复制对象以呈现出指定数目和角度的效果。

5.3.3　镜像对象

使用【镜像】命令可以将图形对象按指定的轴线进行对称变换，绘制出呈对称显示的图形对象。在绘制对称图形对象时，可以快速绘制半个图形对象，然后将其镜像，创建一个完整的对象。

在AutoCAD 2014中，启动【镜像】功能的常用方法有以下几种。

★ 菜单栏：执行【修改】|【镜像】命令。

★ 命令行：在命令行中输入MIRROR/MI命令。

★ 功能区：在【默认】选项卡中，单击【修改】面板中的【镜像】按钮▲。

【案例5-5】：镜像窗花图形

01 单击【快速访问】工具栏中的【打开】按钮▷，打开"第5课\5.3.3　镜像对象"素材文件，如图5-20所示。

02 单击【修改】面板中的【镜像】按钮▲，镜像图形，效果如图5-21所示。命令行提示如下：

命令：MIRROR✓	//调用【镜像】命令
选择对象：指定对角点：找到 32 个✓	//选择左侧图形
选择对象：　指定镜像线的第一点：指定镜像线的第二点：✓	//指定中间矩形的上下中点
要删除源对象吗？[是(Y)/否(N)] <N>：✓	//按回车键结束

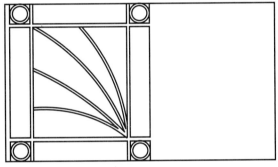

图5-20　素材文件

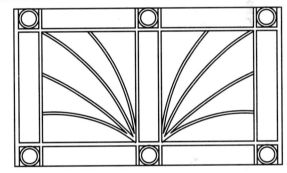

图5-21　镜像效果

5.3.4　偏移对象

使用【偏移】工具可以创建与源对象成一定距离的形状相同或相似的新图形对象。可以进行偏移的图形对象包括直线、曲线、多边形、圆或圆弧等。

在AutoCAD 2014中，启动【偏移】功能的常用方法有以下几种。

★ 菜单栏：执行【修改】|【偏移】命令。

★ 命令行：在命令行中输入OFFSET/O命令。

★ 功能区：在【默认】选项卡中，单击【修改】面板中的【偏移】按钮▣。

【案例5-6】：偏移单人沙发中的直线

01 单击【快速访问】工具栏中的【打开】按钮▷，打开"第5课\5.3.4　偏移对象"素材文件，如图5-22所示。

02 单击【修改】面板中的【偏移】按钮▣，偏移图形，效果如图5-23所示。命令行提示如下：

命令：_offset✓	//调用【偏移】命令
当前设置：删除源=否　图层=源　OFFSETGAPTYPE=0	
指定偏移距离或 [通过(T)/删除(E)/图层(L)] <通过>：32✓	//输入偏移距离参数
选择要偏移的对象，或 [退出(E)/放弃(U)] <退出>：	//选择合适的垂直直线

指定要偏移的那一侧上的点，或 [退出(E)/多个(M)/放弃(U)] <退出>:	//指定偏移方向
选择要偏移的对象，或 [退出(E)/放弃(U)] <退出>:	//选择合适的垂直直线
指定要偏移的那一侧上的点，或 [退出(E)/多个(M)/放弃(U)] <退出>:	//指定偏移方向
选择要偏移的对象，或 [退出(E)/放弃(U)] <退出>:	//选择合适的垂直直线
指定要偏移的那一侧上的点，或 [退出(E)/多个(M)/放弃(U)] <退出>:	//指定偏移方向，按回车键结束

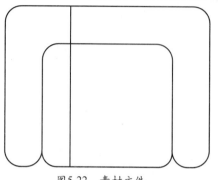

图5-22　素材文件　　　　　　　　　　　　图5-23　偏移效果

在【偏移】命令行中，各选项的含义如下。

★　通过（T）：创建通过指定点的对象。

★　删除（E）：偏移源对象后将其删除。

★　图层（L）：确定将偏移对象创建在当前图层上还是源对象所在的图层上。

5.3.5　阵列对象

使用【阵列】命令可以将选择的对象复制多个并按一定规律进行排列。阵列图形包括矩形阵列图形、路径阵列图形和极轴阵列图形。

1. 矩形阵列

使用【矩形阵列】命令，可以将对象副本分布到行、列和标高的任意组合。矩形阵列就是将图形像矩形一样进行排列，用于多次重复绘制呈行状排列的图形，如建筑物立面图的窗格和摆设规律的桌椅等。

在AutoCAD 2014中，启动【矩形阵列】功能的常用方法有以下几种。

★　菜单栏：执行【修改】|【阵列】|【矩形阵列】命令。

★　命令行：在命令行中输入ARRAY/AR或ARRAYRECT命令。

★　功能区：在【默认】选项卡中，单击【修改】面板中的【矩形阵列】按钮▦。

执行以上任一命令，均可以调用【矩形阵列】命令。其命令行提示如下。

命令：_arrayrect✓	//调用【矩形阵列】命令
选择对象：	
类型 = 矩形 关联 = 是	
选择夹点以编辑阵列或 [关联(AS)/基点(B)/计数(COU)/间距(S)/列数(COL)/行数(R)/层数(L)/退出(X)] <退出>:	

在【矩形阵列】命令行中，各选项的含义如下。

★　关联（AS）：指定阵列中的对象是关联的还是独立的。

★　基点（B）：定义阵列基点和基点夹点的位置。

★　计数（COU）：指定行数和列数并使用户在移动光标时可以动态观察结果（一种比【行和列】选项更快捷的方法）。

★　间距（S）：指定行间距和列间距并使用户在移动光标时可以动态观察结果。

★ 列数（COL）：编辑列数和列间距。

★ 行数（R）：指定阵列中的行数、它们之间的距离以及行之间的增量标高。

★ 层数（L）：指定三维阵列的层数和层间距。

【案例5-7】：矩形阵列大门立面

01 单击【快速访问】工具栏中的【打开】按钮，打开"第5课\5.3.5　阵列图形1"素材文件，如图5-24所示。

02 单击【修改】面板中的【矩形阵列】按钮，根据命令行提示选择合适对角线对象，如图5-25所示。

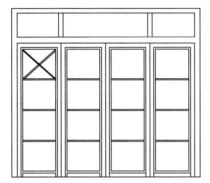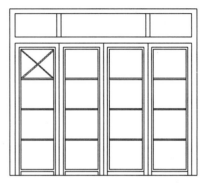

　　图5-24　素材文件　　　　　　　　　图5-25　选择对角线对象

03 按回车键结束选择，打开【阵列创建】选项卡，修改各参数，如图5-26所示。

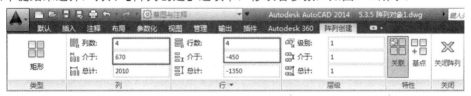

图5-26　【阵列创建】选项卡

04 按回车键结束，即可矩形阵列图形，最终效果如图5-27所示。

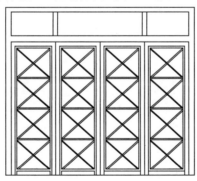

图5-27　最终效果

2. 环形阵列

　　环形阵列可以将图形以某一点为中心点进行环形复制，阵列结果是阵列对象沿中心点的四周均匀排列成环形。

　　在AutoCAD 2014中，启动【环形阵列】功能的常用方法有以下几种。

★ 菜单栏：执行【修改】|【阵列】|【环形阵列】命令。

★ 命令行：在命令行中输入ARRAYPOLAR命令。

★ 功能区：在【默认】选项卡中，单击【修改】面板中的【环形阵列】按钮。

执行以上任一命令，均可以调用【环形阵列】命令，其命令行提示如下。

```
命令: _arraypolar↙                                         //调用【环形阵列】命令
选择对象:
类型 = 极轴  关联 = 是
指定阵列的中心点或 [基点(B)/旋转轴(A)]:
选择夹点以编辑阵列或 [关联(AS)/基点(B)/项目(I)/项目间角度(A)/填充角度(F)/行(ROW)/层(L)/旋转项目
(ROT)/退出(X)] <退出>:
```

在【环形阵列】命令行中，各选项的含义如下。

★ 旋转轴（A）：指定由两个指定点定义的旋转轴。

★ 项目（I）：使用值或表达式指定阵列中的项目数。

★ 项目间角度（O）：每个对象环形阵列后相隔的角度。

★ 填充角度（F）：对象环形阵列的总角度。

★ 旋转项目（ROT）：控制在阵列项时是否旋转项。

【案例5-8】：环形阵列地面拼花

01 单击【快速访问】工具栏中的【打开】按钮

，打开"第5课\5.3.5 阵列图形2"素材文件，如图5-28所示。

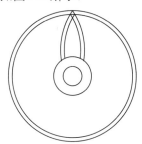

图5-28　选择圆弧对象

02 单击【修改】面板中的【环形阵列】按钮，选择圆弧对象，捕捉圆心点为基点，打开【阵列创建】选项卡，修改各参数，如图5-29所示。

图5-29　【阵列创建】选项卡

03 按回车键结束，即可环形阵列图形，如图5-30所示。

04 调用TR【修剪】命令，修剪图形，得到最终效果，如图5-31所示。

图5-30　环形阵列图形

图5-31　最终效果

3. 路径阵列

使用【路径阵列】命令，可以使图形对象均匀地沿路径或部分路径分布。其路径可以是直线、多段线、三维多段线、样条曲线、螺旋、圆弧、圆或椭圆等。

在AutoCAD 2014中，启动【路径阵列】功能的常用方法有以下几种。

★ 菜单栏：执行【修改】|【阵列】|【路径阵列】命令。

★ 命令行：在命令行中输入ARRAYPATH命令。

★ 功能区：在【默认】选项卡中，单击【修改】面板中的【路径阵列】按钮 ⬚。

执行以上任一命令，均可以调用【路径阵列】命令，其命令行提示如下。

命令：_arraypath↙   //调用【路径阵列】命令
选择对象：指定对角点：
类型 = 路径 关联 = 是
选择路径曲线
选择夹点以编辑阵列或 [关联(AS)/方法(M)/基点(B)/切向(T)/项目(I)/行(R)/层(L)/对齐项目(A)/Z 方向(Z)/
退出(X)] <退出>：

在【矩形阵列】命令行中，各选项的含义如下。

★ 关联（AS）：指定是否创建阵列对象，或者是否创建选定对象的非关联副本。

★ 方法（M）：控制如何沿路径分布项目。

★ 基点（B）：定义阵列的基点。路径阵列中的项目相对于基点放置。

★ 切向（T）：指定阵列中的项目如何相对于路径的起始方向对齐。

★ 项目（I）：根据方法设置，指定项目数或项目之间的距离。

★ 行（R）：指定阵列中的行数、它们之间的距离以及行之间的增量标高。

★ 层（L）：指定三维阵列的层数和层间距。

★ 对齐项目（A）：指定是否对齐每个项目以与路径的方向相切。对齐相对于第一个项目的方向。

★ Z方向（Z）：控制是否保持项目的原始z方向或沿三维路径自然倾斜项目。

【案例5-9】：路径阵列栏杆

01 单击【快速访问】工具栏中的【打开】按钮 ⬚，打开"第5课\5.3.5 阵列图形3"素材文件，如图5-32所示。

02 单击【修改】面板中的【路径阵列】按钮 ⬚，根据命令行提示选择栏杆花纹对象，如图5-33所示。

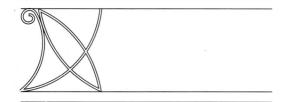

图5-32 素材文件

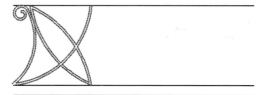

图5-33 选择栏杆花纹对象

03 按回车键结束选择，选择合适的水平直线为路径曲线，打开【阵列创建】选项卡，修改各参数，如图5-34所示。

图5-34 【阵列创建】选项卡

04 按回车键结束，即可路径阵列图形，最终效果如图5-35所示。

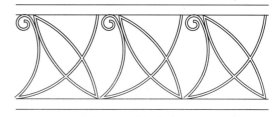

图5-35 路径阵列图形

5.4 修整对象

修整图形是指对图形对象的大小、长度以及线条等进行修改操作，其主要修整方式包含有缩放、拉伸、修剪以及延伸等。

5.4.1 缩放对象

使用【缩放】命令改变图形对象的尺寸大小，使图形对象按照指定的比例相对于基点放大或缩小，图形被缩放后形状不会改变。

在AutoCAD 2014中，启动【缩放】功能的常用方法有以下几种。

★ 菜单栏：执行【修改】|【缩放】命令。

★ 命令行：在命令行中输入SCALE/SC命令。

★ 功能区：在【默认】选项卡中，单击【修改】面板中的【缩放】按钮🔲。

【案例5-10】：缩放门立面图中的椭圆

01 单击【快速访问】工具栏中的【打开】按钮📂，打开"第5课\5.4.1 缩放对象"素材文件，如图5-36所示。

02 单击【修改】面板中的【缩放】按钮🔲，缩放图形，效果如图5-37所示。其命令行提示如下。

```
命令：_scale↙                                    //调用【缩放】命令
选择对象：找到 1 个↙                              //选择椭圆对象
选择对象：
指定基点：↙                                      //捕捉圆心点为基点
指定比例因子或 [复制(C)/参照(R)]：5↙              //输入比例参数，按回车键结束
```

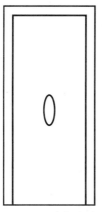

图5-36　素材文件

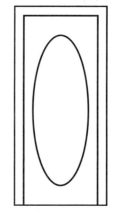

图5-37　缩放效果

在【缩放】命令行中，各选项含义如下。

★ 比例因子：缩小或放大的比例值，比例因子大于1时，缩放结果是放大图形；比例因子小于1时，缩放结果是缩小图形；比例因子为1时图形不变。

★ 复制（C）：创建要缩放的对象的副本，即保留源对象。

★ 参照（R）：按参照长度和指定的新长度缩放所选对象。

5.4.2 拉伸对象

【拉伸】命令通过沿拉伸路径平移图形夹点的位置，使图形产生拉伸变形的效果。它可以对选择的对象按规定方向和角度拉伸或缩短，并且使对象的形状发生改变。

在AutoCAD 2014中，启动【拉伸】功能的常用方法有以下几种。

★ 菜单栏：执行【修改】|【拉伸】命令。

★ 命令行：在命令行中输入STRETCH/S命令。

★ 功能区：在【默认】选项卡中，单击【修改】面板中的【拉伸】按钮⬛。

【案例5-11】：拉伸浴缸立面图

01 单击【快速访问】工具栏中的【打开】按钮📂，打开"第5课\5.4.2　拉伸对象"素材文件，如图5-38所示。

02 单击【修改】面板中的【拉伸】按钮⬛，拉伸图形对象，如图5-39所示。

命令：_stretch↙	//调用【拉伸】命令
以交叉窗口或交叉多边形选择要拉伸的对象...	
选择对象：指定对角点：找到 13 个↙	//交叉窗口选取图形
选择对象：	
指定基点或 [位移(D)] <位移>：↙	//指定图形右上方端点
指定第二个点或 <使用第一个点作为位移>：927↙	//输入参数值，按回车键结束

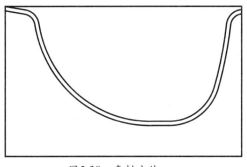

图5-38　素材文件

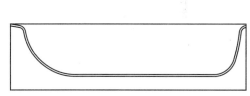

图5-39　拉伸效果

5.4.3　修剪对象

【修剪】命令是指将超出边界的多余部分修剪删除掉，修剪操作可以修改直线、圆、圆弧、多段线、样条曲线、射线和填充图案等。

在AutoCAD 2014中，启动【修剪】功能的常用方法有以下几种。

★ 菜单栏：执行【修改】|【修剪】命令。

★ 命令行：在命令行中输入TRIM/TR命令。

★ 功能区：在【默认】选项卡中，单击【修改】面板中的【修剪】按钮✂。

【案例5-12】：修剪浴霸图形

01 单击【快速访问】工具栏中的【打开】按钮📂，打开"第5课\5.4.3　修剪对象"素材文件，如图5-40所示。

02 单击【修改】面板中的【修剪】按钮✂，修剪图形，如图5-41所示。其命令行提示如下。

命令：_trim↙	//调用【修剪】命令
当前设置:投影=UCS，边=无	
选择剪切边...	
选择对象或 <全部选择>：找到 4 个↙	//选择所有大圆对象
选择对象：	
选择要修剪的对象，或按住 Shift 键选择要延伸的对象，或	
[栏选(F)/窗交(C)/投影(P)/边(E)/删除(R)/放弃(U)]：指定对角点：↙	//选择要修剪的边，按回车键结束

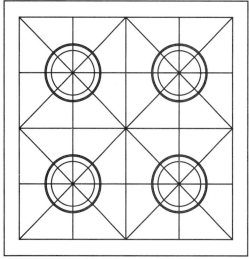

图5-40　素材文件

图5-41　修剪效果

在【修剪】命令行中，各选项的含义如下。

★　栏选（F）：选择与选择栏相交的所有对象。选择栏是一系列临时线段，它们是用两个或多个栏选点指定的。选择栏不构成闭合环。

★　窗交（C）：选择矩形区域（由两点确定）内部或与之相交的对象。

★　投影（P）：指定修剪对象时使用的投影方式。

★　边（E）：确定对象是在另一对象的延长边处进行修剪，还是仅在三维空间中与该对象相交的对象处进行修剪。

★　删除（R）：删除选定的对象。此选项提供了一种用来删除不需要的对象的简便方式，而无须退出TRIM命令。

5.4.4　延伸对象

使用"延伸"命令可以将指定的对象延伸到指定的边界，可以延伸的对象包括圆弧、椭圆弧、直线、射线、开放的二维多段线以及三维多段线等。

在AutoCAD 2014中，启动【延伸】功能的常用方法有以下几种。

★　菜单栏：执行【修改】|【延伸】命令。

★　命令行：在命令行中输入EXTEND/EX命令。

★　功能区：在【默认】选项卡中，单击【修改】面板中的【延伸】按钮┤。

【案例5-13】：延伸单人床中的直线

01　单击【快速访问】工具栏中的【打开】按钮📂，打开"第5课\5.4.4　延伸对象"素材文件，如图5-42所示。

02　单击【修改】面板中的【延伸】按钮┤，延伸对象，如图5-43所示。其命令行提示如下。

```
命令：_extend✓                                          //调用【延伸】命令
当前设置：投影=UCS，边=无
选择边界的边...
选择对象或 <全部选择>：找到 1 个✓                        //选择最下方的水平直线为边界的对象
选择对象：
选择要延伸的对象，或按住 Shift 键选择要修剪的对象，或
[栏选(F)/窗交(C)/投影(P)/边(E)/放弃(U)]：✓              //依次选择垂直直线为要延伸的边
```

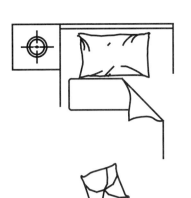

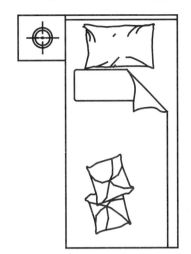

图5-42　素材文件　　　　　　　　　　　图5-43　延伸效果

在【延伸】命令行中，各选项的含义如下。

★　栏选（F）：用栏选的方式选择要延伸的对象。

★　窗交（C）：用窗交方式选择要延伸的对象。

★　投影（P）：用以指定延伸对象时使用的投影方式，即选择进行延伸的空间。

★　边（E）：指定是将对象延伸到另一个对象的隐含边或是延伸到三维空间中与其相交的对象。

★　放弃（U）：放弃上一次的延伸操作。

5.5　打断、合并和分解对象

在绘图过程中，常常需要对图形对象进行修改。在AutoCAD 2014中，可以使用打断、合并以及分解等命令对图形进行修改操作。

5.5.1　打断对象

打断图形对象是用两个打断点或一个打断点打断对象。在绘图过程中，有时需要将圆、直线等从某一点折断，甚至需要删除其中某一部分，为此，AutoCAD提供了【打断】命令。

在AutoCAD 2014中，启动【打断】功能的常用方法有以下几种。

★　菜单栏：执行【修改】|【打断】命令。

★　命令行：在命令行中输入BREAK/BR命令。

★　功能区：在【默认】选项卡中，单击【修改】面板中的【打断】按钮或【打断于点】按钮。

【案例5-14】：打断抱枕图形

01　单击【快速访问】工具栏中的【打开】按钮，打开"第5课\5.5.1　打断对象"素材文件，如图5-44所示。

02　单击【修改】面板中的【打断】按钮，打断图形，效果如图5-45所示。其命令行提示如下。

命令：_break↙	//调用【打断】命令
选择对象：↙	//选择直线对象
指定第二个打断点 或 [第一点(F)]：f↙	//选择【第一点（F）】选项
指定第一个打断点：↙	//指定第一个打断点
指定第二个打断点：↙	//指定第二个打断点

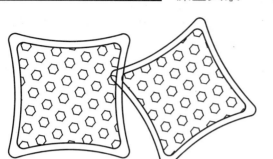
图5-44　素材文件

图5-45　打断效果

03 重新调用BR【打断】命令，打断其他的图形，如图5-46所示。

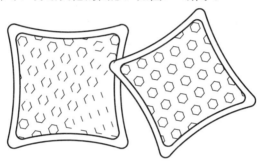
图5-46　最终效果

5.5.2　合并对象

【合并】命令用于将独立的图形对象合并为一个整体。它可以将多个对象进行合并，对象包括圆弧、椭圆弧、直线、多段线和样条曲线等。在AutoCAD 2014中，启动【合并】功能的常用方法有以下几种。

★　菜单栏：执行【修改】|【合并】命令。

★　命令行：在命令行中输入JOIN/J命令。

★　功能区：在【默认】选项卡中，单击【修改】面板中的【合并】按钮 ++ 。

【案例5-15】：合并煤气灶图形

01 单击【快速访问】工具栏中的【打开】按钮 📂，打开"第5课\5.5.2　合并对象"素材文件，如图5-47所示。

02 单击【修改】面板中的【合并】按钮 ++，合并图形，效果如图5-48所示。其命令行提示如下。

命令: _join↙	//调用【合并】命令
选择源对象或要一次合并的多个对象: 找到 1 个↙	//选择最上方水平直线
选择要合并的对象: 找到 1 个，总计 2 个↙	//选择最上方水平直线
2 条直线已合并为 1 条直线	//按回车键结束，完成操作

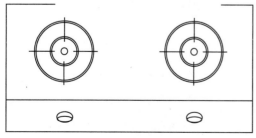
图5-47　素材文件

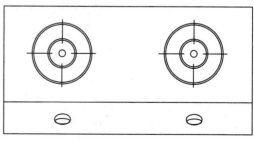
图5-48　合并效果

5.5.3 光顺曲线

【光顺曲线】命令是指在两条开放曲线的端点之间创建相切或平滑的样条曲线，有效对象包括直线、圆弧、椭圆弧、螺线、开放的多段线和开放的样条曲线。

在AutoCAD 2014中，启动【光顺曲线】功能的常用方法有以下几种。

★ 菜单栏：执行【修改】|【光顺曲线】命令。

★ 命令行：在命令行中输入BLEND命令。

★ 功能区：在【默认】选项卡中，单击【修改】面板中的【光顺曲线】按钮  光顺曲线。

【案例5-16】：光顺电器平面中的曲线

01 单击【快速访问】工具栏中的【打开】按钮📂，打开"第5课\5.5.3 光顺曲线"素材文件，如图5-49所示。

02 单击【修改】面板中的【光顺曲线】按钮 ∿ 光顺曲线，光顺曲线，效果如图5-50所示。其命令行提示如下。

命令：_BLEND✓	//调用【光源曲线】命令
连续性=相切	
选择第一个对象或 [连续性(CON)]：	//选择从左数第3条垂直直线
选择第二个点：	//选择左上方第一条倾斜直线即可

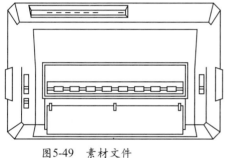

图5-49 素材文件

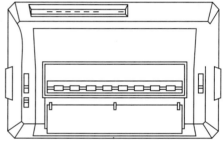

图5-50 光顺曲线效果

03 重新调用BLEND【光顺曲线】命令，光顺其他的图形，最终效果如图5-51所示。

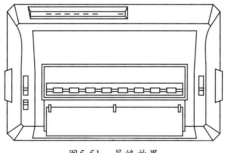

图5-51 最终效果

5.5.4 分解对象

使用【分解】命令可以将一个整体图形，如图块、多段线、矩形等分解为多个独立的图形对象。

在AutoCAD 2014中，启动【分解】功能的常用方法有以下几种。

★ 菜单栏：执行【修改】|【分解】命令。

★ 命令行：在命令行中输入EXPLODE/X命令。

★ 功能区：在【默认】选项卡中，单击【修改】面板中的【分解】按钮📄。

> **提 示**
>
> 　　分解命令不能分解用MINSERT和外部参照插入的块以及外部参照依赖的块。分解一个包含属性的块将删除属性值并重新显示属性定义。

5.6 倒角和圆角对象

　　倒角与圆角是室内设计中经常用到的绘图手法，可使家具图形相邻两表面相交处以斜面或圆弧面过渡。以斜面形式过渡的称为倒角，以圆弧线形式过渡的称为圆角。在二维平面上，倒角和圆角分别用直线和圆弧过渡表现出来。

5.6.1　倒角对象

　　【倒角】命令实际上就是指倒直角，使用【倒角】命令可以在两个图形对象或多段线之间产生倒角效果。在绘图过程中，经常需要将尖锐的角进行倒角处理，需要进行倒角的两个图形对象可以相交，也可以不相交，但不能平行。

　　在AutoCAD 2014中，启动【倒角】功能的常用方法有以下几种。

★　菜单栏：执行【修改】|【倒角】命令。

★　命令行：在命令行中输入CHAMFER/CHA命令。

★　功能区：在【默认】选项卡中，单击【修改】面板中的【倒角】按钮。

【案例5-17】：倒角洗脸盆边图形

`01` 单击【快速访问】工具栏中的【打开】按钮，打开"第5课\5.6.1　倒角对象"素材文件，如图5-52所示。

`02` 单击【修改】面板中的【倒角】按钮，倒角图形，效果如图5-53所示。其命令行提示如下。

```
命令：_chamfer✓                                            //调用【倒角】命令
("修剪"模式) 当前倒角距离 1 = 0.0000，距离 2 = 0.0000
选择第一条直线或 [放弃(U)/多段线(P)/距离(D)/角度(A)/修剪(T)/方式(E)/多个(M)]：d✓
                                                           //选择【距离（D）】选项
指定 第一个 倒角距离 <0.0000>：483✓                          //输入第一倒角距离参数
指定 第二个 倒角距离 <483.0000>：483✓                        //输入第二倒角距离参数
选择第一条直线或 [放弃(U)/多段线(P)/距离(D)/角度(A)/修剪(T)/方式(E)/多个(M)]：
                                                           //选择最上方的水平直线
选择第二条直线，或按住 Shift 键选择直线以应用角点或 [距离(D)/角度(A)/方法(M)]：
                                                           //选择最右侧的垂直直线即可
```

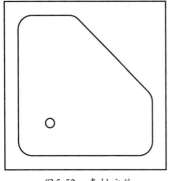

图5-52　素材文件

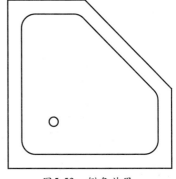

图5-53　倒角效果

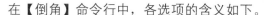

在【倒角】命令行中，各选项的含义如下。

★ 多线段（P）：对整个二维多段线倒角。相交多段线线段在每个多段线顶点被倒角。倒角成为多段线的新线段。如果多段线包含的线段过短以至于无法容纳倒角距离，则不对这些线段倒角。

★ 距离（D）：设定倒角至选定边端点的距离。如果将两个距离均设定为零，CHAMFER将延伸或修剪两条直线，以使它们终止于同一点。

★ 角度（A）：用第一条线的倒角距离和第二条线的角度设定倒角距离。

★ 修剪（T）：控制CHAMFER是否将选定的边修剪到倒角直线的端点。

★ 方式（E）：控制CHAMFER使用两个距离还是一个距离和一个角度来创建倒角。

★ 多个（M）：为多组对象的边倒角。

5.6.2 圆角对象

　　【圆角】命令可以在两个对象或多段线之间形成光滑的弧线，以消除尖锐的角，还能对多段线的多个端点进行圆角操作。

　　在AutoCAD 2014中，启动【圆角】功能的常用方法有以下几种。

★ 菜单栏：执行【修改】|【圆角】命令。

★ 命令行：在命令行中输入FILLET/F命令。

★ 功能区：在【默认】选项卡中，单击【修改】面板中的【圆角】按钮◯。

【案例5-18】：圆角淋浴间图形

01 单击【快速访问】工具栏中的【打开】按钮📂，打开"第5课\5.6.2　圆角对象"素材文件，如图5-54所示。

02 单击【修改】面板中的【圆角】按钮◯，圆角图形，效果如图5-55所示。其命令行提示如下。

```
命令: _fillet✓                                                      //调用【圆角】命令
当前设置: 模式 = 修剪，半径 = 0.0000
选择第一个对象或 [放弃(U)/多段线(P)/半径(R)/修剪(T)/多个(M)]: r✓      //选择【半径（R）】选项
指定圆角半径 <0.0000>: 570.5✓                                        //输入半径参数
选择第一个对象或 [放弃(U)/多段线(P)/半径(R)/修剪(T)/多个(M)]:         //选择水平直线
选择第二个对象，或按住 Shift 键选择对象以应用角点或 [半径(R)]:         //选择垂直直线
```

03 调用F【圆角】命令，修改【圆角半径】为550.5，圆角图形，效果如图5-56所示。

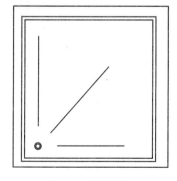　　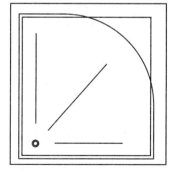　　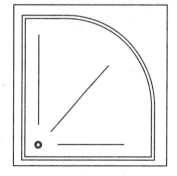

图5-54　素材文件　　　　图5-55　圆角图形效果1　　　图5-56　最终图形效果

在【圆角】命令行中，各选项的含义如下。

★ 多段线（P）：在二维多段线中两条直线段相交的每个顶点处插入圆角圆弧。

★ 半径（R）：可以定义圆角圆弧的半径。

★ 修剪（T）：控制FILLET是否将选定的边修剪到圆角圆弧的端点。

★ 多个（M）：可以给多个对象集加圆角。

5.7 使用夹点编辑对象

夹点编辑是一种集成的编辑模式，通过该编辑模式可以拖动夹点直接而快速地编辑对象。利用AutoCAD 2014中的夹点编辑功能，用户可以对图形进行拉伸、移动、旋转、缩放和镜像等操作。

5.7.1 夹点模式概述

在夹点模式下，图形对象以虚线显示，图形上的特征点（如端点、圆心和象限点等）将显示为蓝色的小方框，如图5-57所示，这样的小方框称为夹点。

图5-57 不同对象的夹点

夹点有未激活和被激活两种状态。未激活的夹点呈蓝色显示，单击未激活的夹点，该夹点被激活变为红色显示称为热夹点。以此为基点，可以对图形进行拉伸和平移等操作。

> **提示**
>
> 激活热夹点时按住Shift键，可以选择激活多个热夹点。

5.7.2 夹点拉伸

激活夹点后，默认情况下，夹点的操作模式为【拉伸】。因此通过移动选择夹点，可将图形对象拉伸到新的位置。不过，对于某些特殊的夹点，移动夹点时图形对象并不会被拉伸，如文字、图块、直线中点、圆心、椭圆圆心和点等对象上的夹点等。

【案例5-19】：夹点拉伸盆栽图形

01 单击【快速访问】工具栏中的【打开】按钮，打开"第5课\5.7.2 夹点拉伸"素材文件，如图5-58所示。

02 选择合适的直线为夹点拉伸对象，效果如图5-59所示。

图5-58 素材文件   图5-59 选择夹点拉伸对象

03 按住Shift键，选择合适的夹点对象，如图5-60所示。

04 向下移动至合适位置，如图5-61所示。

图5-60　选择合适的夹点对象

图5-61　夹点拉伸效果

5.7.3　夹点移动

在夹点编辑模式下确定基点后，在命令行输入MO进入移动模式，命令行提示如下。

```
** MOVE **
指定移动点或 ［基点(B)/复制(C)/放弃(U)/退出(X)］：
```

通过输入点的坐标或拾取点的方式来确定平移对象的终点位置，从而将所选对象平移至新位置。

在命令行主要选项介绍如下：

★　基点（B）：指重新确定拉伸基点。

★　复制（C）：指允许确定一系列的拉伸点，以实现多次拉伸。

★　放弃（U）：指取消上一次操作。

★　退出（X）：指退出当前操作。

5.7.4　夹点旋转

在夹点编辑模式下确定基点后，在命令行输入RO进入旋转模式，命令行提示如下。

```
** 旋转 **
指定旋转角度或 ［基点(B)/复制(C)/放弃(U)/参照(R)/退出(X)］：
```

默认情况下，输入旋转角度值或通过拖动方式确定旋转角度之后，便可将所选对象绕基点旋转指定角度，也可以选择【参照】选项，以参照方式旋转对象。

5.7.5　夹点缩放

在夹点编辑模式下确定基点后，在命令行输入SC进入缩放模式，命令行提示如下。

```
** 比例缩放 **
指定比例因子或 ［基点(B)/复制(C)/放弃(U)/参照(R)/退出(X)］：
```

默认情况下，当确定了缩放的比例因子后，系统自动将对象相对于基点进行缩放操作。当比例因子大于1时放大对象；当比例因子大于0而小于1时缩小对象。

5.7.6　夹点镜像

在夹点编辑模式下确定基点后，在命令行输入MI进入镜像模式，命令行提示如下。

** 镜像 **

指定第二点或　[基点(B)/复制(C)/放弃(U)/退出(X)]：

　　指定镜像线上的第二点后，系统自动将以基点作为镜像线上的第一点，对图形对象进行镜像操作并删除源对象。

5.8 实例应用

5.8.1 绘制栏杆立面图

　　本实例通过绘制如图5-62所示的栏杆立面图，主要练习【矩形】、【分解】、【修剪】、【偏移】和【圆】功能的应用。

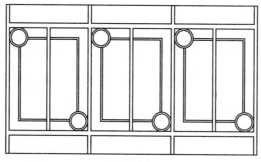

图5-62　栏杆立面图

01 新建空白文件。调用REC【矩形】命令，绘制一个1480×850的矩形，如图5-63所示。

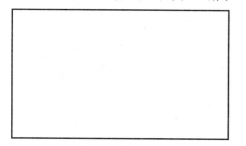

图5-63　绘制矩形

02 调用X【分解】命令，分解新绘制矩形；调用O【偏移】命令，将矩形最上方的水平直线进行偏移操作，如图5-64所示。

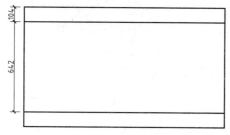

图5-64　偏移图形

03 调用O【偏移】命令，将矩形最左侧的垂直直线进行偏移操作，如图5-65所示。

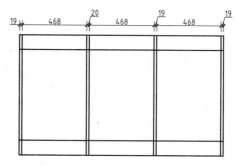

图5-65　偏移图形

04 调用TR【修剪】命令，修剪多余的图形，如图5-66所示。

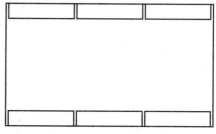

图5-66　修剪图形

05 调用REC【矩形】命令和M【移动】命令，结合【端点捕捉】功能，绘制矩形，如图5-67所示。

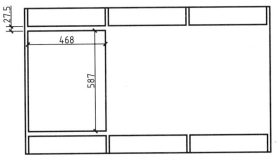

图5-67 绘制矩形

06 调用O【偏移】命令，将新绘制的矩形向内偏移，如图5-68所示。

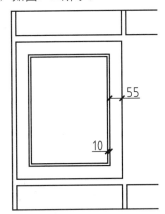

图5-68 偏移图形

07 调用C【圆】命令，结合【端点捕捉】功能，分别绘制半径为55和45的圆，如图5-69所示。

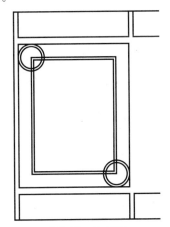

图5-69 绘制圆

08 调用X【分解】命令，分解矩形；调用O【偏移】命令，将垂直直线进行偏移操作，如图5-70所示。

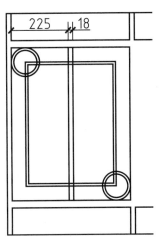

图5-70 偏移图形

09 调用TR【修剪】命令，修剪图形，如图5-71所示。

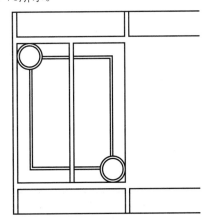

图5-71 修剪图形

10 调用CO【复制】命令，选择合适的图形进行复制操作，如图5-72所示。

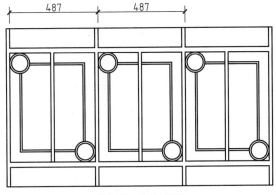

图5-72 复制图形

5.8.2 绘制电视组合

　　本实例通过绘制如图5-73所示的电视组合，主要练习【矩形】、【偏移】、【圆角】、【偏移】和【圆】功能的应用。

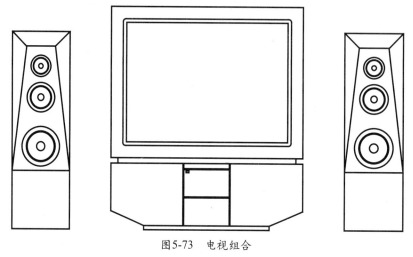

图5-73　电视组合

01 新建空白文件。调用REC【矩形】命令，绘制一个1100×839的矩形；调用O【偏移】命令，将新绘制的矩形进行偏移操作，如图5-74所示。

02 调用F【圆角】命令，修改【圆角半径】为15，将第二个矩形进行圆角操作，如图5-75所示。

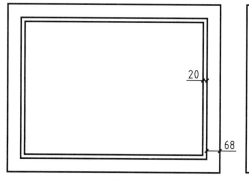

图5-74　绘制矩形

图5-75　圆角矩形

03 调用X【分解】命令，分解最大矩形；调用O【偏移】命令，将分解后矩形的下方水平直线进行偏移，如图5-76所示。

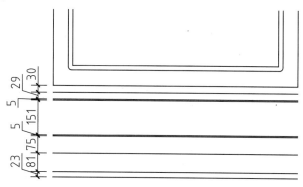

图5-76　偏移图形

04 调用O【偏移】命令，将分解后矩形的左侧垂直直线进行偏移操作，如图5-77所示。

05 调用EX【延伸】命令，延伸图形；调用L【直线】命令，结合【交点捕捉】功能，连接直线，如图5-78所示。

06 调用TR【修剪】命令，修剪图形；调用E【删除】命令，删除图形，如图5-79所示。

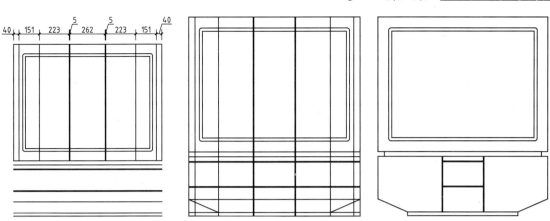

图5-77 偏移图形　　　　图5-78 绘制图形　　　　图5-79 修剪并删除图形

07 调用REC【矩形】和M【移动】命令，结合【对象捕捉】功能，绘制矩形，如图5-80所示。

08 调用REC【矩形】和M【移动】命令，结合【对象捕捉】功能，绘制矩形，如图5-81所示。

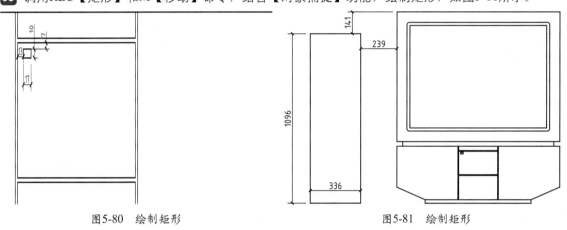

图5-80 绘制矩形　　　　　　　　图5-81 绘制矩形

09 调用X【分解】命令，分解新绘制的矩形；调用O【偏移】命令，偏移图形，如图5-82所示。

10 调用L【直线】命令，结合【交点捕捉】功能，连接直线；调用TR【修剪】命令，修剪图形，如图5-83所示。

11 调用C【圆】和M【移动】命令，结合【对象捕捉】功能，绘制圆，如图5-84所示。

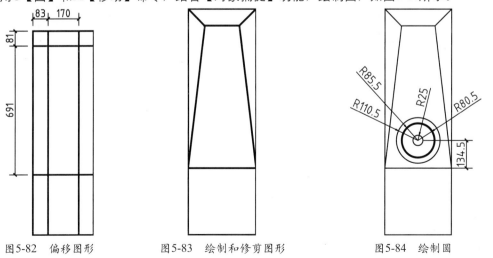

图5-82 偏移图形　　　　图5-83 绘制和修剪图形　　　　图5-84 绘制圆

12 调用CO【复制】命令，将新绘制的圆进行复制操作，如图5-85所示。

13 调用SC【缩放】命令，修改【缩放比例】分别为0.74和0.54，缩放相应的圆对象，如图5-86所示。

14 调用MI【镜像】命令，将合适的图形进行镜像操作，最终效果如图5-87所示。

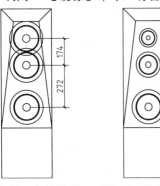
图5-85　复制图形

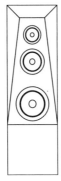
图5-86　缩放图形

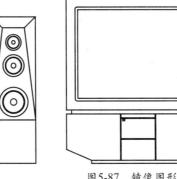
图5-87　镜像图形

5.9 课后练习

5.9.1　绘制石柱

本实例通过绘制如图5-88所示的石柱，熟悉巩固【矩形】、【圆弧】以及【镜像】等命令。

图5-88　石柱

图5-89　偏移图形

图5-90　偏移图形

提示步骤如下。

01 新建空白文件。调用REC【矩形】命令，绘制一个600×68的矩形。

02 调用X【分解】命令，分解矩形；调用O【偏移】命令，将矩形下方的水平直线进行偏移操作，尺寸如图5-89所示。

03 调用O【偏移】命令，将矩形垂直直线进行偏移操作，尺寸如图5-90所示。

04 调用EX【延伸】命令，延伸图形；调用L【直线】命令，结合【对象捕捉】功能，连接直线，如图5-91所示。

05 调用A【圆弧】命令，以【起点、端点、半径】的方式依次绘制圆弧；调用MI【镜像】命令，将新绘制的圆弧进行镜像操作，尺寸如图5-92所示。

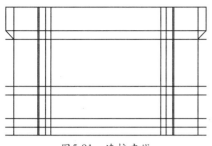

图5-91 连接直线

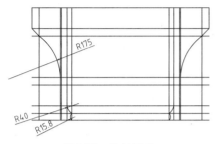

图5-92 绘制圆弧

06 调用TR【修剪】命令，修剪图形；调用E【删除】命令，删除图形，如图5-93所示。

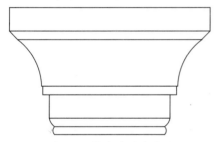

图5-93 修剪并删除图形

07 调用L【直线】和O【偏移】命令，绘制图形，尺寸如图5-94所示。

08 调用O【偏移】和TR【修剪】命令，绘制图形，尺寸如图5-95所示。

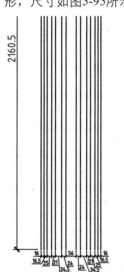

图5-94 绘制图形　　　图5-95 绘制图形

09 调用REC【矩形】和M【移动】命令，绘制矩形，尺寸如图5-96所示。

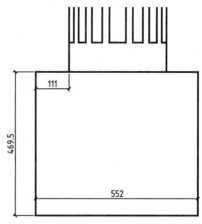

图5-96 绘制矩形

10 调用X【分解】命令，分解矩形；调用O【偏移】命令，垂直偏移图形，尺寸如图5-97所示。

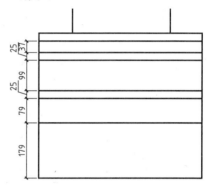

图5-97 偏移图形

11 调用O【偏移】命令，水平偏移图形，尺寸如图5-98所示。

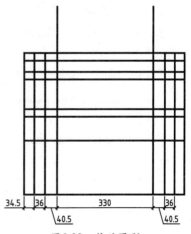

图5-98 偏移图形

12 调用A【圆弧】命令，以【起点、端点、半径】的方式依次绘制圆弧；调用MI【镜像】命令，将新绘制的圆弧进行镜像操作，尺寸如图5-99所示。

13 调用TR【修剪】命令，修剪图形；调用E【删除】命令，删除图形，如图5-100所示。

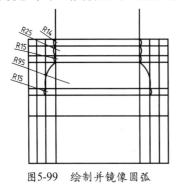

图5-99　绘制并镜像圆弧

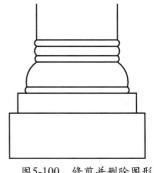

图5-100　修剪并删除图形

5.9.2　绘制衣柜立面图

本实例通过绘制如图5-101所示的衣柜立面图，熟悉巩固【矩形】、【分解】、【偏移】、【复制】和【镜像】等命令。

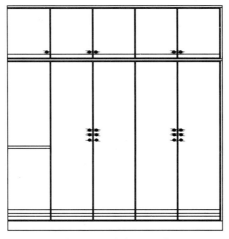

图5-101　衣柜立面图

提示步骤如下。

01 新建空白文件。调用REC【矩形】命令，绘制一个2360×2400的矩形。

02 调用X【分解】命令，分解矩形；调用O【偏移】命令，将矩形上方的水平直线进行偏移操作，尺寸如图5-102所示。

03 调用O【偏移】命令，将矩形左侧垂直直线进行偏移操作，尺寸如图5-103所示。

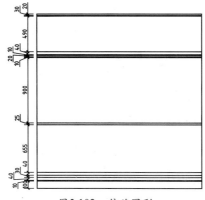

图5-102　偏移图形

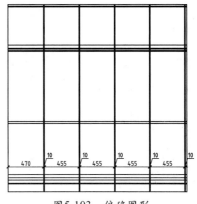

图5-103　偏移图形

04 调用TR【修剪】命令，修剪图形，如图5-104所示。

05 调用C【圆】命令，绘制半径为13的圆；调用H【图案填充】命令，填充图形，如图5-105所示。

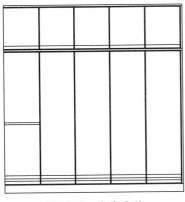

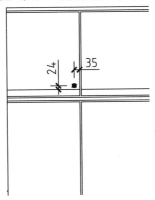

图5-104　修剪图形

图5-105　绘制圆

06 调用CO【复制】命令，将新绘制的图形进行复制操作，如图5-106所示。

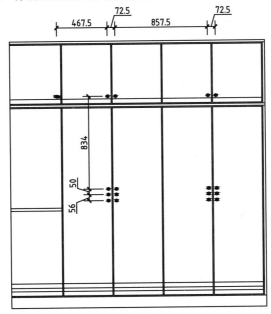

图5-106　复制图形

第6课
图形标注与表格

文字注释、表格以及尺寸标注都是绘制图形过程中非常重要的内容。在进行绘图设计时，不仅要绘制出图形，还要在图形中标注一些注释性的文字，或添加明细表和图例表，为了更明确地表达物体的形状和大小，还可以为图形添加相应的尺寸标注，以作为施工的重要依据。

本课知识：

1. 掌握尺寸标注方式的设置方法。
2. 掌握图形尺寸的标注和编辑方法。
3. 掌握文字标注的创建和编辑方法。
4. 掌握多重引线的标注和编辑方法。
5. 掌握表格的创建和编辑方法。

6.1 设置尺寸标注样式

标注样式是决定尺寸标注形式的尺寸变量设置集合。通过创建和编辑室内绘图尺寸标注样式，可以设置和修改尺寸标注的系统变量，并控制任何类型尺寸标注的布局形式。

6.1.1 创建标注样式

在进行尺寸标注前，先要创建尺寸标注的样式。默认情况下包括ISO-25和Standard标注样式，用户可以根据绘图的需要创建标注样式。

启动【标注样式管理器】对话框功能有如下几种方法。

★ 菜单栏：执行【格式】|【标注样式】命令。

★ 命令行：输入DIMSTYLE/D命令。

★ 功能区1：在【默认】选项卡中，单击【注释】面板中的【标注样式】按钮。

★ 功能区2：在【注释】选项卡中，单击【标注】面板中的【标注样式】按钮。

【案例6-1】：创建室内标注样式

01 单击【快速访问】工具栏中的【新建】按钮，打开【选择样板】对话框，选择"室内图层模板"文件，如图6-1所示，单击【打开】按钮，新建空白文件。

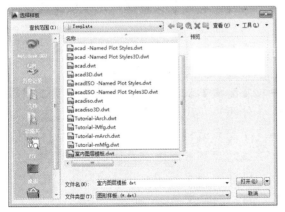

图6-1 【选择样板】对话框

02 在【默认】选项卡中，单击【注释】面板中的【标注样式】按钮，打开【标注样式管理器】对话框，如图6-2所示。

03 单击【新建】按钮，打开【创建新标注样式】对话框，修改【新样式名】为"室内标注"，如图6-3所示。

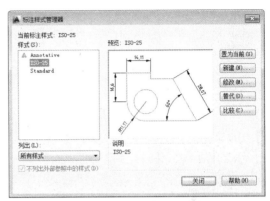

图6-2 【标注样式管理器】对话框

图6-3 【创建新标注样式】对话框

04 单击【继续】按钮，打开【新建标注样式：室内标注】对话框，在【线】选项卡中，修改【超出尺寸线】为40、【起点偏移量】为30，如图6-4所示。

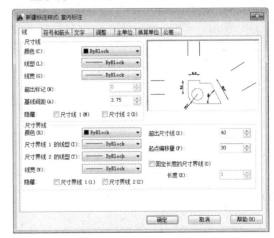

图6-4 【线】选项卡

05 切换至【符号和箭头】选项卡，修改【第一个】为【建筑标记】、【箭头大小】为

117

15，如图6-5所示。

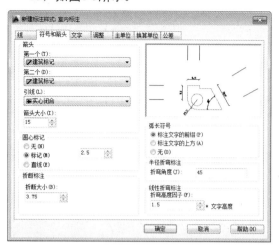

图6-5 【符号和箭头】选项卡

06 切换至【文字】选项卡，修改【文字高度】为70、【从尺寸线偏移】为10，如图6-6所示。

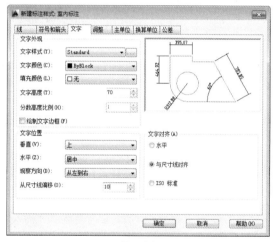

图6-6 【文字】选项卡

07 切换至【主单位】选项卡，修改【精度】为0，如图6-7所示。

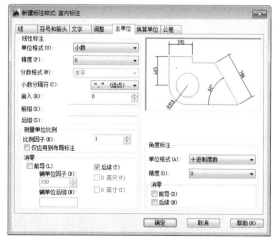

图6-7 【主单位】选项卡

08 单击【确定】按钮，关闭此对话框，返回【标注样式管理器】对话框，单击【置为当前】按钮，将其置为当前，如图6-8所示，单击【关闭】按钮，完成尺寸标注的创建。

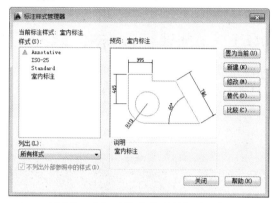

图6-8 【标注样式管理器】对话框

【新建标注样式管理器】对话框中各选项卡的介绍如下。

【线】选项卡：

单击【线】选项卡，如图6-4所示，其各主要选项的含义如下。

★ 【颜色】、【线型】、【线宽】下拉列表框：分别用来设置尺寸线和延伸线的颜色、线型和线宽。一般保持默认值【Byblock】（随块）即可。

★ 【超出标记】文本框：用于设置尺寸线和延伸线超出量。

★ 【基线间距】文本框：用于设置基线标注中尺寸线之间的间距。

★ 【隐藏】复选框：用于控制尺寸线和延伸线的可见性。

★ 【起点偏移量】文本框：用于设置延伸线起点到被标注点之间的偏移距离，延伸线超出量和偏移量是尺寸标注的两个常用的设置。

【符号和箭头】选项卡：

单击【符号和箭头】选项卡，如图6-5所示。其各主要选项的含义如下。

★ 【第一个】以及【第二个】：用于选择尺寸线两端的箭头样式。

★ 引线：用于设置引线的箭头样式。

★ 箭头大小：用于设置箭头的大小。

★ 【圆心标记】选项组：可以设置尺寸标注中圆心标记的格式。

★ 【弧长符号】选项组：可以设置弧长符号的显示位置，包括【标注文字的前缀】、【标注文字的上方】和【无】3种方式。

★ 折弯角度：确定折弯半径标注中，尺寸线的横向角度。

★ 折弯高度因子：可以设置折弯标注打断时折弯线的高度。

【文字】选项卡：

单击【文字】选项卡，如图6-6所示。其各主要选项的含义如下。

★ 【文字外观】选项组：可以设置标注文字的样式、颜色、填充颜色以及文字高度等参数。

★ 【文字位置】选项组：可以设置文字的垂直、水平位置以及从尺寸线的偏移量。

★ 【文字对齐】选项组：可以设置标注文字的对齐方式。

【调整】选项卡：

单击【调整】选项卡，如图6-9所示。其各主要选项的含义如下。

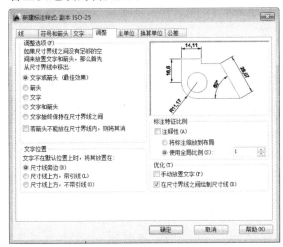

图6-9 【调整】选项卡

★ 【调整选项】选项组：用于确定当延伸线之间没有足够的空间同时放置标注文字和箭头时，应从延伸线之间移出的对象。

★ 【文字位置】选项组：可以设置当标注

文字不在默认位置时应放置的位置。

★ 【标注特性比例】选项组：可以设置标注尺寸的特征比例以便通过设置全局比例来增加或减少各标注的大小。

★ 【优化】选项组：可以对标注文字和尺寸线进行细微调整。

【主单位】选项卡：

单击【主单位】选项卡，如图6-7所示。其各主要选项的含义如下。

★ 【单位格式】下拉列表框：用于选择线性标注所采用的单位格式，如小数、科学和工程等。

★ 【精度】下拉列表框：用于选择线性标注的小数位数。

★ 【分数格式】下拉列表框：用于设置分数的格式。只有在【单位格式】下拉列表框中选择【分数】选项时才可用。

★ 【小数分隔符】下拉列表框：用于选择小数分隔符的类型。如"，"和"。"等。

★ 【舍入】文本框：用于设置非角度测量值的舍入规则。若设置舍入值为0.5，则所有长度都将被舍入到最接近0.5个单位的数值。

★ 【前缀】文本框：用于在标注文字的前面添加一个前缀。

★ 【后缀】文本框：用于在标注文字的后面添加一个后缀。

★ 【测量单位比例】选项组：可以设置单位比例和限制使用的范围。

★ 【消零】选项组：可以设置小数消零的参数。它用于消除所有小数标注中的前导或后续的零。如选择后续，则0.3500变为0.35。

★ 【角度标注】选项组：可以设置角度标注的单位样式。

【换算单位】选项卡：

单击【换算单位】选项卡，如图6-10所示。其各主要选项的含义如下。

★ 【换算单位】选项组：可以设置单位换算的单位格式和精度参数。

图6-10　【换算单位】选项卡

★ 【消零】选项组：可以设置不输出的前导零和后续零以及值为零的英尺和英寸。

★ 【主值后】单选按钮：表示将换算单位放在主单位后面。

★ 【主值下】单选按钮：表示将换算单位放在主单位下面。

【公差】选项卡：

单击【公差】选项卡，如图6-11所示，其各主要选项的含义如下。

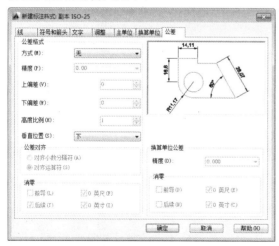

图6-11　【公差】选项卡

★ 【方式】：在此下拉菜单中有表示标注公差的几种方式。

★ 【上偏差】和【下偏差】：设置尺寸上偏差、下偏差值。

★ 【高度比例】：确定公差文字的高度比例因子。确定后，AutoCAD将该比例因子与尺寸文字高度之积作为公差文字的高度。

★ 【垂直位置】：控制公差文字相对于尺寸文字的位置，包括【上】、【中】和【下】3种方式。

★ 【换算单位公差】：当标注换算单位时，可以设置换算单位精度和是否消零。

6.1.2　编辑并修改标注样式

用户在标注尺寸时，觉得此标注样式不符合标注外观或者精度等要求时，那么可以通过修改标注样式来修改，修改完成后，图样中使用此标注样式的标注都将更改为修改后的标注样式。

【案例6-2】：修改洗菜盆尺寸标注

01 单击【快速访问】工具栏中的【打开】按钮 ，打开"第6课\6.1.2　编辑并修改标注样式"素材文件，如图6-12所示。

图6-12　素材文件

02 在【默认】选项卡中，单击【注释】面板中的【标注样式】按钮 ，打开【标注样式管理器】对话框，选择【室内标注】样式，单击【修改】按钮，如图6-13所示。

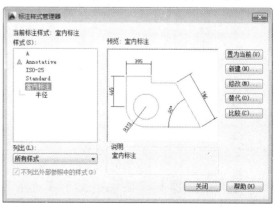

图6-13　【标注样式管理器】对话框

03 打开【修改标注样式：室内标注】对话框，单击【线】选项卡，修改【超出尺寸线】为

30、【起点偏移量】为20，如图6-14所示。

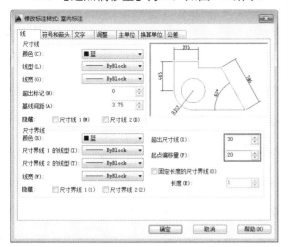

图6-14 【线】选项卡

04 切换至【符号和箭头】选项卡，修改【箭头大小】为10，如图6-15所示。

图6-15 【符号和箭头】选项卡

05 切换至【文字】选项卡，修改【文字高度】为30、【从尺寸线偏移】为5，如图6-16所示。

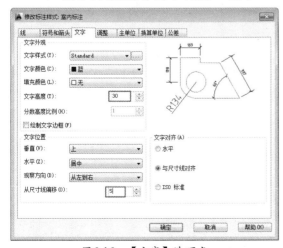

图6-16 【文字】选项卡

06 单击【确定】按钮，返回到【标注样式管理器】对话框，选择【室内标注】样式下的【半径】子样式，如图6-17所示。

图6-17 【标注样式管理器】对话框

07 单击【修改】按钮，打开【修改标注样式：室内标注：半径】对话框，切换至【符号和箭头】选项卡，修改【第二个】为【实心闭合】，如图6-18所示。

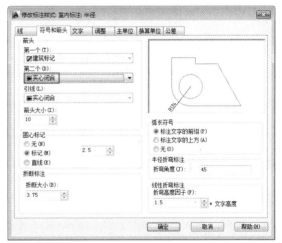

图6-18 【符号和箭头】选项卡

08 依次单击【确定】和【关闭】按钮，即可修改尺寸标注样式，最终效果如图6-19所示。

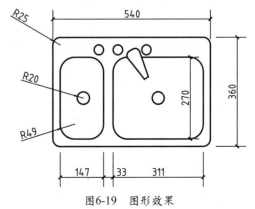

图6-19 图形效果

6.2 图形尺寸的标注和编辑

在图形设计中，尺寸标注是一项重要的内容。它可以准确、清楚地反映对象的大小及对象间的关系，为施工和加工人员进行施工提供了精确依据。

6.2.1 尺寸标注的基本要素

通常情况下，一个完整的尺寸标注是由尺寸线、尺寸界线、尺寸文字以及尺寸箭头组成的，有时还要用到圆心标记和中心线，如图6-20所示。

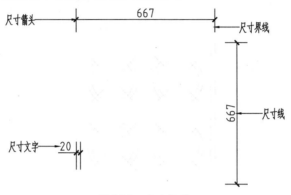

图6-20　尺寸标注

各组成部分的作用与含义分别如下。

★ 尺寸界线：也称投影线，用于标注尺寸的界线，由图样中的轮廓线、轴线或对称中心线引出。标注时尺寸界线从所标注的对象上自动延伸出来，它的端点与所标注的对象接近但并未连接到对象上。

★ 尺寸线：通常与所标注的对象平行，放在两尺寸界线之间用于指示标注的方向和范围。通常尺寸线为直线，但在角度标注时，尺寸线则为一段圆弧。

★ 标注文本：通常位于尺寸线上方或中断处，用以表示所限标注对象的具体尺寸大小。在进行尺寸标注时，AutoCAD会自动生成所标注的对象的尺寸数值，用户也可对标注文本进行修改和添加等编辑操作。

★ 箭头：在尺寸线两端，用以表明尺寸线的起始位置，用户可为标注箭头指定不同的尺寸大小和样式。

★ 圆心标记：标记圆或圆弧的中心点。

6.2.2 尺寸标注的各种类型

尺寸标注用于准确地反映图形中各对象的大小和位置，AutoCAD中提供了多种尺寸标注类型，其中包括线性标注、角度标注、半径标注和连续标注等。

1. 线性标注

使用【线性】标注可以标注长度类型的尺寸，用于标注垂直、水平和旋转的线性尺寸，线性标注可以水平、垂直或对齐放置。

启动【线性】功能的常用方法有以下几种。

★ 菜单栏：执行【标注】|【线性】命令。

★ 命令行：输入DIMLINEAR/DLI命令。

★ 功能区1：在【默认】选项卡中，单击【注释】面板中的【线性】按钮⊟。

★ 功能区2：在【注释】选项卡中，单击【标注】面板中的【线性】按钮囝。

2. 对齐标注

【对齐】标注是线性标注的一种形式，是指尺寸线始终与标注对象保持平行，若是圆弧则对齐尺寸标注的尺寸线与圆弧的两个端点所连接的弦保持平行。

启动【对齐】功能的常用方法有以下几种。

★ 菜单栏：执行【标注】|【对齐】命令。

★ 命令行：输入DIMALIGNED/DAL命令。

★ 功能区1：在【默认】选项卡中，单击【注释】面板中的【对齐】按钮。

★ 功能区2：在【注释】选项卡中，单击【标注】面板中的【对齐】按钮。

3. 连续标注

【连续】标注可以创建一系列连续的线性、对齐、角度或坐标标注。

启动【连续】功能的常用方法有以下几种。

★ 菜单栏：执行【标注】|【连续】命令。

★ 命令行：输入DIMCONTINUE/DCO命令。

★ 功能区：在【注释】选项卡中，单击【标注】面板中的【连续】按钮 连续。

4. 半径标注

【半径】标注用于创建圆和圆弧半径的标注，它由一条具有指向圆或圆弧的箭头和半径尺寸线组成。

启动【半径】功能的常用方法有以下几种。

★ 菜单栏：执行【标注】|【半径】命令。

★ 命令行：输入DIMRADIUS/DRA命令。

★ 功能区1：在【默认】选项卡中，单击【注释】面板中的【半径】按钮。

★ 功能区2：在【注释】选项卡中，单击【标注】面板中的【半径】按钮。

5. 直径标注

【直径】标注用于标注圆或圆弧的直径，是由一条具有指向圆或圆弧的箭头的直径尺寸线组成的。

启动【直径】功能的常用方法有以下几种。

★ 菜单栏：执行【标注】|【直径】命令。

★ 命令行：输入DIMDIAMETER/DDI命令。

★ 功能区1：在【默认】选项卡中，单击【注释】面板中的【直径】按钮。

★ 功能区2：在【注释】选项卡中，单击【标注】面板中的【直径】按钮。

6. 角度标注

【角度】标注用于标注圆弧对应的中心角、相交直线形成的夹角或者三点形成的夹角。

启动【角度】功能的常用方法有以下几种。

★ 菜单栏：执行【标注】|【角度】命令。

★ 命令行：输入DIMANGULAR/ DAN命令。

★ 功能区1：在【默认】选项卡中，单击【注释】面板中的【角度】按钮。

★ 功能区2：在【注释】选项卡中，单击【标注】面板中的【角度】按钮。

【案例6-3】：标注沙发组合图形

01 单击【快速访问】工具栏中的【打开】按钮，打开"第6课\6.2.2 尺寸标注的各种类型"素材文件，如图6-21所示。

02 在【注释】选项卡中，单击【标注】面板中的【线性】按钮┝━┥，标注图中的线性尺寸，如图6-22所示。

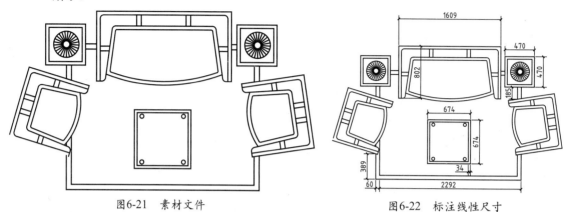

图6-21　素材文件　　　　　　　　　　　　　图6-22　标注线性尺寸

03 在【注释】选项卡中，单击【标注】面板中的【对齐】按钮，标注图中的对齐尺寸，如图6-23所示。

04 在【注释】选项卡中，单击【标注】面板中的【半径】按钮，标注图中的半径尺寸，如图6-24所示。

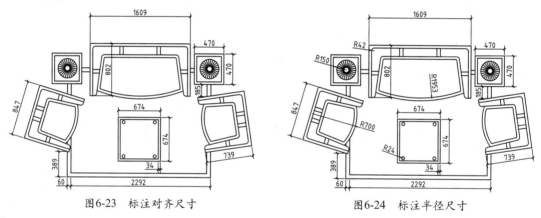

图6-23　标注对齐尺寸　　　　　　　　　　　图6-24　标注半径尺寸

05 在【注释】选项卡中，单击【标注】面板中的【连续】按钮 ╫╫连续，标注图中的连续尺寸，如图6-25所示。

06 在【注释】选项卡中，单击【标注】面板中的【角度】按钮，标注图中的角度尺寸，如图6-26所示。

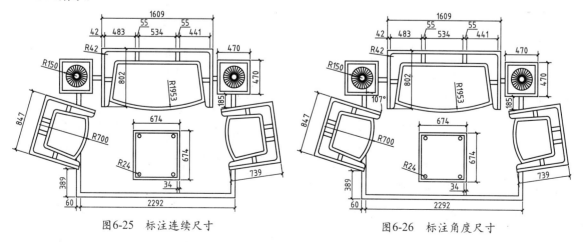

图6-25　标注连续尺寸　　　　　　　　　　　图6-26　标注角度尺寸

6.2.3 尺寸标注的编辑方法

在AutoCAD 2014中,可以使用编辑尺寸标注的命令,编辑各类尺寸标注的标注内容与位置,并可以对尺寸标注进行间距调整、打断和更新等操作。

1. 调整标注间距

使用【调整间距】命令,可以自动调整图形中现有的平行线性标注和角度标注,以使其间距相等或在尺寸线处相互对齐。

启动【调整间距】功能的常用方法有以下几种。

★ 菜单栏:执行【标注】|【标注间距】命令。

★ 命令行:输入DIMSPACE命令。

★ 功能区:在【注释】选项卡中,单击【标注】面板中的【调整间距】按钮 🎟。

调用该命令后,命令行提示如下。

命令:_DIMSPACE✔	//调用【调整间距】命令
选择基准标注:	//选择尺寸【470】基准标准
选择要产生间距的标注:找到 1 个✔	//选择尺寸【39】标准
输入值或 [自动(A)] <自动>:0✔	//输入值或回车结束命令

标注间距示例如图6-27所示。

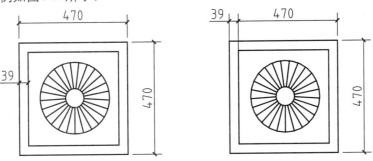

图6-27 调整标注间距效果

2. 打断尺寸标注

使用【打断】命令可以在尺寸线或尺寸界线与几何对象或其他标注相交的位置将其打断。

启动【打断】功能的常用方法有以下几种。

★ 菜单栏:执行【标注】|【标注打断】命令。

★ 命令行:输入DIMBREAK命令。

★ 功能区:在【注释】选项卡中,单击【标注】面板中的【打断】按钮 🎟。

调用该命令后,命令行操作如下。

命令:_DIMBREAK✔	//调用【打断】命令
选择要添加/删除折断的标注或 [多个(M)]:	//选择要折断的尺寸标注
选择要折断标注的对象或 [自动(A)/手动(M)/删除(R)] <自动>:	//选择与标注相交或选定标注的尺寸界线相交的对象,输入选项,或回车
选择要折断标注的对象:	//继续指定打断标注对象或回车结束折断标注。

打断尺寸标注可以使标注、尺寸延伸线或引线不显示,可以自动或手动将折断线标注添加到标注或引线对象,如线性标注、角度标注、半径标注、弧长标注、坐标标注以及多重引线标注等。

在【打断】命令行中各选项的含义如下。

★ 自动（A）：用于自动将折断标注放置在与选定标注相交的对象的所有交点处。

★ 手动（M）：用于手动放置折断标注。当【手动】选项处于选中状态时，命令行提示选择【打断】、【恢复】选项。其中，【打断】选项用于自动将折断标注放置在与选定标注相交的对象的所有交点处。

3. 更新尺寸标注

更新标注可以用当前标注样式更新标注对象，也可以将标注系统变量保存或恢复到选定的标注样式。

启动【更新标注】功能的常用方法有以下几种。

★ 菜单栏：执行【标注】|【更新】命令。

★ 命令行：输入DIMSTYLE命令。

★ 功能区：在【注释】选项卡中，单击【标注】面板中的【更新】按钮 。
调用该命令后，命令行操作如下。

```
命令：_DIMSTULE↙                                        //调用【更新】命令
当前标注样式：Standard  注释性：否
输入标注样式选项
[注释性(AN)/保存(S)/恢复(R)/状态(ST)/变量(V)/应用(A)/?] <恢复>：_apply↙
```

在【更新】命令行中各常用选项的含义如下。

★ 注释性（AN）：用于创建注释性标注样式。

★ 保存（S）：用于将标注系统变量的当前设置保存到标注样式。

★ 恢复（R）：用于将标注系统变量设置恢复为选定标注样式的设置。

★ 状态（ST）：用于显示图形中所有标注系统变量的当前值。

★ 变量（V）：用于列出某个标注样式或选定标注的标注系统变量设置，但不修改当前设置。

★ 应用（A）：将当前尺寸标注系统变量设置应用到选定标注对象，永久替代应用于这些对象的任何现有标注样式。

4. 编辑标注文字

使用【编辑标注文字】命令，可以对标注文字进行旋转或用新文字替换，并可以将文字移动到新位置或返回其初始位置，后者是由当前标注样式定义的。

启动【编辑标注文字】功能的常用方法有以下几种。

★ 菜单栏：执行【标注】|【对齐文字】命令。

★ 命令行：输入DIMTEDIT命令。
调用【编辑标注文字】命令后，命令行提示如下。

```
命令：_DIMTEDIT↙                                              //调用【编辑标注文字】命令
选择标注：                                                    //选择已有的标注作为编辑对象
为标注文字指定新位置或 [左对齐(L)/右对齐(R)/居中(C)/默认(H)/角度(A)]：    //指定编辑标注文字选项
标注已解除关联。                                               //显示编辑标注文字结果信息
```

在【编辑标注文字】命令行中，各选项含义如下。

★ 左对齐（L）：表示沿尺寸线左对正标注文字，只适用于线型、直径和半径标注。

★ 右对齐（R）：表示沿尺寸线右对正标注文字，只适用于线型、直径和半径标注。

★ 居中（C）：表示将标注文字放置在尺寸线的中间。

★ 默认（H）：表示将标注文字移回默认位置。

★ 角度（A）：用于修改标注文字的角度。

6.3 文字标注的创建和编辑

在绘制图形的过程中，文字表达了很多设计信息，当需要进行文字标注时，可以使用【单行文字】和【多行文字】命令创建文字。

6.3.1 创建文字样式

所有的文字都有与其相关的文字样式，在创建文字标注和尺寸标注时，AutoCAD通常使用当前的文字样式，用户还可以根据具体要求重新创建新的文字样式。启动【文字样式】功能的常用方法有以下几种。

★ 菜单栏：执行【格式】|【文字样式】命令。

★ 命令行：输入STYLE/ST命令。

★ 功能区1：在【默认】选项卡中，单击【注释】面板中的【文字样式】按钮 。

★ 功能区2：在【注释】选项卡中，单击【文字】面板中的【文字样式】按钮 。

　　通过以上任意一种方法执行该命令后，系统弹出【文字样式】对话框，如图6-28所示。

　　在【文字样式】对话框中常用选项含义如下。

★ 【样式】列表：列出了当前可以使用的文字样式，默认文字样式为Standard（标准）。

★ 【置为当前】按钮：单击该按钮，可以将选择的文字样式设置成当前的文字样式。

★ 【新建】按钮：单击该按钮，系统弹出【新建文字样式】对话框，如图6-29所示。在样式名文本框中输入新建样式的名称，单击【确定】按钮，新建文字样式将显示在【样式】列表框中。

图6-28 【文字样式】对话框

图6-29 【新建文字样式】对话框

★ 【删除】按钮：单击该按钮，可以删除所选的文字样式，但无法删除已被使用了的文字样式和默认的Standard样式。

★ 【字体】选项组：用于指定任一种字体类型作为当前文字类型。

★ 【效果】选项组：用于设置文字的显示效果。

6.3.2 创建单行文字

单行文本的每行文字都是相互独立的对象，可对其进行重定位、调整格式或其他修改。

启动【单行文字】功能的常用方法有以下几种。

★ 菜单栏：执行【绘图】|【文字】|【单行文字】命令。

★ 命令行：输入TEXT命令。

★ 功能区1：在【默认】选项卡中，单击【注释】面板中的【单行文字】按钮 。

★ 功能区2：在【注释】选项卡中，单击【文字】面板中的【单行文字】按钮 。

【案例6-4】：为吧台添加单行文字

01 单击【快速访问】工具栏中的【打开】按钮📂，打开"第6课\6.3.2 创建单行文字"素材文件，如图6-30所示。

02 单击【注释】面板中的【单行文字】按钮Ａ，创建单行文字，效果如图6-31所示。命令行提示如下。

```
命令：_text↙                                        //调用【单行文字】命令
当前文字样式："Standard" 文字高度：150.0000 注释性：否 对正：左
指定文字的起点 或 [对正(J)/样式(S)]：                //指定文字起点
指定文字的旋转角度 <0>：↙                          //指定旋转角度，输入文字即可
```

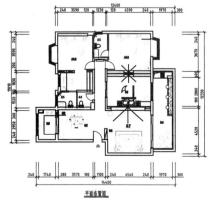

图6-30 素材文件　　　　　　　　　　　　　　　图6-31 图形效果

6.3.3 创建多行文字

多行文字常用于标注图形的技术要求和说明等，与单行文字不同的是，多行文字整体是一个文字对象，每一单行不再是单独的文字对象，也不能单独编辑。

启动【多行文字】功能的常用方法有以下几种。

★ 菜单栏：执行【绘图】|【文字】|【多行文字】命令。

★ 命令行：输入MTEXT/MT命令。

★ 功能区1：在【默认】选项卡中，单击【注释】面板中的【多行文字】按钮Ａ。

★ 功能区2：在【注释】选项卡中，单击【文字】面板中的【多行文字】按钮Ａ。

【案例6-5】：为三居室平面布置图添加多行文字

01 单击【快速访问】工具栏中的【打开】按钮📂，打开"第6课\6.3.3 创建多行文字"素材文件，如图6-32所示。

02 在【默认】选项卡中，单击【注释】面板中的【多行文字】按钮Ａ，根据命令行提示指定对角点，打开文本输入框，修改【文字高度】为500，输入文字，在绘图区空白位置单击鼠标左键，完成多行文字的添加，如图6-33所示。

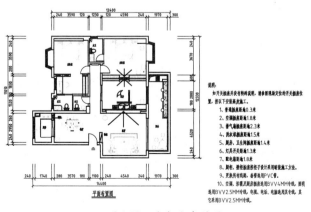

图6-32 素材文件　　　　　　　　　　　　　　　图6-33 多行文字效果

6.4 多重引线标注和编辑

使用【多重引线】工具添加和管理所需的引出线,能够更清楚地标识制图的标准和说明等内容。此外,还可以通过修改多重引线的样式对引线的格式、类型以及内容进行编辑。引线对象通常包含箭头、引线或曲线以及多行文字。引线标注中的引线是一条带箭头的直线,其箭头指向被标注的对象,直线的尾部带有文字注释或图形。

6.4.1 创建多重引线样式

通过【多重引线样式管理器】可以设置【多重引线】的箭头、引线和文字等特征。

启动【多重引线样式】功能的常用方法有以下几种。

★ 菜单栏:执行【格式】|【多重引线样式】命令。

★ 命令行:输入MLEADERSTYLE命令。

★ 功能区1:在【默认】选项卡中,单击【注释】面板中的【多重引线样式】按钮。

★ 功能区2:在【注释】选项卡中,单击【文字】面板中的【多重引线样式】按钮。

【案例6-6】: 创建室内标注样式

01 单击【快速访问】工具栏中的【新建】按钮,打开【选择样板】对话框,选择"室内图层模板"文件,单击【打开】按钮,新建空白文件。

02 在【默认】选项卡中,单击【注释】面板中的【多重引线样式】按钮,打开【多重引线样式管理器】对话框,单击【新建】按钮,如图6-34所示。

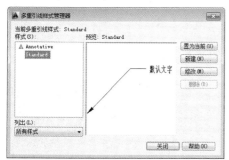

图6-34 【多重引线样式管理器】对话框

03 打开【创建新多重引线样式】对话框,修改【样式名】为"室内引线",如图6-35所示。

图6-35 【创建新多重引线样式】对话框

04 单击【继续】按钮,打开【修改多重引线样式:室内引线】对话框,在【引线格式】选项卡中,修改【符号】为【点】、【大小】为10,如图6-36所示。

图6-36 【修改多重引线样式:室内引线】对话框

05 切换至【引线结构】选项卡,修改【设置基线距离】为50,如图6-37所示。

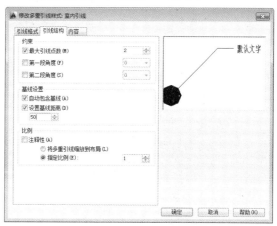

图6-37 【引线结构】选项卡

06 切换至【内容】选项卡，修改【文字高度】为60，如图6-38所示。

07 单击【确定】按钮，返回到【多重引线样式管理器】对话框，单击【置为当前】按钮，将新建的多重引线样式置为当前，如图6-39所示，单击【关闭】按钮，完成多重引线样式的创建。

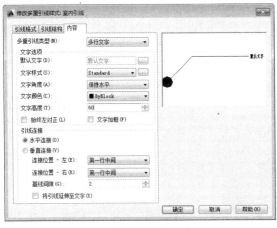

图6-38　【内容】选项卡

图6-39　【多重引线样式管理器】对话框

6.4.2　创建多重引线

使用【多重引线】命令，可以创建多重引线对象，在创建多重引线时，可以创建单个对象。

启动【多重引线】功能的常用方法有以下几种。

★　菜单栏：执行【标注】|【多重引线】命令。

★　命令行：输入MLEADER/MLD命令。

★　功能区1：在【默认】选项卡中，单击【注释】面板中的【多重引线】按钮 引线。

★　功能区2：在【注释】选项卡中，单击【引线】面板中的【多重引线】按钮。

【案例6-7】：在厨房立面图中添加多重引线

01 单击【快速访问】工具栏中的【打开】按钮 ，打开"第6课\6.4.2　创建多重引线"素材文件，如图6-40所示。

02 在【注释】选项卡中，单击【引线】面板中的【多重引线】按钮 ，标注多重引线对象，如图6-41所示。其命令行提示如下：

```
命令：_mleader✓                                              //调用【多重引线】命令
指定引线箭头的位置或 [引线基线优先(L)/内容优先(C)/选项(O)] <选项>：    //指定引线箭头位置
指定引线基线的位置：                                          //指定引线基线位置
```

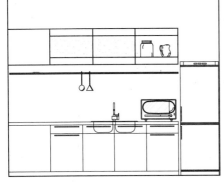

图6-40　素材文件

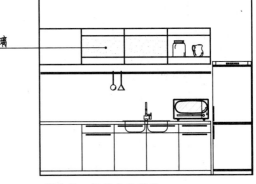

图6-41　标注多重引线

03 重新调用MLD【多重引线】命令，添加其他的多线引线对象，最终效果如图6-42所示。

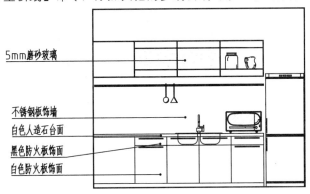

5mm磨砂玻璃

不锈钢板饰墙
白色人造石台面
黑色防火板饰面
白色防火板饰面

图6-42　最终效果

在【多重引线】命令行中，各选项的含义如下。

★ 引线基线优先（L）：指定多重引线对象的基线的位置。

★ 内容优先（C）：指定与多重引线对象相关联的文字或块的位置。

★ 选项（O）：指定用于放置多重引线对象的选项字。

6.4.3　添加与删除多重引线

使用【添加与删除引线】命令可以将引线添加至多重引线对象，或从多重引线对象中删除引线。

在AutoCAD 2014中，启动【添加与删除引线】功能的常用方法有以下几种。

★ 菜单栏：执行【修改】|【对象】|【多重引线】|【添加引线】/【删除引线】命令。

★ 命令行：在命令行中输入MLEADEREDIT命令。

★ 功能区：在【注释】选项卡中，单击【引线】面板中的【添加引线】按钮 /【删除引线】按钮 。

6.5　表格样式与表格的应用

表格使用行和列以一种简洁清晰的格式提供信息。在AutoCAD 2014中，可以创建表格，也可以调用外部表格，为用户绘图提供了方便。

6.5.1　创建表格样式

表格样式控制了表格外观，用于保证标注字体、颜色、文本、高度和行距。可以使用默认的表格样式，还可以根据需要自定义表格样式。

启动【表格样式】功能的常用方法有以下几种。

★ 菜单栏：执行【格式】|【表格样式】命令。

★ 命令行：输入TABLESTYLE命令。

★ 功能区1：在【默认】选项卡中，单击【注释】面板中的【表格样式】按钮 。

★ 功能区2：在【注释】选项卡中，单击【文字】面板中的【表格样式】按钮 。

执行以上任一命令，均可以打开【表格样式】对话框，如图6-43所示。通过该对话框可执行将表格样式置为当前、修改、删除或新建操作。单击【新建】按钮，系统弹出【创建新的表格样式】对话框，在【新样式名】文本框中输入表格样式名称，在【基础样式】下拉列表框中选择一个表格样式为新的表格样式提供默认设置，单击【继续】按钮，系统弹出【新建表格样式】对话框，如图6-44所示，可以对样式进行具体设置。

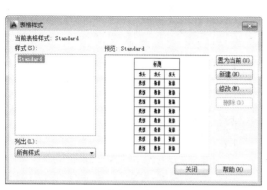

图6-43 【表格样式】对话框

图6-44 【新建表格样式】对话框

6.5.2 创建表格

表格的行和列以一种简洁倾斜的形式提供信息，常用于一些组件的图形中。

启动【表格】功能的常用方法有以下几种。

★ 菜单栏：执行【绘图】|【表格】命令。

★ 命令行：输入TABLE/TB命令。

★ 功能区1：在【默认】选项卡中，单击【注释】面板中的【表格】按钮。

★ 功能区2：在【注释】选项卡中，单击【表格】面板中的【表格】按钮。

【案例6-8】： 创建电器图例表表格

01 新建空白文件。在【默认】选项卡中，单击【注释】面板中的【表格】按钮，打开【插入表格】对话框，修改各参数，如图6-45所示。

02 单击【确定】按钮，按照命令行提示指定表格的第一个角点和对角点，表格绘制完成，效果如图6-46所示。

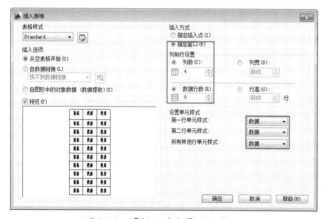

图6-45 【插入表格】对话框

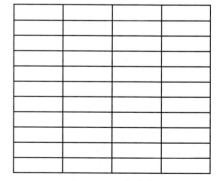

图6-46 绘制表格

6.5.3 编辑表格

在创建好表格对象以后，可以在表格中输入数据，也可以将表格的单元格进行合并操作。

【案例6-9】：编辑电器图例表表格

01 选择第一行所有的单元格，右键单击，打开快捷菜单，选择【合并】|【全部】选项，即可合并单元格，如图6-47所示。

02 双击任意单元格，系统弹出【文字编辑器】选项卡和文本输入框，输入文字"电器图例"，如图6-48所示。

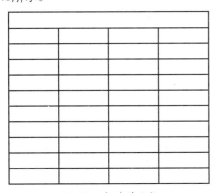

图6-47 合并单元格　　　　　　　　图6-48 输入文字

03 按以上所述方法，在表格中输入图例表的文字，如图6-49所示。

04 选择所有的单元格，右键单击，打开快捷菜单，选择【对齐】|【正中】选项，即可设置单元格的对齐方式，效果如图6-50所示。

电器图例			
图例符号	图例名称	图例符号	图例名称
	暗装五孔插座		电话网络双口插座
	地插		网络插座
	暗装挂机空调插座		环绕音响
	密封防水插座		单联开关
	暗装洗衣插座		双联开关
	暗装电磁炉插座		三联开关
	暗装抽烟机插座		四联开关
	电话单口插座		单联双控
	电视信号插座		

图6-49 输入文字

电器图例			
图例符号	图例名称	图例符号	图例名称
	暗装五孔插座		电话网络双口插座
	地插		网络插座
	暗装挂机空调插座		环绕音响
	密封防水插座		单联开关
	暗装洗衣插座		双联开关
	暗装电磁炉插座		三联开关
	暗装抽烟机插座		四联开关
	电话单口插座		单联双控
	电视信号插座		

图6-50 对齐文本

05 选中表格，拖动夹点调整表格的列宽或行高，如图6-51所示。

06 调用I【插入】命令，打开【插入】对话框，在图例表中依次插入电器图块，如图6-52所示。

电器图例			
图例符号	图例名称	图例符号	图例名称
	暗装五孔插座		电话网络双口插座
	地插		网络插座
	暗装挂机空调插座		环绕音响
	密封防水插座		单联开关
	暗装洗衣插座		双联开关
	暗装电磁炉插座		三联开关
	暗装抽烟机插座		四联开关
	电话单口插座		单联双控
	电视信号插座		

图6-51 调整表格

电器图例			
图例符号	图例名称	图例符号	图例名称
	暗装五孔插座		电话网络双口插座
	地插		网络插座
	暗装挂机空调插座		环绕音响
	密封防水插座		单联开关
	暗装洗衣插座		双联开关
	暗装电磁炉插座		三联开关
	暗装抽烟机插座		四联开关
	电话单口插座		单联双控
	电视信号插座		

图6-52 插入电器图块

6.6 实例应用

6.6.1 标注小户型顶面布置图

小户型顶面布置图表达了小户型中各个空间的吊顶情况，本实例通过标注如图6-53所示小户型顶面布置图，主要练习【单行文字】、【线性标注】、【连续标注】、【多重引线】和【表格】功能的应用。

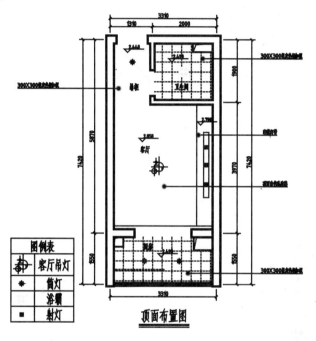

图6-53 小户型顶面布置图

01 单击【快速访问】工具栏中的【打开】按钮，打开"第6课\6.6.1 标注小户型顶面布置图"素材文件，如图6-54所示。

02 将【标注】图层置为当前。调用DLI【线性标注】和【连续标注】命令，为图形添加尺寸，如图6-55所示。

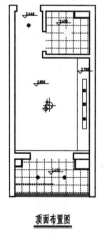

顶面布置图

图6-54 素材文件

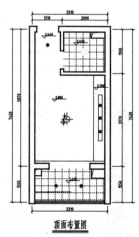

顶面布置图

图6-55 添加尺寸标注

03 调用TEXT【单行文字】命令，修改【文字高度】为200，在绘图区中添加单行文字，如图6-56所示。

04 调用MLD【多重引线】命令，添加多重引线，如图6-57所示。

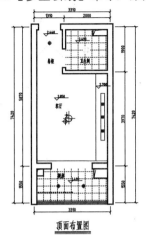

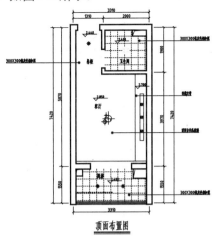

图6-56　添加单行文字　　　　　　　　　　图6-57　添加多重引线

05 在【默认】选项卡中，单击【注释】面板中的【表格】按钮，打开【插入表格】对话框，修改各参数，如图6-58所示。

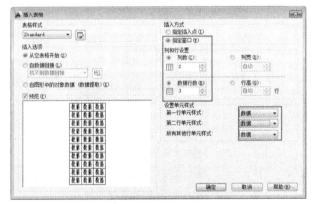

图6-58　【插入表格】对话框

06 单击【确定】按钮，按照命令行提示指定表格的第一个角点和对角点，表格绘制完成，效果如图6-59所示。

07 选择第一行所有的单元格，右键单击，打开快捷菜单，选择【合并】|【全部】选项，即可合并单元格，如图6-60所示。

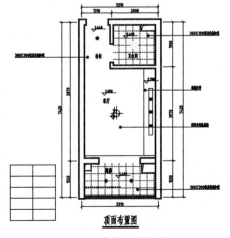

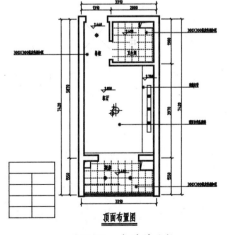

图6-59　表格绘制完成　　　　　　　　　　图6-60　合并单元格

135

08 双击单元格，依次输入文本对象，如图6-61所示。

09 选择所有的单元格，右键单击，打开快捷菜单，选择【对齐】|【正中】选项，即可设置单元格的对齐方式。

10 选中表格，拖动夹点调整表格的列宽或行高，效果如图6-62所示。

11 调用CO【复制】命令，选择合适的图形进行复制操作，如图6-63所示。

图例表	图例表	图例表
客厅吊灯	客厅吊灯	客厅吊灯
筒灯	筒灯	筒灯
浴霸	浴霸	浴霸
射灯	射灯	射灯

图6-61　输入文本　　　　　图6-62　调整表格　　　　　图6-63　复制图形

6.6.2　标注玄关鞋柜立面图

本实例通过标注如图6-64所示玄关鞋柜立面图，主要练习【多行文字】、【线性标注】、【连续标注】和【多重引线】功能的应用方法。

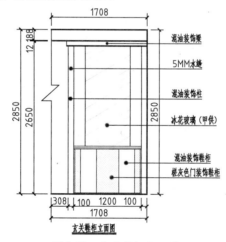

图6-64　玄关鞋柜立面图

01 单击【快速访问】工具栏中的【打开】按钮 📂，打开 "第6课\6.6.2　标注玄关鞋柜立面图" 素材文件，如图6-65所示。

02 将【标注】图层置为当前。调用DLI【线性标注】和【连续标注】命令，为图形添加尺寸，如图6-66所示。

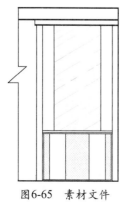

图6-65　素材文件　　　　　图6-66　添加图形尺寸

03 调用MLD【多重引线】命令，添加多重引线，如图6-67所示。

04 调用MT【多行文字】命令，修改【文字高度】为150，创建多行文字，如图6-68所示。

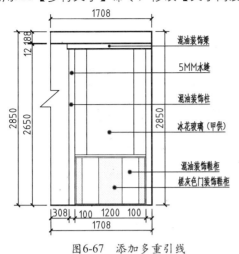

图6-67 添加多重引线

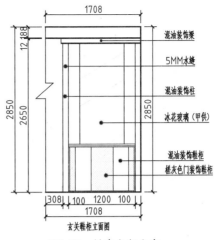

图6-68 创建多行文字

05 调用PL【多段线】命令，修改【宽度】为7，绘制多段线；调用L【直线】命令，结合【对象捕捉】功能，绘制直线，得到最终效果，如图6-64所示。

6.7 课后练习

6.7.1 标注书柜剖面图

本实例通过标注如图6-69所示的书柜剖面图，熟悉巩固【线性标注】、【连续标注】和【多重引线】等命令。

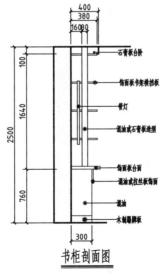

图6-69 书柜剖面图

提示步骤如下。

01 单击【快速访问】工具栏中的【打开】按钮，打开"第6课\6.7.1 标注书柜剖面图"素材文件，如图6-70所示。

02 将【标注】图层置为当前。调用DLI【线性标注】和【连续标注】命令，为图形添加尺寸，如图6-71所示。

03 调用MLD【多重引线】命令，添加多重引线，最终效果如图6-69所示。

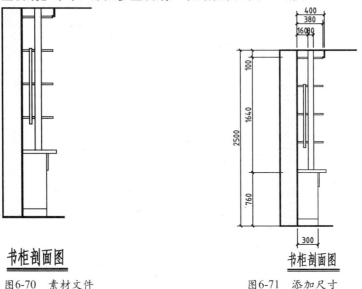

图6-70　素材文件　　　　　　　　　　　图6-71　添加尺寸

6.7.2　标注石材地面

本实例通过标注如图6-72所示的石材地面，熟悉巩固【多重引线】和【多行文字】等命令。

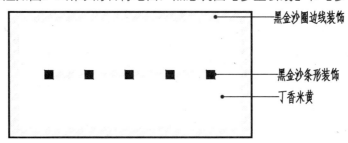

图6-72　石材地面

提示步骤如下。

01 单击【快速访问】工具栏中的【打开】按钮，打开"第6课\6.7.2　标注石材地面"素材文件，如图6-73所示。

02 将【标注】图层置为当前。调用MLD【多重引线】命令，添加多重引线，如图6-74所示。

03 调用MT【多行文字】命令，添加多行文字；调用PL【多段线】和L【直线】命令，添加图形，最终效果如图6-72所示。

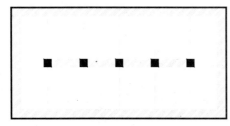

图6-73　素材文件

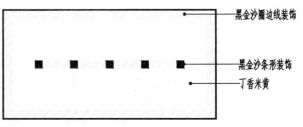

图6-74　添加多重引线

第7课
图块及设计中心

AutoCAD设计中心提供了一个直观高效的工具，在绘制图形时，如果图形中有大量相同或相似的内容，可以把需要重复绘制的图形创建为块。利用设计中心，可以浏览、查找、插入、预览和管理AutoCAD图形、图块等不同的资源文件。本课将详细讲解图块及设计中心的应用方法。

本课知识：
1. 掌握图块及其属性的创建与编辑方法。
2. 掌握设计中心与工具选项板的应用方法。

7.1 图块及其属性

在绘制图形的过程中，用户往往需要重复绘制一些图形，如门、家具、电视、厨具玻璃、花草以及装饰物等。对于这些常用的部件，如果每次都重复绘制将会很繁琐。其实，用户可以将这些需要重复绘制的图形创建为图块或者属性图块，当需要时直接将其插入。

7.1.1 定义块

图块是指由一个或多个图形对象组合而成的一个整体，简称为块。在使用图块之前，必须指定图块的名称、图块中的对象、图块的插入基点和图块的插入单位等。

启动【创建块】命令有如下几种方法。

★ 菜单栏：执行【绘图】|【块】|【创建】命令。

★ 命令行：输入BLOCK/B命令。

★ 功能区1：在【插入】选项卡中，单击【块定义】面板中的【创建块】按钮。

★ 功能区2：在【默认】选项卡中，单击【块】面板中的【创建块】按钮。

【案例7-1】：定义壁灯图块

01 单击【快速访问】工具栏中的【打开】按钮，打开"第7课\7.1.1　定义块.dwg"素材文件，如图7-1所示。

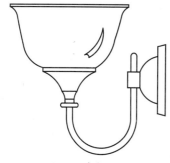

图7-1　素材文件

02 在【插入】选项卡中，单击【块定义】面板中的【创建块】按钮，打开【块定义】对话框，在【名称】文本框中输入"壁灯"，如图7-2所示。

图7-2　【块定义】对话框

03 单击【对象】选项组中的【选择对象】按钮，选择所有图形，按空格键返回对话框。

04 单击【基点】选项组中的【拾取点】按钮，返回绘图区指定图形右侧中点作为块的基点，如图7-3所示。

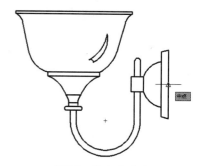

图7-3　拾取块基点

05 单击【确定】按钮，完成普通块的创建，此时图形成为一个整体，其夹点显示如图7-4所示。

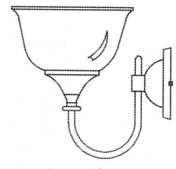

图7-4　创建块效果

在【创建块】对话框中，各选项的含义如下。

★ 【名称】文本框：用于输入或选择块的名称。

★ 【拾取点】按钮 ：单击该按钮，系统切换到绘图窗口中拾取基点。

★ 【选择对象】按钮 ：单击该按钮，系统切换到绘图窗口中拾取创建块的对象。

★ 【保留】单选按钮：创建块后保留源对象不变。

★ 【转换为块】单选按钮：创建块后将源对象转换为块。

★ 【删除】单选按钮：创建块后删除源对象。

★ 【允许分解】复选框：勾选该选项，允许块被分解。

7.1.2 控制图块的颜色和线型特性

尽管图块总是创建在当前图层上，但块定义中保存了图块中各个对象的原图层、颜色和线型等特性信息。为了控制插入块实例的颜色、线型和线宽特性，在定义块时有如下3种情况。

★ 如果要使块实例完全继承当前层的属性，那么在定义块时应将图形对象绘制在0层中，将当前层颜色、线型和线宽属性设置为【随层（ByLayer）】。

★ 如果希望能为块实例单独设置属性，那么在块定义时应将颜色、线型和线宽属性设置为【随块（ByBlock）】。

★ 如果要使块实例中的对象保留属性，而不从当前层继承；那么在定义块时，应为每个对象分别设置颜色、线型和线宽属性，而不应当设置为【随块】或【随层】。

7.1.3 插入块

使用【插入块】命令，可以将创建好的图块对象插入到图形文件中，还可以在插入的同时改变所插入块或图形的比例与缩放角度。

启动【插入块】命令有如下几种方法。

★ 菜单栏：执行【插入】|【块】命令。

★ 命令行：输入INSERT/I命令。

★ 功能区1：在【插入】选项卡中，单击【块定义】面板中的【创建块】按钮 。

★ 功能区2：在【默认】选项卡中，单击【块】面板中的【创建块】按钮 。

【案例7-2】：在书柜立面图中插入块

01 单击【快速访问】工具栏中的【打开】按钮 ，打开"第7课\7.1.3 插入块"素材文件，如图7-5所示。

02 在【默认】选项卡中，单击【块】面板中的【插入】按钮 ，打开【插入】对话框，单击【浏览】按钮，如图7-6所示。

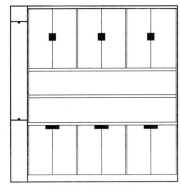

图7-5 素材文件

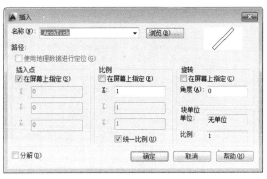

图7-6 【插入】对话框

03 打开【选择图形文件】对话框，选择"盆栽"文件，如图7-7所示。

04 依次单击【打开】和【确定】按钮，在绘图区中指定插入点，即可插入图块，效果如图7-8所示。

图7-7 【选择图形文件】对话框

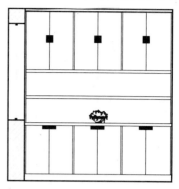

图7-8 插入图块效果

05 重新调用I【插入】命令，在绘图区中插入"装饰品"图块，如图7-9所示。

06 调用CO【复制】命令，将插入的图块进行复制操作，最终效果如图7-10所示。

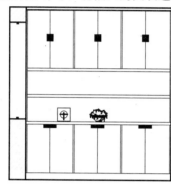

图7-9 插入"装饰品"效果

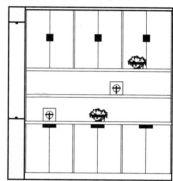

图7-10 最终图形

7.1.4 写块

使用【写块】命令，可以创建出外部图块。外部图块是一种可以让所有的AutoCAD文档共用的图块。

启动【写块】命令有如下几种方法。

★ 命令行：输入WBLOCK /W命令。

★ 功能区：在【插入】选项卡中，单击【块定义】面板中的【写块】按钮 。

执行以上任一命令，均可打开【写块】对话框，如图7-11所示。

图7-11 【写块】对话框

在【写块】对话框中，常用选项介绍如下。

★ 块：将已定义好的块保存，可以在下拉列表中选择已有的内部块，如果当前文件中没有定义的块，该单选按钮不可用。

★ 整个图形：将当前工作区中的全部图形保存为外部块。

★ 对象：选择图形对象定义为外部块。该项为默认选项，一般情况下选择此项即可。

★ 【拾取点】按钮⧉：单击该按钮，系统切换到绘图窗口中拾取基点

★ 【选择对象】按钮⧉：单击该按钮，系统切换到绘图窗口中拾取创建块的对象。

★ 【保留】单选按钮：创建块后保留源对象不变。

★ 从图形中删除：将选定对象另存为文件后，从当前图形中删除它们。

★ 目标：用于设置块的保存路径和块名。单击该选项组【文件名和路径】文本框右边的按钮 [...]，可以在打开的对话框中选择保存路径。

7.1.5 分解块

由于插入的图块是一个整体，在需要对图块进行编辑时，必须先将其分解。分解图块的操作非常简单，执行分解命令后，选择要分解的图块，再按回车键即可。图块被分解后，它的各个组成元素将变为单独的对象，之后便可以单独对各个组成元素进行编辑，如图7-12所示。

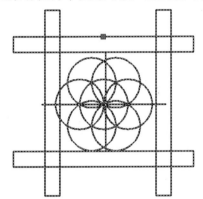
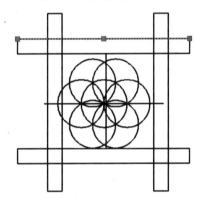

图7-12 分解图块效果

7.1.6 图块的重定义

通过对图块的重定义，可以更新所有与之关联的块实例，实现自动修改，其方法与定义块的方法基本相同。

【案例7-3】：重定义消毒柜图块

01 单击【快速访问】工具栏中的【打开】按钮📂，打开"第7课\7.1.6 图块的重定义"素材文件，如图7-13所示。

02 调用X【分解】命令，分解图块对象；调用E【删除】命令，删除圆对象，如图7-14所示。

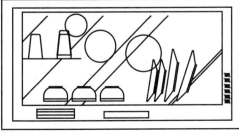

图7-13 素材文件

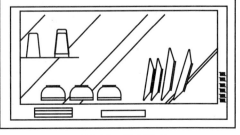

图7-14 删除图形

03 在【插入】选项卡中，单击【块定义】面板中的【创建块】按钮，打开【块定义】对话框，在【名称】文本框中输入"消毒柜"，如图7-15所示。

04 单击【选择对象】按钮，选择所有图形，按空格键返回对话框。

05 单击【基点】选项组中的【拾取点】按钮，返回绘图区指定图形右上方端点作为块的基点。

06 单击【确定】按钮，打开【块-重定义块】对话框，如图7-16所示。

图7-15　【块定义】对话框

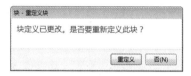

图7-16　【块-重定义块】对话框

07 单击【重定义】按钮，即可重定义图块。

7.1.7　图块属性

属性块是指图形中包含图形信息和非图形信息的图块，非图形信息是指块属性。块属性是块的组成部分，是特定的可包含在块定义中的文字对象。

启动【定义属性】命令有如下几种方法。

★　菜单栏：执行【绘图】|【块】|【定义属性】命令。

★　命令行：在命令行中输入ATTDEF/ATT。

★　功能区1：在【插入】选项卡中，单击【块定义】面板中的【定义属性】按钮。

★　功能区1：在【默认】选项卡中，单击【块】面板中的【定义属性】按钮。

【案例7-4】：在会议室中添加属性图块

01 单击【快速访问】工具栏中的【打开】按钮，打开"第7课\7.1.7　图块属性"素材文件，如图7-17所示。

02 在【插入】选项卡中，单击【块定义】面板中的【定义属性】按钮，打开【定义属性】对话框，在【属性】选项组进行设置，如图7-18所示。

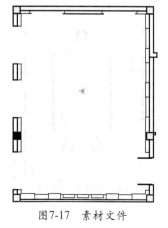

图7-17　素材文件

图7-18　【定义属性】对话框

03 单击【确定】按钮，根据命令行的提示在合适的位置插入属性，如图7-19所示。

04 在命令行中输入B【创建块】命令，系统弹出【块定义】对话框。在【名称】文本框中输入"文字"，单击【选择对象】按钮，选择整个图形；单击【拾取点】按钮，拾取文字中间合适的位置作为基点，如图7-20所示。

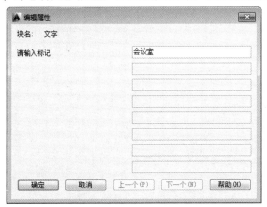

图7-19 插入属性

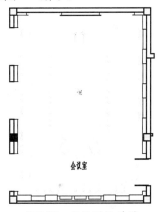

图7-20 拾取基点

05 单击【确定】按钮，系统弹出【编辑属性】对话框，输入文字"会议室"，如图7-21所示。
06 单击【确定】按钮，返回绘图区域，完成属性图块的创建，如图7-22所示。

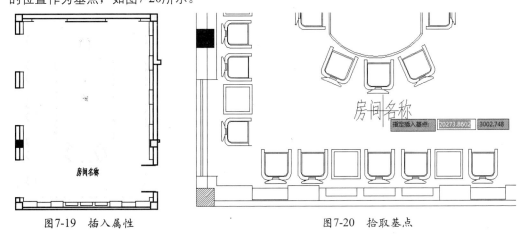

图7-21 【编辑属性】对话框

图7-22 属性图块效果

在【属性定义】对话框中，常用选项的含义如下。

★ 【模式】选项组：用于设置属性的模式。【不可见】表示插入块后是否显示属性值；【固定】表示属性是否是固定值，为固定值则插入后块属性值不再发生变化；【验证】用于验证所输入的属性值是否正确；【预设】表示是否将属性值直接设置成它的默认值；【锁定位置】用于固定插入块的坐标位置，一般选择此项；【多行】表示使用多段文字来标注块的属性值。

★ 【属性】选项组：用于定义块的属性。【标记】文本框中可以输入属性的标记，标识图形中每次出现的属性；【提示】文本框用于在插入包含该属性定义的块时显示的提示；【默认】文本框用于输入属性的默认值。

★ 【插入点】选项组：用于设置属性值的插入点。

★ 【文字设置】选项组：用于设置属性文字的格式。

7.1.8 修改块属性

使用【编辑块属性】命令，可以对属性图块的值、文字选项以及特性等参数进行编辑。
启动【编辑块属性】命令有如下几种方法。

★ 菜单栏：执行【修改】|【对象】|【属性】|【单个】命令。

★ 命令行：输入EATTEDIT命令。

★ 功能区1：在【插入】选项卡中，单击【块】面板中的【单个】按钮 🐾。

★ 功能区2：在【默认】选项卡中，单击【块】面板中的【单个】按钮 🐾。

★ 鼠标法：双击鼠标左键。

【案例7-5】：修改办公区域平面图的块属性

01 单击【快速访问】工具栏中的【打开】按钮 📂，打开"第7课\7.1.8 修改块属性"素材文件，如图7-23所示。

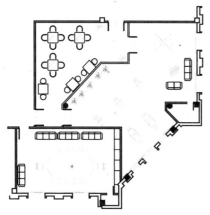

图7-23 素材文件

02 在【默认】选项卡中，单击【块】面板中的【插入】按钮 🔲，打开【插入】对话框，单击【浏览】按钮，打开【选择图形文件】对话框，选择"标高"文件，如图7-24所示。

图7-24 【选择图形文件】对话框

03 单击【打开】和【确定】按钮，根据命令行提示，指定插入点，打开【编辑属性】对话框，在【请输入标记】文本框中输入【0.000】，如图7-25所示。

04 单击【确定】按钮，即可插入属性图块，如图7-26所示。

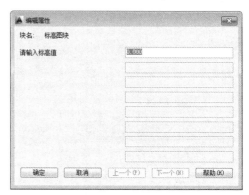

图7-25 【编辑属性】对话框

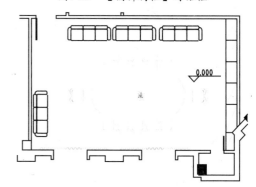

图7-26 插入属性图块

05 调用CO【复制】命令，将插入的属性图块进行复制操作，如图7-27所示。

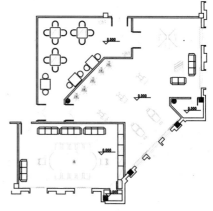

图7-27 复制属性图块

06 双击复制后的属性图块，打开【增强属性编辑器】对话框，修改【值】为-0.500，如图7-28所示。

图7-28　【增强属性编辑器】对话框

07 单击【确定】按钮，即可修改属性图块，如图7-29所示。

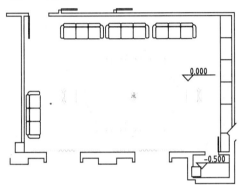
图7-29　修改属性图块

08 用与上同样的方法，修改其他的属性图块，最终效果如图7-30所示。

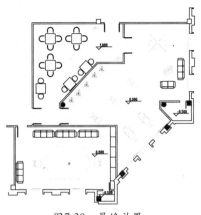
图7-30　最终效果

在【增强属性编辑器】对话框中，常用选项的含义如下。

★ 块：编辑其属性的块的名称。

★ 标记：标识属性的标记。

★ 选择块：在使用定点设备选择块时临时关闭对话框。

★ 应用：更新已更改属性的图形，并保持增强属性编辑器打开。

★ 文字选项：设定用于定义图形中属性文字的显示方式的特性。

★ 特性：定义属性所在的图层以及属性文字的线宽、线型和颜色。

7.2 设计中心与工具选项板

AutoCAD设计中心为用户提供了一个直观且高效的工具来管理图形设计资源。利用它可以访问图形、块、图案填充和其他图形内容，可以将原图形中的任何内容拖曳到当前图形中，还可以将图形、块和填充拖曳至工具面板上。原图可以位于用户的计算机、网络位置或网站上。另外，如果打开了多个图形，则可以通过设计中心，在图形之间复制和粘贴其他内容，如图层定义、布局和文字样式来简化绘图过程。

7.2.1 设计中心

AutoCAD设计中心（AutoCAD Design Center，ADC）是AutoCAD中的一个非常有用的工具。在进行机械设计时，特别是需要编辑多个图形对象，调用不同驱动器甚至不同计算机内的文件，引用以创建的图层、图块和样式等时，使用AutoCAD 2014中的【设计中心】命令将帮助用户提高绘图效率。

通过AutoCAD设计中心可以完成如下工作。

★ 浏览和查看各种图形，图像文件，并可显示预览图像及说明文字。

★ 查看图形文件中命名对象的定义，将其插入、附着、复制和粘贴到当前图形中。

★ 将图形文件（.DWG）从控制板中拖放到绘图区中，即可打开图形；而将光栅文件从控制板拖放到绘图区域中，则可查看附着光栅图像。

★ 在本地和网络驱动器上查找图形文件，并可创建指向常用图形、文件夹和Internet地址的快捷方式。

启动【设计中心】命令有如下几种方法。

★ 菜单栏：执行【工具】|【选项板】|【设计中心】命令。

★ 命令行：在命令行中输入ADCENTER命令。

★ 功能区：在【视图】选项卡中，单击【选项板】面板中的【设计中心】按钮圌。

★ 快捷键：按Ctrl+2组合键。

执行以上任一命令，均可以打开【设计中心】面板，如图7-31所示。

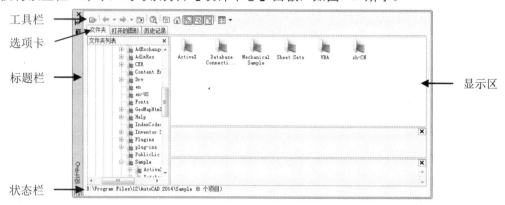

图7-31 【设计中心】面板

7.2.2 设计中心窗体

【设计中心】面板分为两部分，左边为树状图，右边为内容区。可以在树状图中浏览内容的源，而在内容区显示内容。可以在内容区中将项目添加到图形或工具选项板中。

【设计中心】面板主要由5部分组成：标题栏、工具栏、选项卡、显示区和状态栏，下面将分别进行介绍。

1. 标题栏

【标题栏】可以控制AutoCAD设计中心窗口的尺寸、位置、外观形状和开关状态等。单击【特性】按钮圖或在标题栏上右击鼠标，可以打开快捷菜单，如图7-32所示。

锚点居左或右表示是否允许窗口固定和设置窗口是否自动隐藏。

单击【自动隐藏】按钮圙，【设计中心】窗口将自动隐藏，只留下标题栏。当鼠标放在【标题栏】上时，【设计中心】窗口将恢复，移开鼠标，【设计中心】窗口再次隐藏。

2. 工具栏

工具栏用来控制树状图和内容区中信息的浏览和显示，如图7-33所示。

图7-32 快捷菜单

图7-33 工具栏

3. 选项卡

【设计中心】面板的选项卡主要包括【文件夹】选项卡、【打开的图形】选项卡、【历史记录】选项卡和【联机设计中心】选项卡。

　　【文件夹】选项卡是设计中心最重要也是使用频率最多的选项卡。它显示计算机或网络驱动器中文件和文件夹的层次结构。它与Windows的资源管理器十分类似，分为左右两个子窗口。左窗口为导航窗口，用来查找和选择源；右窗口为内容窗口，用来显示指定源的内容。

　　【打开的图形】选项卡用于在设计中心中显示在当前AutoCAD环境中打开的所有图形。其中包括最小化了的图形。此时单击某个文件图标，就可以看到该图形的有关设置，如图层、线型、文字样式、块以及标注样式等，如图7-34所示。

　　【历史记录】选项卡用于显示用户最近浏览的AutoCAD图形。显示历史记录后，在一个文件上单击鼠标右键显示此文件信息或从【历史记录】列表中删除此文件，如图7-35所示。

 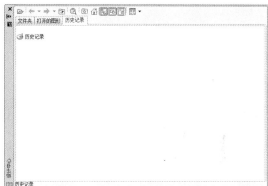

图7-34　【打开的图形】选项卡　　　　　　　图7-35　【历史记录】选项卡

4. 显示区

　　【显示区】分为内容显示区，预览显示区和说明显示区。内容显示区显示图形文件的内容，预览显示区显示图形文件的缩略图，说明显示区显示图形文件的描述信息，如图7-36所示。

5. 状态栏

　　【状态栏】用于显示所选文件的路径，如图7-37所示。

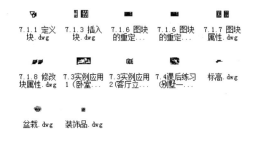

F:\中文版AutoCAD 2014室内设计课堂实录\素材\第7课（12 个项目）

图7-36　显示区　　　　　　　　　　　　图7-37　状态栏

7.2.3　设计中心查找功能

　　使用AutoCAD 2014设计中心的搜索功能，可以搜索文件、图形、块和图层定义等。

【案例7-6】：使用【设计中心】功能查找图形

01 在【设计中心】面板中单击【搜索】按钮，打开【搜索】对话框，在【搜索文字】对话框中，输入"标高"，在【于】下拉列表框中选择【工作磁盘（F）】选项，如图7-38所示。

02 单击【立即搜索】按钮，即可搜索图形，搜索结果如图7-39所示。

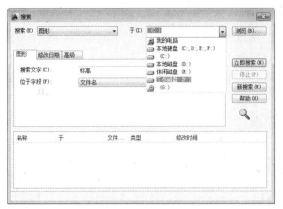

图 7-38 【搜索】对话框

图 7-39 搜索结果

7.2.4 调用设计中心的图形资源

使用AutoCAD设计中心最终的目的是在当前图形中调入块、引用图像和外部参照，并且在图形之间复制块、图层、线型、文字样式、标注样式以及用户定义的内容等。也就是说根据插入内容和类型的不同，对应插入设计中心图形的方法也不相同。

1. 插入块

通常情况下，执行插入块操作可根据设计需要确定插入方式。

★ 自动换算比例插入块：选择该方法插入块时，可从设计中心窗口中选择要插入的块，并拖动到绘图窗口。移到插入位置时释放鼠标，即可实现块的插入操作。

★ 常规插入块：在【设计中心】对话框中选择要插入的块，然后用鼠标右键将该块拖动到窗口后释放鼠标，此时将弹出一个快捷菜单，选择【插入块】选项，即可弹出【插入块】对话框，可按照插入块的方法确定插入点、插入比例和旋转角度，将该块插入到当前图形中。

2. 复制对象

复制对象就在控制板中展开相应的块、图层或标注样式列表，然后选中某个块、图层或标注样式并将其拖入到当前图形，即可获得复制对象效果。如果按住右键将其拖入当前图形，此时系统将弹出一个快捷菜单，通过此菜单可以进行相应的操作。

3. 以动态块形式插入图形文件

要以动态块形式在当前图形中插入外部图形文件，只需要通过右键快捷菜单，执行【块编辑器】命令即可，此时系统将打开【块编辑器】窗口，用户可以通过该窗口将选中的图形创建为动态图块。

4. 引入外部参照

从【设计中心】对话框选择外部参照，用鼠标右键将其拖动到绘图窗口后释放，在弹出的快捷菜单中选择【附加为外部参照】选项，弹出【外部参照】对话框，可以在其中确定插入点、插入比例和旋转角度。

7.2.5 工具选项板

工具选项板是【工具选项板】窗口中选项卡形式的区域，它不但提供了组织、共享和放置块及填充图案的很有效的方法，还可以包含由第三方开发人员提供的自定义工具。

【工具选项板】窗口包括【注释】、【建筑】、【机械】、【电力】、【图案填充】和【土木工程筑】等选项板。当需要向图形中添加块或图案填充等图形资源时，可将其直接拖到当前图形中。

调用【工具选项板】窗体命令的方法为：

★ 命令行：在命令行中输入TOOLPALETTES/TP命令。

★ 菜单栏：执行【工具】|【选项板】|【工具选项板】命令，如图7-40所示。

★ 功能区：在【视图】选项卡中，单击【选项板】面板中的【工具选项板】按钮▦。

★ 组合快捷键：按Ctrl+3组合键。

执行上述任一操作，均可打开【工具选项板】窗口，如图7-40所示。

7.3 实例应用

7.3.1 绘制卧室平面布置图

卧室平面布置图是对卧室空间进行详细的功能划分以及卧室室内家具陈设布置的结果。本实例通过绘制如图7-41所示卧室平面布置图，主要练习【插入块】命令的应用。

图7-40 【工具选项板】窗口

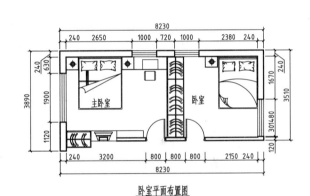

图7-41 卧室平面布置图

01 单击【快速访问】工具栏中的【打开】按钮📂，打开"第7课\7.3.1 绘制卧室平面布置图"素材文件，如图7-42所示。

02 调用I【插入】命令，打开【插入】对话框，单击【浏览】按钮，如图7-43所示。

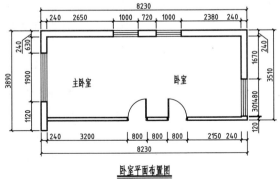

图7-42 素材文件

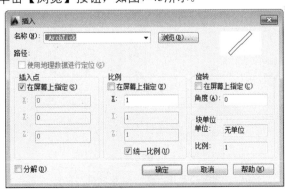

图7-43 【插入】对话框

03 打开【选择图形文件】对话框，选择"双人床"图形文件，如图7-44所示。

图7-44 【选择图形文件】对话框

04 单击【打开】和【确定】按钮，根据命令行提示，指定插入点，插入【双人床】图块；调用M【移动】命令，调整新插入图块的位置，如图7-45所示。

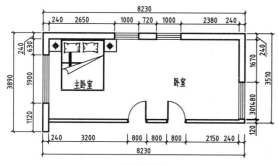

图7-45 插入图块效果

05 重新调用I【插入】命令，依次插入随书光盘中的【单人床】、【书桌】、【衣柜】和【组合柜】图块，并调整插入图块的位置，如图7-46所示。

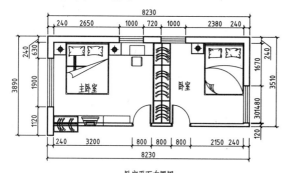

图7-46 插入其他图块效果

06 调用TR【修剪】命令，修剪图形；调用E

【删除】命令，删除图形，如图7-47所示。

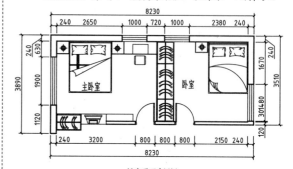

图7-47 修剪图形效果

7.3.2 绘制客厅立面图

客厅立面图反映的是客厅窗户正面、背景墙侧面以及沙发侧面的效果。本实例通过绘制如图7-48所示客厅立面图，主要练习【矩形】、【分解】、【偏移】、【修剪】和【插入块】功能的应用。

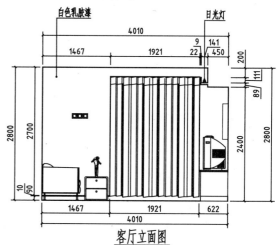

图7-48 客厅立面图

01 单击【快速访问】工具栏中的【新建】按钮 📄，打开【选择样板】对话框，选择"室内图层模板"文件，单击【打开】按钮，新建空白文件。

02 将【墙体】图层置为当前。调用REC【矩形】命令，绘制一个4010×2800的矩形，如图7-49所示，调用X【分解】命令，分解新绘制的矩形。

03 调用O【偏移】命令，将矩形的左侧垂直直线进行偏移操作，如图7-50所示。

04 调用O【偏移】命令，将矩形的上方水平直线进行偏移操作，如图7-51所示。

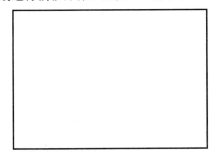

图7-49 绘制矩形

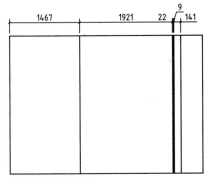

图7-50 偏移图形

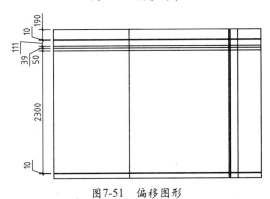

图7-51 偏移图形

05 调用TR【修剪】命令，修剪多余的图形；调用E【删除】命令，删除多余的图形，如图7-52所示。

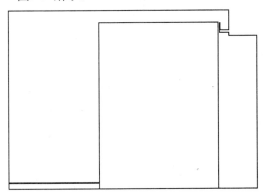

图7-52 修剪并删除图形

06 绘制壁画。将【家具】图层置为当前。调用PL【多段线】和M【移动】命令，结合【正交】和【对象捕捉】功能，绘制多段线，如图7-53所示。

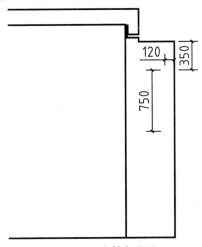

图7-53 绘制多段线

07 调用I【插入】命令，打开【插入】对话框，单击【浏览】按钮，打开【选择图形文件】对话框，选择"窗帘"图形文件，如图7-54所示。

图7-54 【选择图形文件】对话框

08 单击【打开】和【确定】按钮，根据命令行提示，指定插入点，插入图块；调用M【移动】命令，调整新插入图块的位置，如图7-55所示。

09 重新调用I【插入】命令，依次插入随书光盘中的【装饰画】、【沙发侧面】、【电视组合侧面】、【茶几侧面】、【日光灯】和【花瓶】图块，并调整插入图块的位置，如图7-56所示。

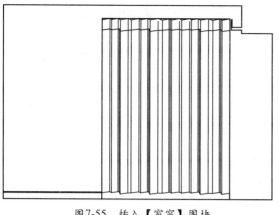

图7-55 插入【窗帘】图块

图7-56 插入其他图块效果

10 调用TR【修剪】命令，修剪多余的图形；调用E【删除】命令，删除图形，如图7-57所示。

11 将【标注】图层置为当前。调用DLI【线性标注】和DCO【连续标注】命令，标注尺寸，如图7-58所示。

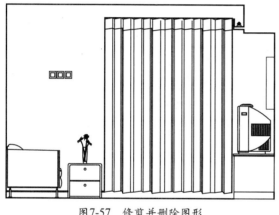

图7-57 修剪并删除图形

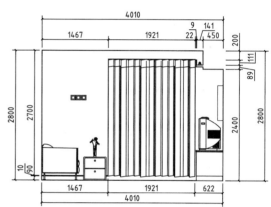

图7-58 标注尺寸

12 调用MLD【多重引线】命令，标注多重引线尺寸，如图7-59所示。

13 调用MT【多行文字】命令，修改【文字高度】为300，添加多行文字，如图7-60所示。

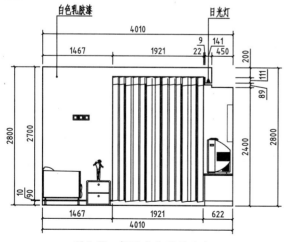

图7-59 标注多重引线尺寸

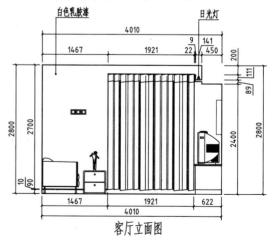

图7-60 添加多行文字

14 调用PL【多段线】命令，修改【宽度】为25，绘制多段线；调用L【直线】命令，结合【对象捕捉】功能，绘制直线，得到最终效果，如图7-48所示。

7.4 课后练习

别墅一层平面布置图用来表达别墅一层的客厅、餐厅、厨房和卫生间这4个空间的家具陈设效果。本实例通过绘制如图7-61所示别墅一层平面布置图，熟悉巩固【插入块】命令。

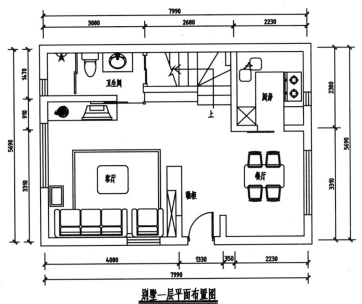

图7-61　别墅一层平面布置图

提示步骤如下。

01 单击【快速访问】工具栏中的【打开】按钮，打开"第7课\7.4　课后练习"素材文件，如图7-61所示。

02 调用I【插入】命令，依次插入随书光盘中的【餐桌椅】、【电视柜组合】、【鞋柜】、【客厅沙发】、【厨房用品】和【卫生间用品】图块，并调整插入图块的位置，最终效果如图7-62所示。

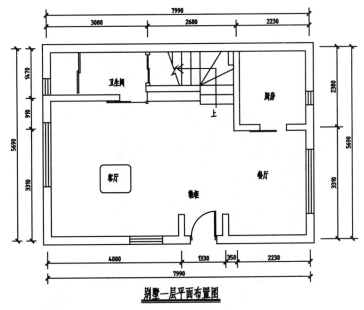

图7-62　素材文件

第8课
室内常用符号和家具设计

在室内设计中，常常需要用到符号图块表达传递建筑物的高度、剖切及方向信息，也常常需要绘制家具、洁具和厨具等各种设施，以便能真实、形象地表示装修的效果。本课将论述室内装饰及其装饰图设计中一些常见的家具及电器设施的绘制方法，所讲解的实例涵盖了室内设计中常使用的家具及电器等图形，如标高、门、窗户、双人床、沙发与茶几、洗衣机以及燃气灶等。

本课知识:

1. 掌握符号类图块的绘制方法。

2. 掌握门窗图形的绘制方法。

3. 掌握室内家具陈设的绘制方法。

4. 掌握厨卫设备的绘制方法。

8.1 符号类图块的绘制

符号是指以简化的形式来表现它的意义，是传递信息的中介，也是认识事物的一种简化手段，而室内设计中的符号是一种艺术性符号，是体现室内空间形式和内容的表现性符号，具有一定的文化内涵。

8.1.1 绘制标高图块

标高主要用于表示顶面造型与地面装修完成面的高度，在室内装潢设计中使用结构标高和建筑标高。通常情况下，施工放线会在结构高度上标注而不是装修高度，在绘制图形时经常忽略掉两者的差别，本实例讲解标高图块的绘制方法，如图8-1所示。

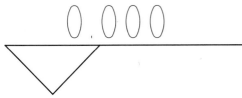

图8-1 标高图块

01 新建空白文件。调用REC【矩形】命令，绘制矩形，如图8-2所示。

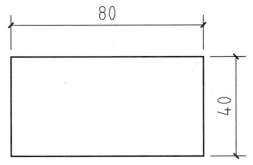

图8-2 绘制矩形

02 调用L【直线】命令，结合【端点捕捉】和【中点捕捉】功能，绘制直线，如图8-3所示。

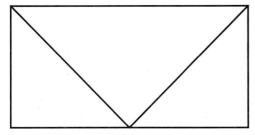

图8-3 绘制直线

03 调用X【分解】命令，分解矩形；调用E

【删除】命令，删除直线，如图8-4所示。

图8-4 删除直线

04 调用LEN【拉长】命令，修改【增量】为120，将最上方水平直线的右端进行拉长操作，如图8-5所示。

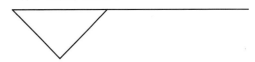

图8-5 拉长图形

05 单击【块】面板上的【定义属性】按钮，打开【属性定义】对话框，在【属性】参数栏中设置【标记】为0.000，设置【提示】为"请输入标高值"，设置【默认】为0.000，设置【文字高度】为35，如图8-6所示。

图8-6 【属性定义】对话框

06 单击【确定】按钮，将文字放置在前面绘制的图形上，如图8-7所示。

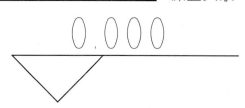

图8-7 创建属性图块

07 调用B【创建块】命令，打开【块定义】对话框，修改【名称】为"标高"，如图8-8所示。

图8-8 【块定义】对话框

8.1.2 绘制剖切符号

剖切符号是用以表示室内施工图中的平面、立面造型剖切位置的一种指示符号，本实例讲解剖切符号的绘制方法，如图8-10所示。

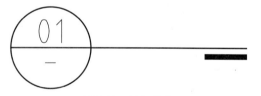

图8-10 剖切符号

01 新建空白文件。调用C【圆】命令，绘制一个半径为12的圆。

02 调用L【直线】命令，结合【象限点捕捉】功能，捕捉左侧象限点，开启【正交】模式，绘制直线，如图8-11所示。

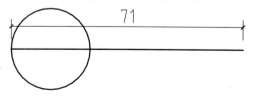

图8-11 绘制直线

03 调用PL【多段线】命令，修改【宽度】为1.25，绘制多段线；调用M【移动】命令，将新绘制的多段线移至合适位置，如图8-12所示。

08 单击【选择对象】按钮，选择整个图形；单击【拾取点】按钮，拾取图形的下方交点为基点。

09 单击【确定】按钮，系统打开【编辑属性】对话框，输入文字"0.000"，如图8-9所示，单击【确定】按钮，返回绘图区域，完成属性图块的创建。

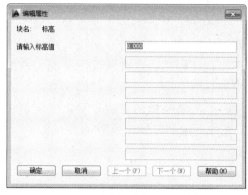

图8-9 【编辑属性】对话框

图8-12 绘制多段线

04 单击【块定义】面板上的【定义属性】按钮 ，打开【属性定义】对话框，在【属性】参数栏中设置【标记】为"01"，设置【提示】为【请输入剖切值】，设置"文字高度"为9，如图8-13所示。

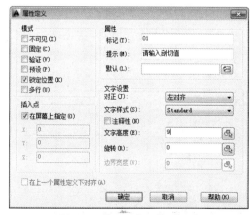

图8-13 【属性定义】对话框

05 单击【确定】按钮，将文字放置在前面绘制的图形上，如图8-14所示。

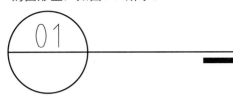

图8-14 创建属性图块

06 重新调用【定义属性】命令，打开【属性定义】对话框，在【属性】参数栏中设置【标记】为"-"，设置【提示】为"请输入剖切编号"，设置【文字高度】为9，如图8-15所示。

图8-15 【属性定义】对话框

07 单击【确定】按钮，将文字放置在前面绘制的图形上，如图8-16所示。

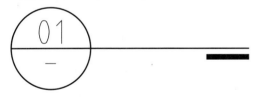

图8-16 创建属性图块

8.1.3 绘制索引和详图索引符号

索引和详图索引符号主要在总平面上将分区分面详图进行索引，也可用于节点大样的索引。本实例讲解索引和详图索引符号的绘制方法，如图8-19所示。

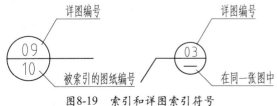

图8-19 索引和详图索引符号

01 新建空白文件。调用C【圆】命令，绘制一

08 用B【创建块】命令，打开【块定义】对话框，修改【名称】为"剖切符号"，如图8-17所示。

图8-17 【块定义】对话框

09 单击【选择对象】按钮，选择整个图形；单击【拾取点】按钮，拾取图形的左侧圆心点为基点。

10 单击【确定】按钮，系统打开【编辑属性】对话框，依次输入参数值，如图8-18所示，单击【确定】按钮，返回绘图区域，完成属性图块的创建。

图8-18 【编辑属性】对话框

个半径为7的圆。

02 调用L【直线】命令，结合【象限点捕捉】功能，捕捉左侧象限点，开启【正交】模式，绘制直线，如图8-20所示。

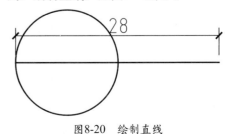

图8-20 绘制直线

03 调用C【圆】命令，绘制一个半径为5的圆。

04 调用L【直线】命令，结合【象限点捕捉】功能，捕捉右侧象限点，开启【正交】模式，绘制直线，如图8-21所示。

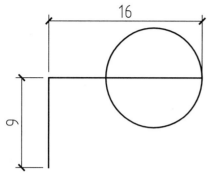

图8-21　绘制直线

05 调用RO【旋转】命令，将新绘制的垂直直线进行-33°的旋转操作，如图8-22所示。

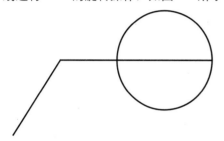

图8-22　旋转直线

06 调用L【直线】命令，绘制一条长度为4的水平直线；调用M【移动】命令，将新绘制的直线位置进行调整，如图8-23所示。

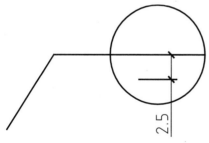

图8-23　绘制直线

07 单击【块定义】面板上的【定义属性】按钮，打开【属性定义】对话框，在【属性】参数栏中设置【标记】为"09"，设置【提示】为"请输入详图编号"，设置【文字高度】为5，【确定】按钮，将文字放置在前面绘制的图形上，如图8-24所示。

08 单击【块定义】面板上的【定义属性】按钮，打开【属性定义】对话框，在【属

性】参数栏中设置【标记】为"10"，设置【提示】为"请输入被索引的图纸编号"，设置【文字高度】为"5"，【确定】按钮，将文字放置在前面绘制的图形上，如图8-25所示。

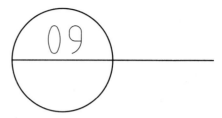

图8-24　属性图块效果

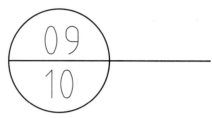

图8-25　属性图块效果

09 单击【块定义】面板上的【定义属性】按钮，打开【属性定义】对话框，在【属性】参数栏中设置【标记】为"03"，设置【提示】为"请输入详图编号"，设置【文字高度】为4，【确定】按钮，将文字放置在前面绘制的图形上，如图8-26所示。

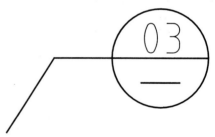

图8-26　属性图块效果

10 调用B【创建块】命令，分别选择合适的图形，将其创建为【索引符号】和【详图索引符号】两个图块。

11 调用MLD【多重引线】命令，添加多重引线说明，效果如图8-27所示。

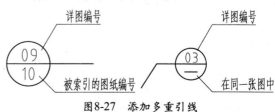

图8-27　添加多重引线

8.1.4 绘制立面指向符

立面指向符图块是室内施工图中一种特有的标识符号，主要用于立面图编号。本实例讲解立面指向符的绘制方法，如图8-28所示。

图8-28 立面指向符

01 新建空白文件。调用REC【矩形】命令，绘制矩形，如图8-29所示。

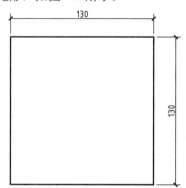

图8-29 绘制矩形

02 调用RO【旋转】命令，将新绘制的矩形旋转45°，如图8-30所示。

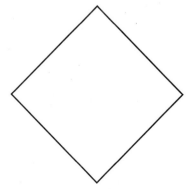

图8-30 旋转矩形

03 调用C【圆】命令，以【相切，相切，相切】的方式绘制圆；调用L【直线】命令，结合【中点捕捉】功能，连接直线，如图8-31所示。

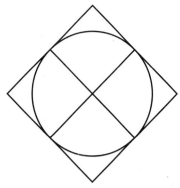

图8-31 绘制图形

04 调用H【图案填充】命令，填充【SOLID】图案，如图8-32所示。

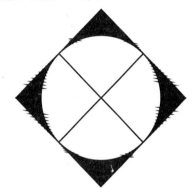

图8-32 填充图形

05 调用MT【多行文字】命令，修改【文字高度】为50，依次创建多行文字，得到最终效果如图8-28所示。

8.1.5 绘制定位轴线编号

定位轴线编号是一种用来表示轴线定位的名称符号，本实例讲解定位轴线的绘制方法，如图8-33所示。

01 新建空白文件。调用C【圆】命令，绘制一个半径为40的圆。

02 调用L【直线】命令，结合【象限点捕捉】功能，捕捉最上方象限点，开启【正交】模式，绘制直线，如图8-34所示。

03 单击【块定义】面板上的【定义属性】按钮，打开【属性定义】对话框，在【属性】参数栏中设置【标记】为"1"，设置【提示】为"请输入定位轴线编号"，设置【对正】为【左下】，设置【文字样式】为【样式1】，设置【文字高度】为60，如图8-35所示。

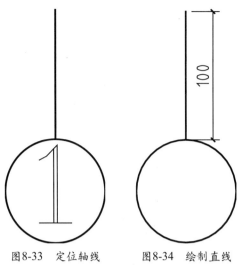

图8-33　定位轴线　　　图8-34　绘制直线

图8-35　【属性定义】对话框

04 单击【确定】按钮，将文字放置在前面绘制的图形上。调用B【创建块】命令，选择所有图形，将其创建为【定位轴线编号】图块。

8.1.6　绘制指北针

指北针是一种用于指示方向的工具，本实例讲解指北针图块的绘制方法，如图8-36所示。

图8-36　指北针图块

01 新建空白文件。调用C【圆】命令，分别绘制半径为8和9的圆，如图8-37所示。

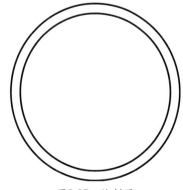

图8-37　绘制圆

02 调用L【直线】命令，结合【象限点捕

捉】，连接直线；调用LEN【拉长】命令，修改【增量】为3，对新绘制的直线的两端进行拉长操作，如图8-38所示。

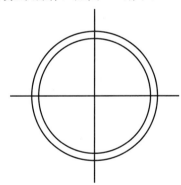

图8-38　绘制直线

03 调用L【直线】和RO【旋转】命令，结合【端点捕捉】功能，绘制并旋转直线，如图8-39所示。

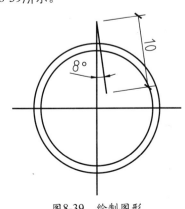

图8-39　绘制图形

04 调用MI【镜像】命令，将新绘制的直线进行镜像操作，如图8-40所示。

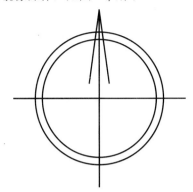

图8-40 镜像直线

05 单击【修改】面板中的【环形阵列】按钮 📇阵列，修改【项目数】为4，将新绘制的两条直线进行环形阵列操作，如图8-41所示。

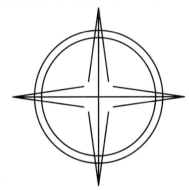

图8-41 环形阵列图形

06 调用X【分解】命令，分解环形阵列图形。

07 调用F【圆角】命令，修改【圆角半径】为0，圆角图形；调用L【直线】命令，结合【对象捕捉】功能，连接直线，如图8-42所示。

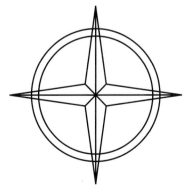

图8-42 绘制图形

08 调用L【直线】命令，绘制一条长度为4的水平直线。

09 调用RO【旋转】命令，修改【旋转角度】分别为-37°和-16°，旋转复制图形；调用M【移动】命令，调整新绘制图形的位置，如图8-43所示。

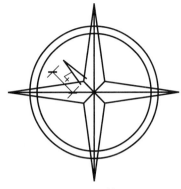

图8-43 绘制图形

10 调用TR【修剪】命令，修剪图形，如图8-44所示。

图8-44 修剪图形

11 单击【修改】面板中的【环形阵列】按钮 📇阵列，修改【项目数】为4，选择图形进行环形阵列操作，如图8-45所示。

图8-45 环形阵列图形

12 将【填充】图层置为当前。调用H【图案填充】命令，选择【LINE】图案，修改【图案填充比例】为0.1、【图案填充角度】分别为0和90°，填充图形，如图8-46所示。

图8-46 填充图形

13 将【标注】图层置为当前。调用MT【多行文字】命令，添加多行文字，得到最终效果如图8-36所示。

8.2 绘制门窗图形

门窗图块的主要作用是用于表示室内施工图中的门窗图形。常用的门窗图块主要有门平面、门立面、卷帘门立面以及窗户立面图块等。

8.2.1 门窗种类和相关标准

门窗按其所处的位置不同分为围护构件或分隔构件，有不同的设计要求，要分别具有保温、隔热、隔声、防水以及防火等功能，门窗的密闭性的要求，是节能设计中的重要内容。门和窗是建筑物围护结构系统中重要的组成部分。

1. 门窗种类

根据《2013-2017年中国金属门窗行业发展前景与投资预测分析报告》统计，门窗的分类方式主要有以下5种。

★ 按门窗材质分：木门窗 、钢门窗、塑钢门窗、铝合金门窗、玻璃钢门窗、不锈钢门窗、铁花门窗，改革开放以来，人民生活水平不断提高，门窗及其衍生产品的种类不断增多，档次逐步上升，例如隔热断桥铝门窗、木铝复合门窗、铝木复合门窗、实木门窗、阳光房、玻璃幕墙、木质幕墙等等。

★ 按门窗功能分：防盗门、自动门、旋转门。

★ 按开启方式分：固定窗、上悬窗、中悬窗、下悬窗、立转窗、平开门窗、滑轮平开窗、滑轮窗、平开下悬门窗、推拉门窗、推拉平开窗、折叠门、地弹簧门、提升推拉门、推拉折叠门、内倒侧滑门。

★ 按性能分：隔声型门窗、保温型门窗、防火门窗、气密门窗。

★ 按应用部位分：内门窗、外门窗。

2. 门窗标准

门窗洞口尺寸应符合GB/T 5824《建筑门窗洞口尺寸系列》的规定，其工程标准如下。

★ JGJ 113-2003《建筑玻璃应用技术规程》。

★ JGJ 75-2003《夏热冬暖地区居住建筑节能设计标准》。

★ JGJ 134-2001《夏热冬冷地区居住建筑节能设计标准》。

★ GB50352-2005《民用建筑设计通则》。

★ GB/T 50378-2006《绿色建筑评价标准》。

★ GB50096-1999（2003年版）《住宅设计规范》。

★ GB/T 50362-2005《住宅性能评定技术标准》。

★ GB50189-2005《公共建筑节能设计标准》。

★ JGJ 26《民用建筑节能设计标准》。

8.2.2 绘制门平面图块

门平面图主要是在平面布置图中表示门的一种图块，常见的门平面图有单扇进户门、双扇进户门和子母门等。本实例讲解单扇进户门平面图的绘制方法，如图8-47所示。

01 新建空白文件。调用REC【矩形】命令，绘制一个40×800矩形。

02 调用L【直线】命令，结合【端点捕捉】功能，开启【正交】模式，绘制直线，如图8-48所示。

03 调用A【圆弧】命令，以【起点、圆心、端点】方式，绘制圆弧，效果如图8-49所示。

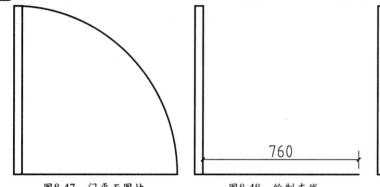
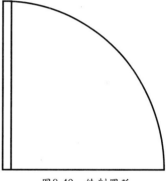

图8-47 门平面图块　　　　图8-48 绘制直线　　　　图8-49 绘制圆弧

8.2.3 绘制单扇门立面图

单扇门是供人日常生活活动进出的门，门扇高度常在1900～2100毫米左右，宽度单扇门为800～1000毫米。本实例讲解单扇门立面图的绘制方法，如图8-50所示。

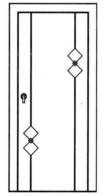

图8-50 单扇门立面图

01 新建空白文件。调用REC【矩形】命令，绘制一个1000×2100矩形。

02 调用X【分解】命令，分解新绘制矩形；调用O【偏移】命令，将矩形上方水平直线进行偏移操作，如图8-51所示。

03 调用O【偏移】命令，将矩形左侧的垂直直线进行偏移操作，如图8-52所示。

04 调用TR【修剪】命令，修剪图形，如图8-53所示。

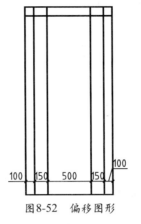

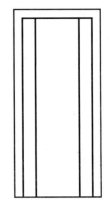

图8-51 偏移图形　　　　图8-52 偏移图形　　　　图8-53 修剪图形

05 调用REC【矩形】命令，绘制一个118×118矩形；调用RO【旋转】命令，将新绘制矩形旋转45°；调用M【移动】命令，调整新绘制矩形的位置，如图8-54所示。

06 调用CO【复制】命令，将新绘制矩形进行复制操作，如图8-55所示。

07 调用POL【多边形】命令，绘制一个【边数】为4、【半径】为27的多边形，如图8-56所示。

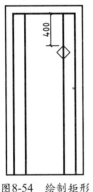

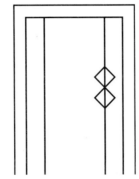

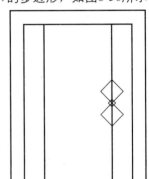

图8-54 绘制矩形　　　　图8-55 复制图形　　　　图8-56 绘制多边形

08 调用CO【复制】命令，选择合适的图形将其进行复制操作，如图8-57所示。

09 调用TR【修剪】命令，修剪图形，如图8-58所示。

10 调用I【插入】命令，插入【门把手】图块，效果如图8-59所示。

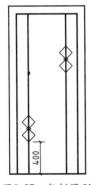

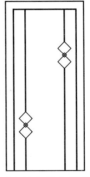

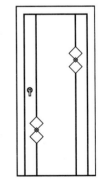

图8-57 复制图形　　　　图8-58 修剪图形　　　　图8-59 插入图块效果

8.2.4 绘制双开门立面图

　　双开门是指两个门扇的门。一般在门洞宽度较大时，为了开启方便与美观而设计成双开门。其中一个门扇安装锁具，另一个门扇安装假锁并附带插销。本实例讲解双开门立面图的绘制方法，如图8-60所示。

图8-60　双开门立面图

01 新建空白文件。调用REC【矩形】命令，绘制一个1800×2200矩形。

02 调用X【分解】命令，分解新绘制矩形；调用O【偏移】命令，将矩形上方水平直线进行偏移操作，如图8-61所示。

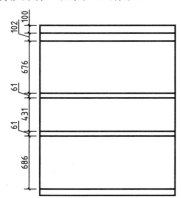

图8-61　偏移图形

03 调用O【偏移】命令，将矩形左侧的垂直直线进行偏移操作，如图8-62所示。

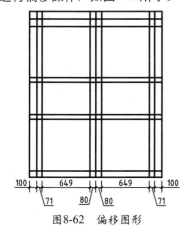

图8-62　偏移图形

04 调用TR【修剪】命令，修剪图形，如图8-63所示。

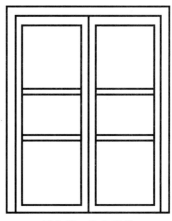

图8-63　修剪图形

05 调用C【圆】命令，结合【中点捕捉】功能，捕捉中间垂直直线的中点为基点，分别绘制半径为391和447的圆，如图8-64所示。

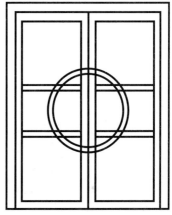

图8-64　绘制圆

06 调用TR【修剪】命令，修剪图形，如图8-65所示。

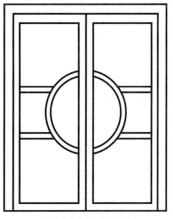

图8-65　修剪图形

07 调用H【图案填充】命令，选择【AR-CONC】图案，填充图形，如图8-66所示。

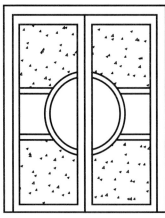

图8-66　填充图形

08 调用H【图案填充】命令，选择【GOST-GROUND】图案，修改【图案填充比例】为25，填充图形，最终效果如图8-60所示。

8.2.5　绘制窗户立面图

窗图形也是室内装潢制图中非常重要的一部分，通常利用矩形、分解和偏移命令进行绘制。本实例讲解窗户立面图的绘制方法，如图8-67所示。

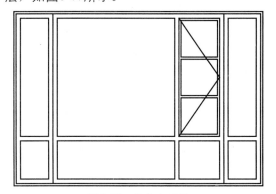

图8-67　窗户立面图

01 新建空白文件。调用REC【矩形】命令，绘制一个2900×1950矩形；调用O【偏移】命令，将新绘制的矩形向内偏移，如图8-68所示。

图8-68　偏移矩形

02 调用X【分解】命令，分解内部小矩形；调用O【偏移】命令，将矩形上方水平直线进行偏移操作，如图8-69所示。

图8-69　偏移图形

03 调用O【偏移】命令，将矩形左侧的垂直直线向右偏移，如图8-70所示。

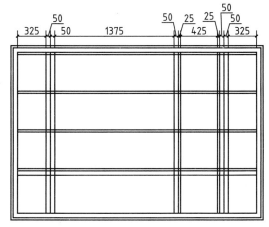

图8-70　偏移直线

04 调用TR【修剪】命令，修剪图形；调用E【删除】命令，删除图形，如图8-71所示。

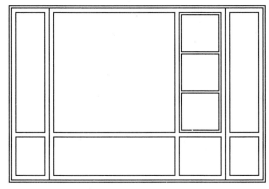

图8-71　修剪图形

05 调用L【直线】命令，结合【端点捕捉】和【中点捕捉】功能，连接直线，最终效果如图8-67所示。

8.3 绘制室内家具陈设

家具在建筑室内装饰中具有实用和美观双重功效，是维持人们日常生活、工作、学习和休息的必要设施。室内环境只有在配置了家具之后才具备它应有的功能。

8.3.1 绘制双人床图块

床是卧室的主要组成部分，通常分为双人床和单人床两种类型，在设计过程中，设计师需要根据装修风格以及户主的具体需要，选择相应的床。本实例讲解双人床图块的绘制方法，如图8-72所示。

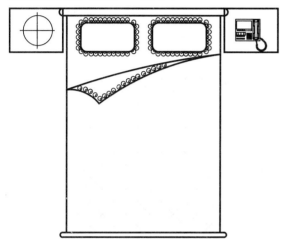

图8-72 双人床图块

01 新建空白文件。调用REC【矩形】命令，绘制一个1525×2090矩形。

02 调用X【分解】命令，分解矩形；调用O【偏移】命令，将分解后的矩形进行偏移操作，如图8-73所示。

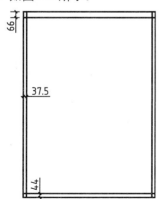

图8-73 偏移图形

03 调用C【圆】命令，以【两点】方式绘制圆，如图8-74所示。

图8-74 绘制圆

04 调用TR【修剪】命令，修剪多余的图形；调用E【删除】命令，删除多余的图形，如图8-75所示。

图8-75 修剪图形

05 调用REC【矩形】命令，修改【圆角】为58，绘制矩形；调用M【移动】命令，调整新绘制矩形的位置，效果如图8-76所示。

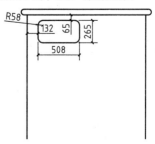

图8-76 绘制矩形

169

06 调用REC【矩形】命令，修改【圆角】为0，结合【对象捕捉】功能，绘制矩形，如图8-77所示。

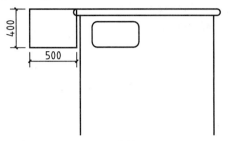

图8-77 绘制矩形

07 调用MI【镜像】命令，镜像图形，如图8-78所示。

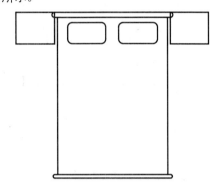

图8-78 镜像图形

08 调用O【偏移】命令，将从上数第二条水平直线向下进行偏移操作，如图8-79所示。

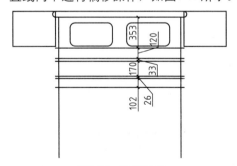

图8-79 偏移图形

09 调用O【偏移】命令，将左侧的垂直直线向右进行偏移操作，如图8-80所示。

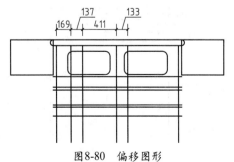

图8-80 偏移图形

10 调用A【圆弧】命令，结合【交点捕捉】功能，以【三点】方式绘制圆弧，如图8-81所示。

图8-81 绘制圆弧

11 调用E【删除】命令，删除辅助线对象，如图8-82所示。

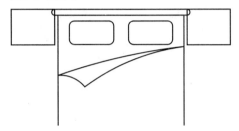

图8-82 删除图形

12 调用I【插入】命令，插入随书光盘中的【双人床装饰】图块，如图8-83所示。

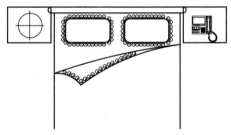

图8-83 插入图块

13 调用H【图案填充】命令，选择【ANSI37】图案，修改【图案填充比例】为50，填充图形，效果如图8-84所示。

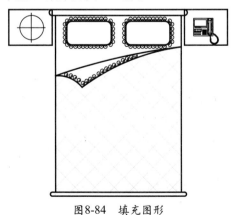

图8-84 填充图形

8.3.2 绘制沙发与茶几图块

沙发及茶几是安放于客厅的一种室内设施，一般位于入口最显眼的位置。因此，其造型、尺寸及与室内空间的尺寸关系都显得尤其重要。本实例讲解沙发与茶几图块的绘制方法，如图8-85所示。

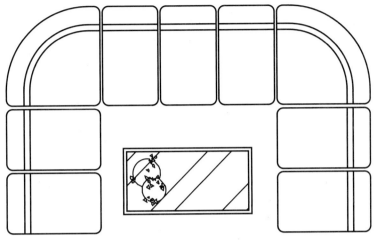

图8-85 沙发与茶几图块

01 新建空白文件。调用REC【矩形】命令，绘制一个3417×2064矩形。

02 调用F【圆角】命令，修改【圆角半径】为770，圆角图形，如图8-86所示。

图8-86 圆角图形

03 调用X【分解】命令，分解矩形。调用O【偏移】命令，选择合适的直线和圆弧进行偏移操作，如图8-87所示。

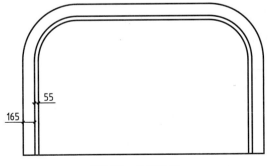

图8-87 偏移图形

04 调用O【偏移】命令，将最下方的水平直线向上进行偏移操作，如图8-88所示。

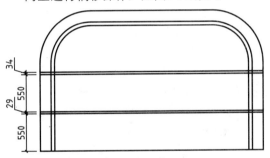

图8-88 偏移图形

05 调用O【偏移】命令，将最左侧的垂直直线向右进行偏移操作，如图8-89所示。

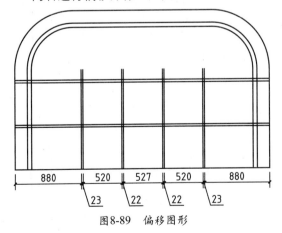

图8-89 偏移图形

06 调用EX【延伸】命令，延伸偏移后的垂直直线；调用TR【修剪】命令，修剪图形；调用

E【删除】命令，删除图形，如图8-90所示。

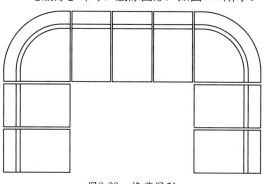

图8-90　修剪图形

07 调用F【圆角】命令，修改【圆角半径】为55，圆角图形，完成沙发的绘制，如图8-91所示。

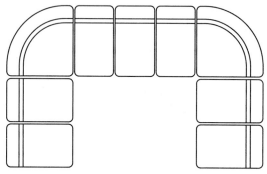

图8-91　绘制沙发

08 调用REC【矩形】命令，绘制矩形；调用M【移动】命令，调整新绘制矩形的位置，如图8-92所示。

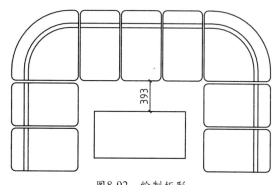

图8-92　绘制矩形

09 调用O【偏移】命令，将新绘制的矩形向内偏移30，如图8-93所示。

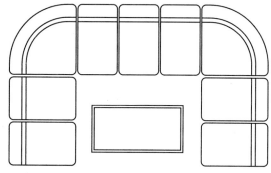

图8-93　偏移图形

10 调用H【图案填充】命令，选择【ANSI32】图案，修改【图案填充比例】为50，填充矩形内部；调用I【插入】命令，插入【花瓶】图形，完成茶几的绘制，最终效果如图8-85所示。

8.3.3　绘制座椅立面图

座椅是一种有靠背、有的还有扶手的坐具，一般由木材、铝合金、不锈钢以及铁制材料等制作而成。本实例讲解座椅立面图的绘制方法，如图8-94所示。

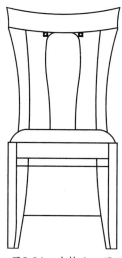

图8-94　座椅立面图

01 新建空白文件。调用PL【多段线】命令，开启【正交】模式，绘制多段线，如图8-95所示。

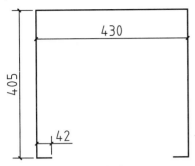

图8-95 绘制多段线

02 调用X【分解】命令，分解多段线；调用O【偏移】命令，将上方的水平直线向下进行偏移操作，如图8-96所示。

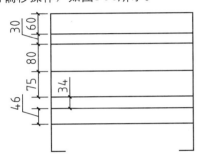

图8-96 偏移图形

03 调用O【偏移】命令，将垂直直线进行偏移操作，如图8-97所示。

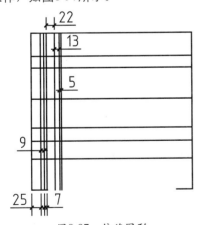

图8-97 偏移图形

04 调用L【直线】命令，结合【对象捕捉】功能，连接直线；调用A【圆弧】命令，结合【对象捕捉】功能，以【三点】方式绘制圆弧，如图8-98所示。

05 调用E【删除】命令，删除多余的直线；调用MI【镜像】命令，选择合适的直线和圆弧，将其进行镜像操作；调用TR【修剪】命令，修剪图形，如图8-99所示。

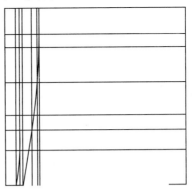

图8-98 绘制图形

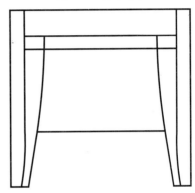

图8-99 修改图形

06 调用L【直线】命令，结合【端点捕捉】功能，捕捉图形的左上方端点，绘制一条长度为515的垂直直线。

07 调用O【偏移】命令，将新绘制的直线进行偏移操作，如图8-100所示。

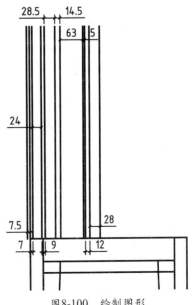

图8-100 绘制图形

08 调用O【偏移】命令，将最上方的水平直线向上进行偏移操作，如图8-101所示。

09 调用A【圆弧】命令，结合【对象捕捉】功能，以【三点】方式绘制圆弧，如图8-102所示。

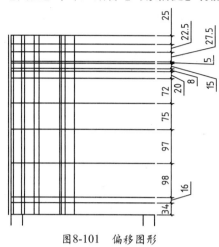

图8-101 偏移图形

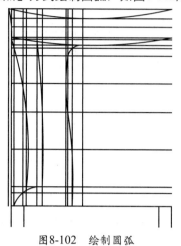

图8-102 绘制圆弧

10 调用E【删除】命令，删除多余的图形；调用MI【镜像】命令，选择合适的圆弧将其进行镜像操作，如图8-103所示。

11 调用TR【修剪】命令，修剪图形；调用F【圆角】命令，修改【半径】为0，圆角图形，如图8-104所示。

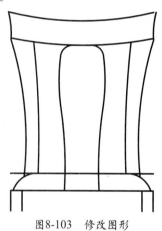

图8-103 修改图形

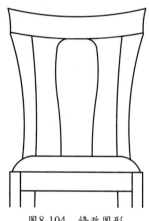

图8-104 修改图形

12 调用REC【矩形】命令，绘制一个16×16的矩形；调用O【偏移】命令，将新绘制的矩形向内偏移3，如图8-105所示。

13 调用M【移动】和MI【镜像】命令，调整新绘制矩形的位置完善图形，如图8-106所示，最终效果如图8-94所示。

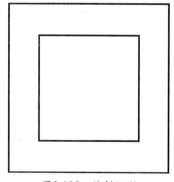

图8-105 绘制矩形

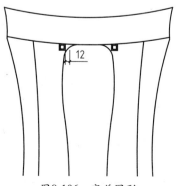

图8-106 完善图形

8.3.4　绘制八仙桌立面图

八仙桌的主要用途是用于吃饭和饮酒，每边可坐二人的大方桌，可以围坐八个人，故名八仙桌。本实例讲解八仙桌立面图的绘制方法，如图8-107所示。

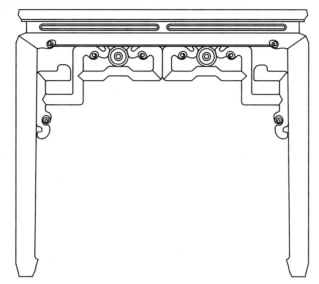

图8-107　八仙桌立面图

01　新建空白文件。调用L【直线】命令，绘制一条长度为90的水平直线。

02　调用O【偏移】命令，将新绘制的水平直线向下进行偏移操作，如图8-108所示。

03　调用L【直线】命令，结合【端点捕捉】功能，连接直线，调用O【偏移】命令，将新绘制的垂直直线向右进行偏移操作，如图8-109所示。

图8-108　偏移图形　　　　　　　　　　　　　　图8-109　绘制图形

04　调用C【圆】命令，结合【交点捕捉】功能，以【两点】方式绘制圆；调用A【圆弧】命令，修改【起点切向】分别为129°和51°，以【切点、端点、方向】的方式绘制圆弧，如图8-110所示。

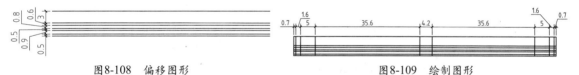

图8-110　绘制图形

05　调用TR【修剪】命令，修剪图形；调用E【删除】命令，删除图形，如图8-111所示。

图8-111　修剪并删除图形

06　调用PL【多段线】命令，结合【对象捕捉】功能，开启【正交】模式，绘制多段线；调用M【移动】命令，调整新绘制多段线的位置，并延伸直线，如图8-112所示。

07　调用F【圆角】命令，修改【圆角半径】为3，圆角图形，如图8-113所示。

08　调用L【直线】命令，结合【对象捕捉】功能，捕捉左侧圆角的中点为基点，依次输入点坐标值（@5.8,-3.9）和（@-0.7,-63.4），绘制直线，如图8-114所示。

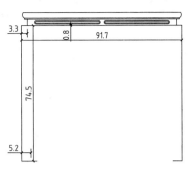

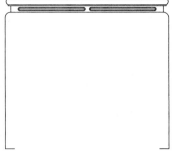

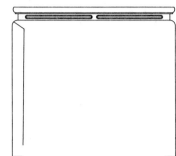

图8-112 绘制多段线　　　　　　图8-113 圆角图形　　　　　　图8-114 绘制直线

09 调用SPL【样条曲线】命令，依次捕捉合适的端点，绘制两条样条曲线对象，如图8-115所示。

10 调用A【圆弧】命令，修改【起点切向】为90°、以【切点、端点、方向】的方式绘制圆弧，如图8-116所示。

11 调用TR【修剪】命令，修剪图形，如图8-117所示。

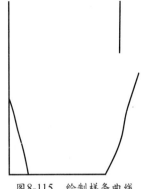

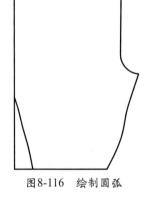

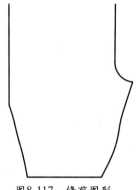

图8-115 绘制样条曲线　　　　　图8-116 绘制圆弧　　　　　　图8-117 修剪图形

12 调用MI【镜像】命令，选择合适的图形，将其进行镜像操作；调用TR【修剪】命令，修剪图形，如图8-118所示。

13 调用I【插入】命令，插入【八仙桌装饰】图块，效果如图8-119所示。

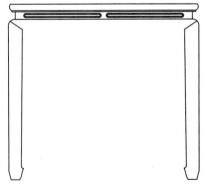

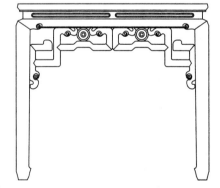

图8-118 镜像图形　　　　　　　图8-119 插入图块效果

8.4 绘制厨卫设备

厨卫设备是厨房和卫生间用具的合称，主要包括有抽烟机、燃气灶、不锈钢洗菜盆、洗衣机、浴缸、坐便器以及洗手盆等对象。下面将分别介绍这些厨卫设备的绘制方法。

8.4.1 绘制抽油烟机

抽油烟机又称吸油烟机,是一种净化厨房环境的厨房电器。它安装在厨房炉灶上方,能将炉灶燃烧的废物和烹饪过程中产生的对人体有害的油烟迅速抽走,排出室外,减少污染,净化空气,并有防毒、防爆的安全保障作用。本实例讲解抽油烟机的绘制方法,如图8-120所示。

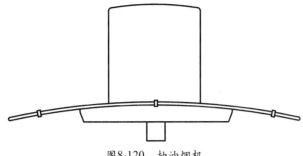

图8-120 抽油烟机

01 新建空白文件。调用L【直线】命令,开启【正交】模式,绘制直线;调用O【偏移】命令,将新绘制的水平直线向上偏移11,如图8-121所示。

02 调用F【圆角】命令,修改【圆角半径】为10,圆角图形如图8-122所示。

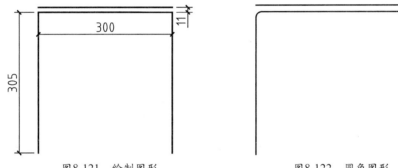

图8-121 绘制图形   图8-122 圆角图形

03 调用A【圆弧】命令,结合【对象捕捉】功能,以【三点】方式绘制圆弧;调用E【删除】命令,删除多余的图形,如图8-123所示。

04 调用A【圆弧】命令,修改【起点切向】为12°、以【切点、端点、方向】的方式绘制圆弧,并将新绘制的圆弧移至合适的位置,如图8-124所示。

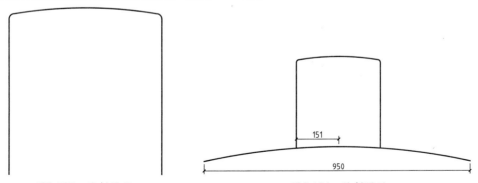

图8-123 绘制圆弧   图8-124 绘制圆弧

05 调用O【偏移】命令,将新绘制的圆弧向下偏移10。

06 调用REC【矩形】和M【移动】命令,结合【对象捕捉】功能,绘制矩形,如图8-125所示。

07 调用CO【复制】、M【移动】、RO【旋转】和MI【镜像】命令,复制新绘制的矩形,如图8-126所示。

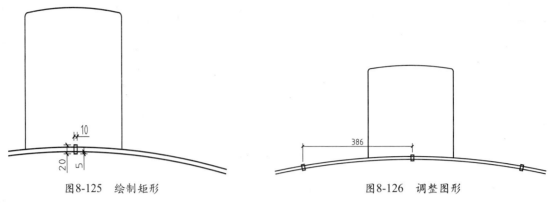

图8-125　绘制矩形　　　　　　　　　　　图8-126　调整图形

08　调用C【圆】命令，以【两点】方式绘制圆；调用TR【修剪】命令，修剪图形，如图 8-127所示。

09　调用PL【多段线】命令，依次输入点坐标值（@1,-10）、（@12,-30）、（@474,0）、（@12,30）和（@1,10），绘制多段线；调用M【移动】命令，将新绘制的多段线移至合适的位置，如图8-128所示。

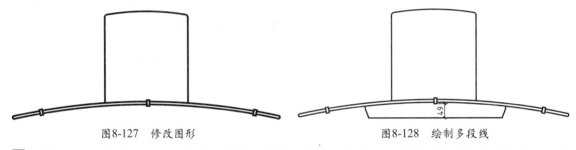

图8-127　修改图形　　　　　　　　　　　图8-128　绘制多段线

10　调用PL【多段线】命令，绘制多段线；调用M【移动】命令，调整新绘制多段线位置，如图 8-129所示，最终效果如图8-120所示。

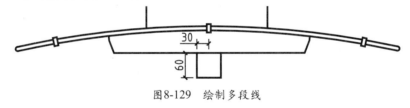

图8-129　绘制多段线

8.4.2　绘制燃气灶

　　燃气灶是指以液化石油气、人工煤气或天然气等气体燃料进行直火加热的厨房用具。本实例讲解燃气灶的绘制方法，如图8-130所示。

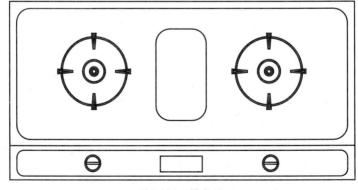

图8-130　燃气灶

01 新建空白文件。调用REC【矩形】命令，绘制一个750×375矩形。

02 分解矩形，调用O【偏移】命令，将矩形上方的水平直线向下进行偏移操作，如图8-131所示。

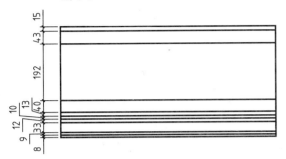

图8-131 偏移图形

03 调用O【偏移】命令，将矩形左侧的垂直直线向右进行偏移操作，如图8-132所示。

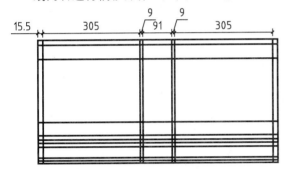

图8-132 偏移图形

04 调用TR【修剪】命令，修剪多余的图形；调用E【删除】命令，删除多余的图形，如图8-133所示。

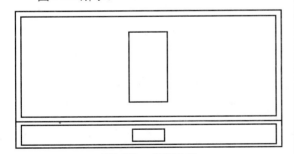

图8-133 修剪图形

05 调用F【圆角】命令，分别修改【圆角半径】为30和15，圆角图形，如图8-134所示。

06 调用C【圆】命令，分别绘制【半径】为73、70、25、22、10、7、4的圆；调用M【移动】命令，调整新绘制圆的位置，如图8-135所示。

07 调用REC【矩形】命令，绘制一个10×33矩形。

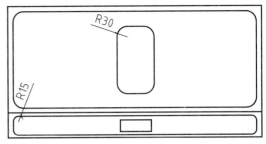

图8-134 圆角图形

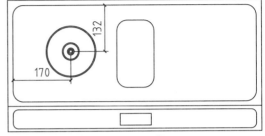

图8-135 绘制圆

08 分解矩形，调用O【偏移】命令，偏移图形，如图8-136所示。

09 调用L【直线】命令，结合【对象捕捉】功能，连接直线，如图8-137所示。

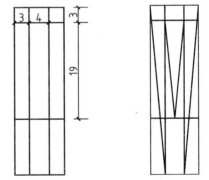

图8-136 偏移图形　　图8-137 连接直线

10 调用TR【修剪】命令，修剪图形；调用E【删除】命令，删除图形；调用M【移动】命令，将修剪后的图形进行移动操作，如图8-138所示。

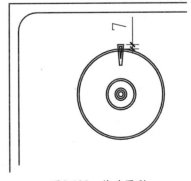

图8-138 修改图形

11　单击【修改】面板中的【环形阵列】按钮，修改【项目数】为4，选择合适的图形进行环形阵列操作，如图8-139所示。

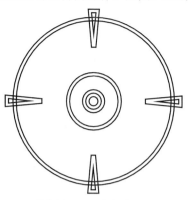

图8-139　环形阵列图形

12　调用TR【修剪】命令，修剪图形，如图8-140所示。

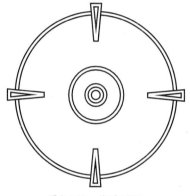

图8-140　修剪图形

13　调用C【圆】命令，绘制【半径】为17.5和14.5的圆；调用M【移动】命令，调整新绘制圆的位置，如图8-141所示。

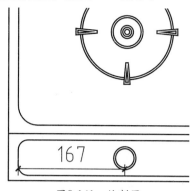

图8-141　绘制圆

14　调用REC【矩形】命令，绘制一个29.5×4的矩形；调用M【移动】命令，调整新绘制矩形的位置，如图8-142所示。

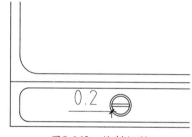

图8-142　绘制矩形

15　调用MI【镜像】命令，选择合适的图形将其进行镜像操作，得到最终效果如图8-130所示。

8.4.3　绘制不锈钢洗菜盆

洗菜盆是放置在厨房中，用来清洗菜肴和碗碟等的厨房用具。本实例讲解不锈钢洗菜盆的绘制方法，如图8-143所示。

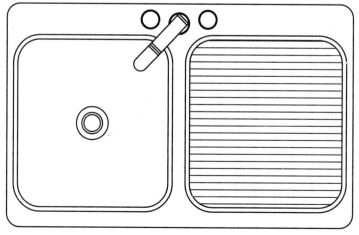

图8-143　不锈钢洗菜盆

01 新建空白文件。调用REC【矩形】命令，修改【圆角】为30，绘制一个圆角矩形，如图8-144所示。

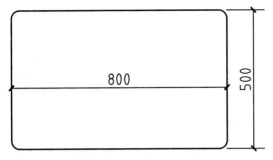

图8-144 绘制圆角矩形

02 调用REC【矩形】命令，修改【圆角】为63，绘制一个圆角矩形；调用M【移动】命令，调整新绘制圆角矩形的位置，如图8-145所示。

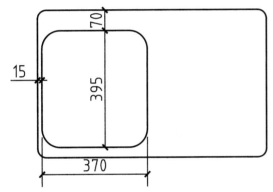

图8-145 绘制圆角矩形

03 调用O【偏移】命令，将新绘制的圆角矩形向内偏移10。

04 调用CO【复制】命令，选择合适的圆角矩形，进行复制操作，如图8-146所示。

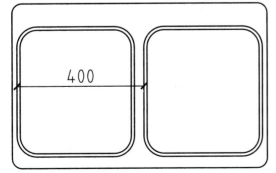

图8-146 复制图形

05 调用C【圆】命令，结合【中点捕捉追踪】功能，分别绘制半径为19、24和37的圆，如图8-147所示。

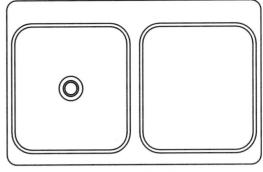

图8-147 绘制圆

06 调用C【圆】命令，分别绘制【半径】为21、19、24和22的圆；调用M【移动】命令，调整新绘制圆的位置，如图8-148所示。

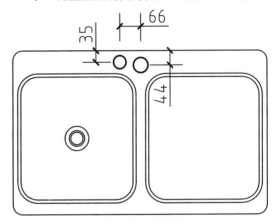

图8-148 绘制圆

07 调用MI【镜像】命令，选择合适的图形进行镜像操作，如图8-149所示。

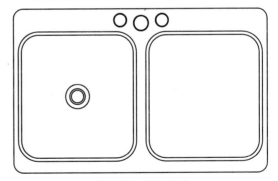

图8-149 镜像图形

08 调用REC【矩形】命令，绘制一个31×142的矩形；调用X【分解】命令，分解矩形；调用O【偏移】命令，将矩形上方的水平直线进行偏移操作，如图8-150所示。

09 调用C【圆】命令，以【两点方式】绘制圆；调用TR【修剪】和E【删除】命令，修剪并删除图形，如图8-151所示。

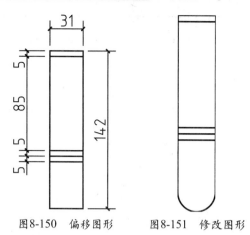

图8-150　偏移图形　　　图8-151　修改图形

10 调用RO【旋转】命令，将修剪后的图形旋转-44°；调用M【移动】命令，调整图形的位置，如图8-152所示。

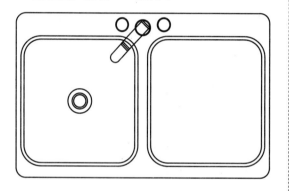

图8-152　修改图形

11 调用TR【修剪】命令，修剪图形，如图8-153所示。

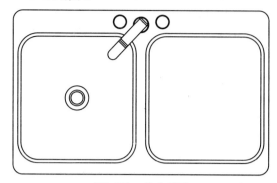

图8-153　修剪图形

12 调用H【图案填充】命令，选择【LINE】图案，修改【图案填充比例】为5，填充图形，效果如图8-154所示。

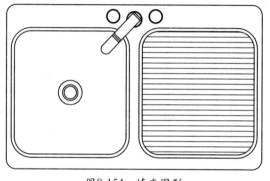

图8-154　填充图形

8.4.4　绘制洗衣机图块

　　洗衣机是一种常用的家用电器，通常放置于卫生间或者阳台等处。洗衣机从外形上可分为：箱体、机盖、排水管及开关等部分。本实例讲解洗衣机图块的绘制方法，如图8-155所示。

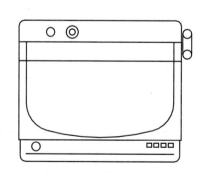

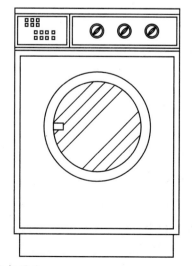

图8-155　洗衣机图块

1. 绘制洗衣机平面图

01 新建空白文件。调用PL【多段线】命令，绘制一个多段线，如图8-156所示。

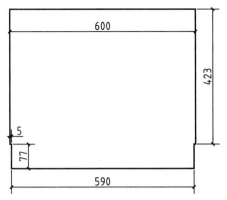

图8-156 绘制多段线

02 调用F【圆角】命令，修改【圆角半径】为20，圆角图形，调用L【直线】命令，结合【端点捕捉】功能，连接直线，如图8-157所示。

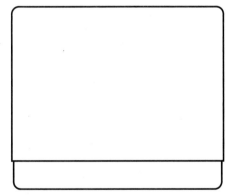

图8-157 绘制图形

03 调用X【分解】命令，分解多段线；调用O【偏移】命令，偏移图形，如图8-158所示。

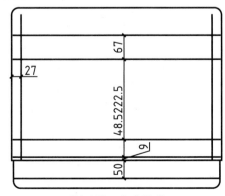

图8-158 偏移图形

04 调用EX【延伸】命令，延伸图形；调用

TR【修剪】命令，修剪图形，如图8-159所示。

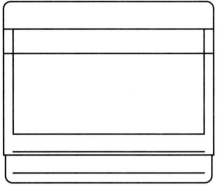

图8-159 修剪图形

05 调用A【圆弧】命令，结合【对象捕捉】功能，以【三点】模式，绘制圆弧，如图8-160所示。

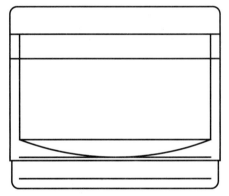

图8-160 绘制圆弧

06 调用F【圆角】命令，修改【圆角半径】为100，圆角图形；调用E【删除】命令，删除图形，如图8-161所示。

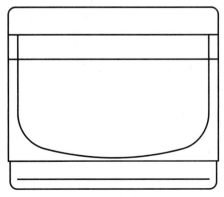

图8-161 修改图形

07 调用C【圆】和M【移动】命令，结合【对象捕捉】功能，绘制圆对象，如图8-162所示。

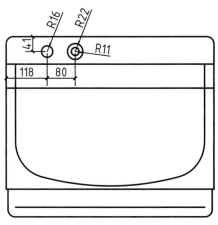

图8-162　绘制圆

08 调用CO【复制】命令，选择合适的圆对象，将其进行复制操作；调用L【直线】命令，结合【象限点捕捉】功能，连接直线，如图8-163所示。

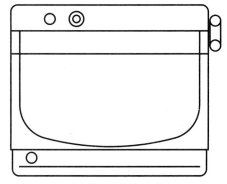

图8-163　修改图形

09 调用REC【矩形】命令，绘制一个18×14的矩形；调用M【移动】命令，调整新绘制矩形的位置，如图8-164所示。

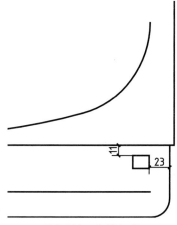

图8-164　绘制矩形

10 调用CO【复制】命令，将新绘制的矩形进行复制操作，如图8-165所示。

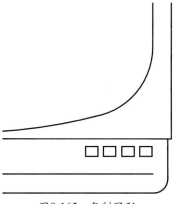

图8-165　复制图形

2.　绘制洗衣机立面图

01 调用REC【矩形】命令，绘制一个600×800的矩形。

02 调用X【分解】命令，分解新绘制的矩形；调用O【偏移】命令，将矩形上方水平直线进行偏移操作，如图8-166所示。

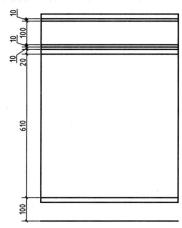

图8-166　偏移图形

03 调用O【偏移】命令，将矩形左侧的垂直直线进行偏移操作，如图8-167所示。

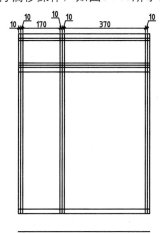

图8-167　偏移图形

04 调用EX【延伸】和TR【修剪】命令，延伸并修剪图形；调用E【删除】命令，删除图形，如图8-168所示。

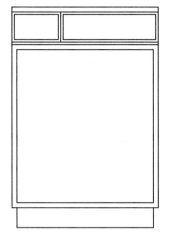

图8-168　修改图形

05 调用C【圆】命令，分别绘制"半径"为160和194的圆；调用M【移动】命令，移动图形，如图8-169所示。

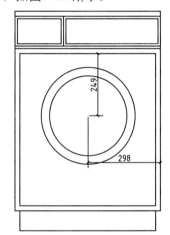

图8-169　绘制圆

06 调用REC【矩形】命令，绘制一个36×24的矩形；调用M【移动】命令，将新绘制的矩形移至合适的位置，效果如图8-170所示。

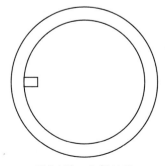

图8-170　绘制矩形

07 调用REC【矩形】命令，绘制一个10×10的矩形；调用M【移动】命令，将新绘制的矩形移至合适的位置，效果如图8-171所示。

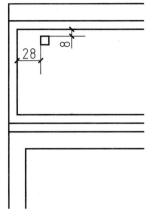

图8-171　绘制矩形

08 调用CO【复制】命令，将新绘制的矩形进行复制操作，如图8-172所示。

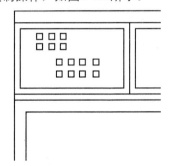

图8-172　复制图形

09 调用C【圆】命令，分别绘制"半径"为20、25；调用L【直线】命令，结合【45°极轴追踪】功能，绘制直线，如图8-173所示。

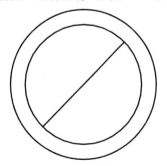

图8-173　绘制图形

10 调用A【圆弧】命令，结合【对象捕捉】功能，以【起点、端点、半径】的方式绘制一个"半径"为40的圆弧，如图8-174所示。

11 调用MI【镜像】命令，将新绘制的圆弧进行镜像操作，如图8-175所示。

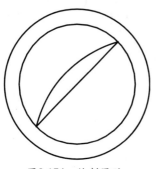

图8-174　绘制圆弧

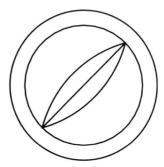

图8-175　镜像图形

12 调用M【移动】命令，调整新绘制图形的位置；调用CO【复制】命令，复制图形，如图8-176所示。

13 调用H【图案填充】命令，选择【ANSI34】图案，修改【图案填充比例】为10，填充图形，如图8-177所示。

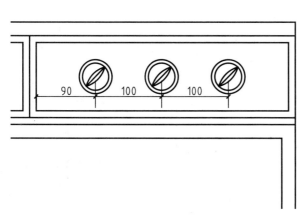

图8-176　复制图形

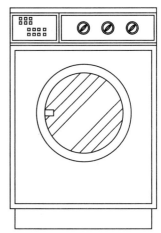

图8-177　填充图形

■ 8.4.5　绘制浴缸图块

浴缸是一种水管装置，供沐浴或淋浴之用，通常装置在家居浴室内。本实例讲解浴缸图块的绘制方法，如图8-178所示。

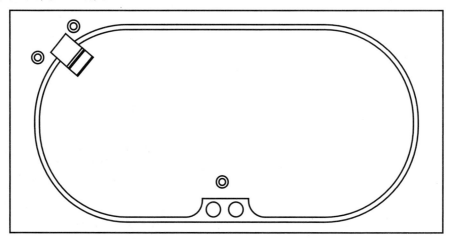

图8-178　浴缸图块

01 新建空白文件。调用REC【矩形】命令，绘制一个1800×900的矩形。

02 分解矩形，调用O【偏移】命令，将矩形上方的水平直线向下进行偏移操作，如图8-179所示。

图8-179 偏移图形

03 调用O【偏移】命令，将矩形左侧的垂直直线向右进行偏移操作，如图8-180所示。

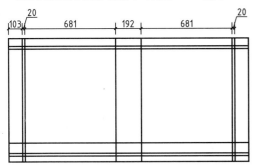

图8-180 偏移图形

04 调用TR【修剪】命令，修剪图形，如图8-181所示。

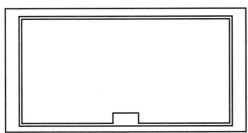

图8-181 修剪图形

05 调用F【圆角】命令，修改"圆角半径"分别为67、368和388，圆角图形，如图8-182所示。

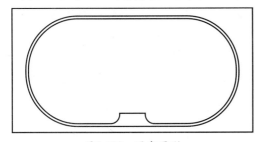

图8-182 圆角图形

06 调用C【圆】和M【移动】命令，结合【对象捕捉】功能，绘制多个圆对象，如图8-183所示。

07 调用CO【复制】命令，将新绘制的圆对象进行复制操作，如图8-184所示。

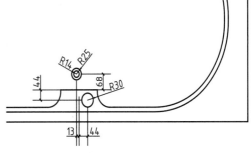

图8-183 绘制多个圆

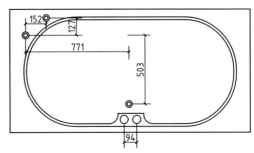

图8-184 复制图形

08 调用REC【矩形】命令，绘制一个100×150的矩形；调用X【分解】命令，分解矩形；调用O【偏移】命令，将分解后的图形进行偏移操作，如图8-185所示。

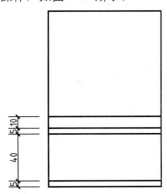

图8-185 偏移图形

09 调用RO【旋转】命令，将图形旋转50°；调用M【移动】命令，调整旋转后图形的位置，如图8-186所示。

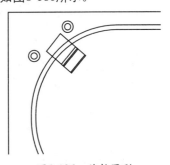

图8-186 旋转图形

10 调用TR【修剪】命令，修剪多余的图形，得到最终效果如图8-178所示。

▊▋ 8.4.6 绘制坐便器图块

坐便器属于建筑给排水材料领域的一种卫生器具。其技术特征在于在现有坐便器S型存水弯上部开口，安装一个清扫栓，清扫栓主要由检查口1和清扫栓枪2构成，检查口1嵌装在S型存水弯上部预留口上，清扫栓枪2用来清除淤堵物。本实例讲解坐便器的绘制方法，如图8-187所示。

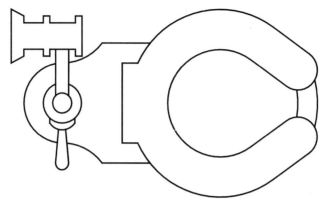

图8-187 坐便器图块

01 新建空白文件。调用C【圆】命令，分别绘制【半径】为102、152、178和190.5的圆，如图8-188所示。

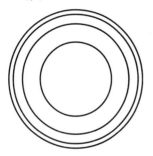

图8-188 绘制圆

02 调用PL【多段线】命令，开启【正交】模式，绘制多段线；调用M【移动】命令，调整新绘制多段线的位置，效果如图8-189所示。

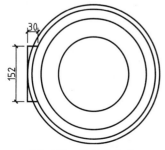

图8-189 绘制多段线

03 调用C【圆】命令，绘制一个半径为38的

圆；调用M【移动】命令，调整新绘制圆的位置；调用MI【镜像】命令，将新绘制的圆以水平镜像线镜像，如图8-190所示。

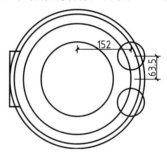

图8-190 绘制圆

04 调用L【直线】命令，结合【切点捕捉】功能，绘制4条切线，如图8-191所示。

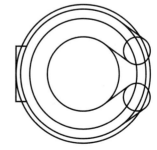

图8-191 绘制切线

05 调用TR【修剪】命令，修剪多余的图形；调用E【删除】命令，删除多余的图形，如图8-192所示。

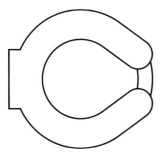

图8-192 修剪图形

06 调用X【分解】命令，分解多段线对象；调用O【偏移】命令，将垂直直线向左进行偏移处理，如图8-193所示。

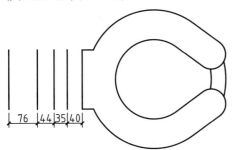

图8-193 偏移图形

07 调用O【偏移】命令，将水平直线进行偏移；调用F【圆角】和EX【延伸】命令，修改【圆角半径】为0，圆角并延伸图形，如图8-194所示。

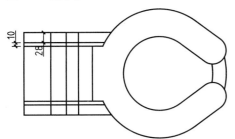

图8-194 修改图形

08 调用A【圆弧】命令，以【三点】方式绘制圆弧，如图8-195所示。

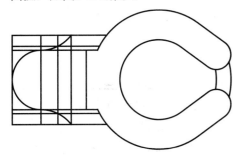

图8-195 绘制圆弧

09 调用TR【修剪】命令，修剪图形；调用E

【删除】命令，删除图形，如图8-196所示。

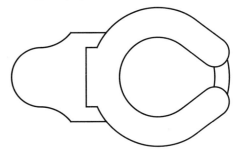

图8-196 修剪图形

10 调用C【圆】命令，结合【圆心捕捉】功能，分别绘制"半径"为19和38的圆，如图8-197所示。

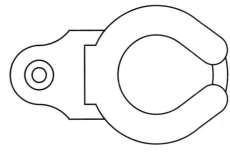

图8-197 绘制圆

11 调用L【直线】命令，结合【圆心捕捉】和【正交】功能，绘制直线，如图8-198所示。

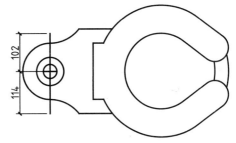

图8-198 绘制直线

12 调用O【偏移】命令，将新绘制的直线分别进行偏移操作，如图8-199所示。

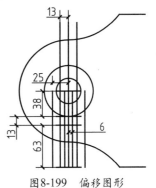

图8-199 偏移图形

13 调用EX【延伸】命令，延伸图形；调用L

【直线】、C【圆】和A【圆弧】命令，结合【对象捕捉】功能，绘制图形，如图8-200所示。

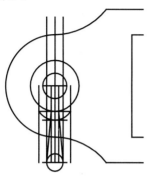

图8-200　绘制图形

14 调用TR【修剪】命令，修剪图形；调用E【删除】命令，删除图形，如图8-201所示。

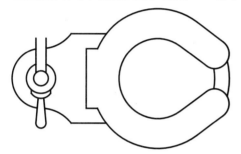

图8-201　修剪图形

8.4.7　绘制洗手盆图块

洗手盆又叫洗脸盆或台盆，其功能为洗手和洗脸的容器。本实例讲解洗手盆的绘制方法，如图8-204所示。

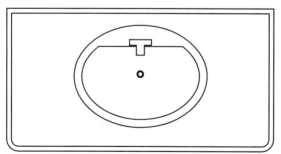

图8-204　洗手盆

01 新建空白文件。调用REC【矩形】命令，绘制一个1140×590的矩形；调用F【圆角】命令，修改"圆角半径"为50，圆角图形，如图8-205所示。

02 调用O【偏移】命令，将新绘制的图形向内偏移20，如图8-206所示。

15 调用PL【多段线】命令，结合【27°极轴追踪】和【153°极轴追踪】功能，绘制多段线，如图8-202所示。

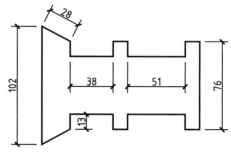

图8-202　绘制多段线

16 调用M【移动】命令，调整新绘制多段线的位置，如图8-203所示，最终效果如图8-187所示。

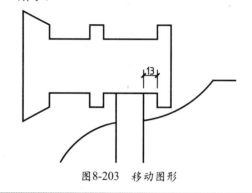

图8-203　移动图形

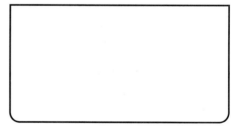

图8-205　绘制矩形

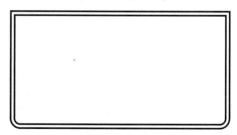

图8-206　偏移图形

03 调用EL【椭圆】命令，结合【中点捕捉追踪】功能，绘制椭圆，如图8-207所示。

04 调用O【偏移】命令，将新绘制的椭圆向内偏移33，如图8-208所示。

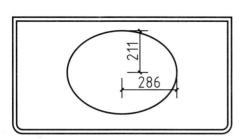

图8-207　绘制椭圆

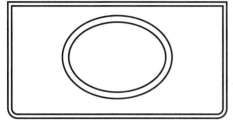

图8-208　偏移图形

05 调用L【直线】命令，结合【象限点捕捉】功能，连接直线；调用O【偏移】命令，将新绘制的直线向上偏移124，如图8-209所示。

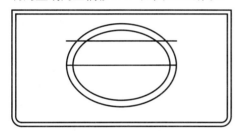

图8-209　绘制图形

06 调用PL【多段线】命令，开启【正交】模式，绘制多段线，如图8-210所示。

07 调用M【移动】命令，调整新绘制多段线的

位置，如图8-211所示。

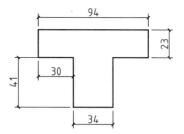

图8-210　绘制多段线

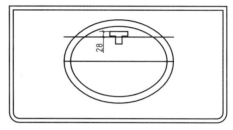

图8-211　移动图形

08 调用TR【修剪】命令，修剪图形；调用E【删除】命令，删除图形，如图8-212所示。

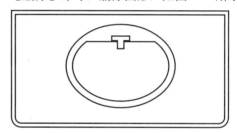

图8-212　修改图形

09 调用C【圆】命令，结合【中点捕捉追踪】功能，分别绘制"半径"为14和10的圆，得到最终效果如图8-204所示。

8.5 课后练习

8.5.1　绘制楼梯立面图

楼梯立面图的主要作用是表示室内施工图中的楼梯立面造型。本实例讲解楼梯立面图的绘制方法，如图8-213所示。

提示步骤如下。

01 新建空白文件。调用L【直线】命令，开启【正交】模式，绘制一条长度为3600的水平直线。

02 调用PL【多段线】和M【移动】命令，绘制

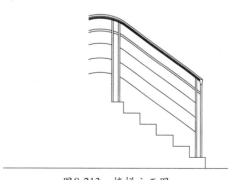

图8-213　楼梯立面图

多段线，尺寸如图8-214所示。

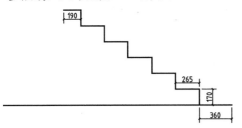

图8-214　绘制多段线

03 调用L【直线】和M【移动】命令，结合【145°极轴追踪】功能，绘制直线，尺寸如图8-215所示。

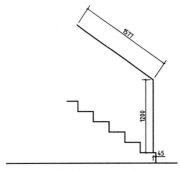

图8-215　绘制直线

04 调用A【圆弧】命令，结合【端点捕捉】功能，依次输入点坐标值（@-215,72）和（@-233,-22），绘制圆弧，如图8-216所示。

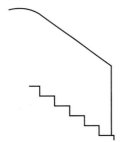

图8-216　绘制圆弧

05 调用O【偏移】命令，将垂直直线进行偏移操作，尺寸如图8-217所示。

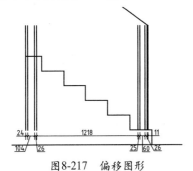

图8-217　偏移图形

06 调用CO【偏移】命令，将倾斜直线和圆弧

进行复制操作，尺寸如图8-218所示。

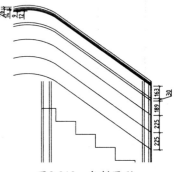

图8-218　复制图形

07 调用EX【延伸】命令，延伸图形；调用TR【修剪】命令，修剪图形，尺寸如图8-219所示。

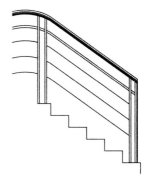

图8-219　修剪图形

08 调用L【直线】和O【偏移】命令，绘制图形，尺寸如图8-220所示

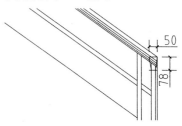

图8-220　绘制图形

09 调用TR【修剪】命令，修剪图形，如图8-221所示，得到最终效果如图8-213所示。

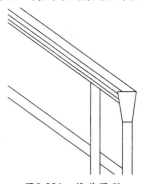

图8-221　修剪图形

8.5.2 绘制电视机侧面图

电视机侧面图反映的电视机侧面的效果，本实例讲解电视机侧面图的绘制方法，如图8-222所示。

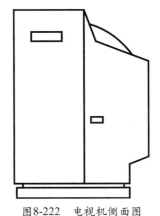

图8-222 电视机侧面图

提示步骤如下。

01 新建空白文件。调用REC【矩形】命令，绘制一个412×650的矩形。

02 分解矩形；调用O【偏移】命令，水平方向偏移图形，尺寸如图8-223所示。

03 调用O【偏移】命令，垂直方向偏移图形，尺寸如图8-224所示。

04 调用EX【延伸】命令，延伸相应的直线；调用L【直线】命令，结合【交点捕捉】功能，连接直线，如图8-225所示。

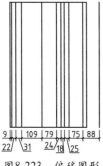

图8-223 偏移图形

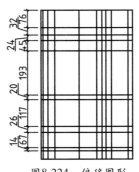

图8-224 偏移图形

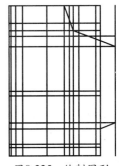

图8-225 绘制图形

05 调用TR【修剪】命令，修剪图形；调用E【删除】命令，删除图形，如图8-226所示。

06 调用C【圆】和M【移动】命令，绘制圆，尺寸如图8-227所示。

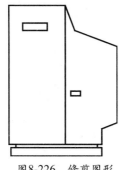

图8-226 修剪图形

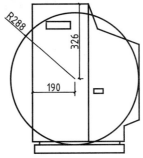

图8-227 绘制圆

07 调用TR【修剪】命令，修剪图形，得到最终效果如图8-222所示。

第9课
单身公寓室内设计

单身公寓主要指建筑面积在60m²以下的居住空间，单身公寓比较适合如今年轻的单身贵族，户型面积虽然小，但是其居住功能和其他户型相比，没有太大的差异，这就要求设计师要巧妙地对室内有限的空间进行规划和设计，从而能最大化地完善其功能应用。

本课知识：

1. 掌握原始结构图的绘制方法。
2. 掌握墙体改造图的绘制方法。
3. 掌握平面布置图的绘制方法。
4. 掌握地面铺装图的绘制方法。
5. 掌握顶棚平面图的绘制方法。
6. 掌握立面造型图的绘制方法。

9.1 单身公寓设计概论

单身公寓又称白领公寓、青年公寓、青年SOHO或酒店式公寓，是一种过渡型住宅产品，是住宅的一种，结构上的最大特点是只有一间房间，一套厨卫，没有客厅；或者有客厅，没有厨房，同一房一厅户型比起来较小些。本节将详细介绍单身公寓设计的基础知识。

9.1.1 单身公寓设计特点

单身公寓的设计主要有以下4个特点。

★ 开放设计：单身公寓面积一般比较小，最忌讳的是围墙隔断，可以采用透明墙、透明门来隔断或直接开放式，这样可以保证整个空间在视觉上的通透一体，一眼望尽家居，不用担心哪个角落藏有危险，增加了家居的安全感。

★ 家居色彩鲜活明快：色彩对人情绪的影响很大，而一个人住就更容易受环境影响了，暗淡的冷色会令人心情低迷消沉，而明艳的色彩则可以令人精神振奋，心情愉悦。

★ 独特设计点亮生活：如果把单身公寓当成一处睡觉的居所，那生活必然是空虚无聊的；如果把你的梦想、你的喜爱、你的设计统统装进公寓里，那公寓就是一个天堂，一个任你自娱自乐的天堂。

★ 现代风格明亮简洁：单身公寓的装修风格，大多以现代风格为主。其现代风格的装饰、装修设计以自然流畅的空间感为主题，装修的色彩、结构追求明快简洁，使人与空间浑然天成。而欧式、中式风格装修中采用的线、角比较繁琐，色彩沉重，一个人居住心情比较压抑。

9.1.2 单身公寓装修效果欣赏

一套现代简约风格的单身公寓的装修效果欣赏如图9-1～图9-6所示。

图9-1 客厅效果

图9-2 厨房效果

图9-3 阳台效果

图9-4 餐厅效果

图9-5 卫生间效果

图9-6 卧室效果

9.2 绘制原始结构图

　　设计师在量房之后，要用图纸将测量结果表示出来，包括房屋结构、空间关系、门洞以及窗户的位置尺寸等，这是设计师进行室内设计绘制的第一张图，即原始结构图。可以说原始结构图是在量房图的基础上建立的，而其他专业的施工图都是在建筑平面图的基础上进行绘制的，包括平面布置图、顶面布置图、地面布置图和电气图等，如图9-7所示为现场量房图。原始结构图主要由墙体、预留门洞、窗和尺寸标注组成。本实例讲解原始结构图的绘制方法，如图9-8所示。

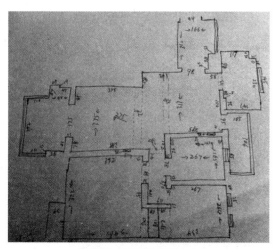

图9-7 现场量房图

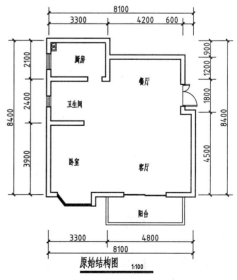

原始结构图 1:100

图9-8 原始结构图

9.2.1 绘制轴网

使用轴线可以轻松定位墙体的位置，轴线通常由【直线】命令绘制而成。

01 单击【快速访问】工具栏中的【新建】按钮，打开【选择样板】对话框，选择【室内图层模板】文件，单击【打开】按钮，新建空白文件。

02 将【轴线】图层置为当前。调用L【直线】命令，开启【正交】模式，绘制两条相互垂直的直线，如图9-9所示。

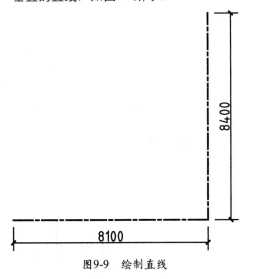

图9-9 绘制直线

03 调用O【偏移】命令，将新绘制的直线进行偏移操作，如图9-10所示。

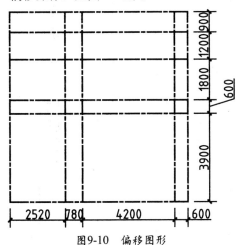

图9-10 偏移图形

9.2.2 绘制墙体

建筑墙体通常用2条平行直线表示，使用多线可以轻松绘制墙体图形。

01 将【墙体】图层置为当前。调用ML【多线】命令，修改【比例】为240、【对正】为【无】，结合【对象捕捉】功能，绘制墙体，如图9-11所示。

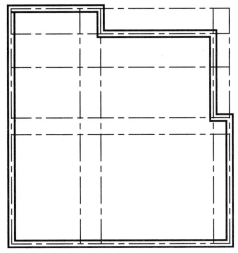

图9-11 绘制【240】墙体

02 调用ML【多线】命令，结合【对象捕捉】功能，绘制其他的墙体，如图9-12所示。

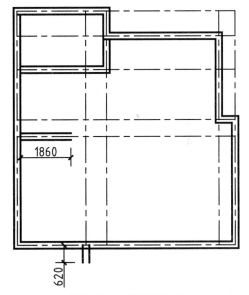

图9-12 绘制其他墙体

9.2.3 修剪墙体

初步绘制的墙体还需要经过修剪才能得到理想的效果。在修剪墙体线之前，必须将多线分解，才能对其进行修剪。

01 隐藏【轴线】图层。调用X【分解】命令，分解多线对象。

02 调用L【直线】命令，结合【端点捕捉】功能，封闭墙体，如图9-13所示。

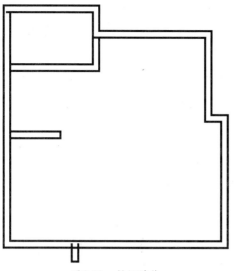

图9-13 封闭墙体

03 调用TR【修剪】命令，修剪图形，如图9-14所示。

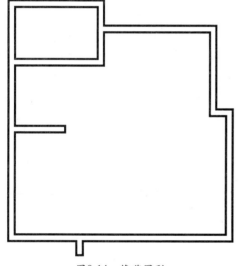

图9-14 修剪图形

9.2.4 绘制门窗

毛坯房一般都预留了窗洞和门洞，这是建筑师对各房间功能、相互关系的初步构想，绘制原始结构图需要将这些窗洞和门洞的位置和大小准确的表达出来，以作为室内设计的基本依据。

01 开窗洞。调用O【偏移】命令，将最上方的水平直线向下进行偏移操作，如图9-15所示。

02 调用EX【延伸】命令，延伸图形；调用TR

【修剪】命令，修剪图形，如图9-16所示。

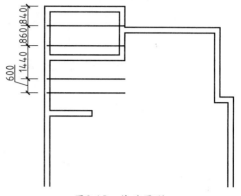

图9-15 偏移图形

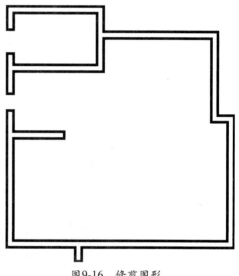

图9-16 修剪图形

03 调用O【偏移】命令，将最左侧的垂直直线向右进行偏移操作；如图9-17所示。

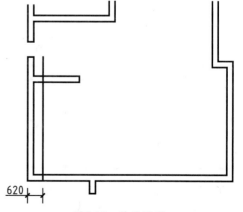

图9-17 偏移图形

04 调用EX【延伸】命令，延伸图形；调用TR【修剪】命令，修剪图形，如图9-18所示。

05 绘制窗户。将【门窗】图层置为当前。调用L【直线】命令，结合【端点捕捉】功能，连接直线；调用O【偏移】命令，修改【偏移距离】为80，将新绘制的直线进行3次偏移操作，完成窗户的绘制，如图9-19所示。

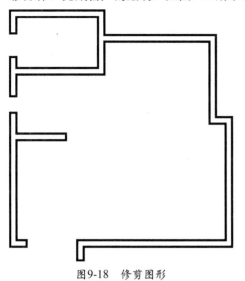

图9-18　修剪图形

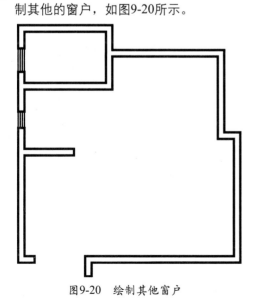

图9-19　绘制窗户

06　重新调用L【直线】和O【偏移】命令，绘制其他的窗户，如图9-20所示。

图9-20　绘制其他窗户

07　绘制飘窗。调用PL【多段线】命令，结合【对象捕捉】功能，绘制多段线；调用O【偏移】命令，修改【偏移距离】为40，将新绘制的多段线进行3次偏移操作；调用EX【延伸】命令，延伸图形，完成飘窗的绘制。如图9-21所示。

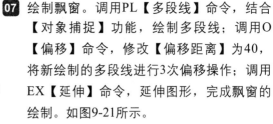

图9-21　绘制窗户

08　绘制门洞。调用O【偏移】命令，选择合适的直线进行偏移处理；调用EX【延伸】和TR【修剪】命令，修改图形，完成门洞的绘制。如图9-22所示。

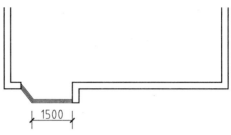

图9-22　绘制门洞

09　绘制推拉门。调用REC【矩形】命令，结合【中点捕捉】功能，分别绘制两个1180×40的矩形，如图9-23所示。

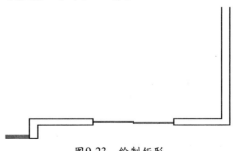

图9-23　绘制矩形

10　调用L【直线】和A【圆弧】命令，绘制子母门图形，如图9-24所示。

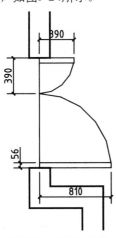

图9-24 绘制子母门

9.2.5 绘制阳台和管道

阳台是建筑物室内的延伸，是居住者呼吸新鲜空气、晾晒衣物和摆放盆栽的场所，其设计需要兼顾实用与美观的原则。管道是指用管子、管子联接件和阀门等联接成的用于输送气体、液体或带固体颗粒的流体的装置，主要放置在厨房内。

01 调用PL【多段线】命令，结合【对象捕捉】功能，绘制多段线；调用M【移动】命令，调整新绘制多段线的位置，如图9-25所示。

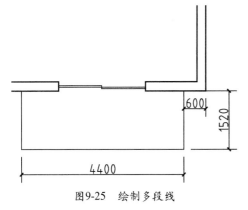

图9-25 绘制多段线

02 调用O【偏移】命令，将新绘制的多段线向内偏移120，如图9-26所示。

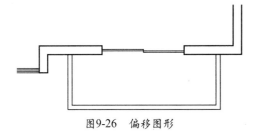

图9-26 偏移图形

03 绘制管道。调用O【偏移】命令，选择合适墙体将其进行偏移操作；调用TR【修剪】命令，修剪图形，如图9-27所示。

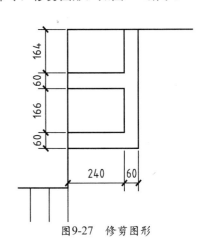

图9-27 修剪图形

04 调用PL【多段线】命令，结合【对象捕捉】和【53°极轴追踪】功能，绘制多段线，如图9-28所示。

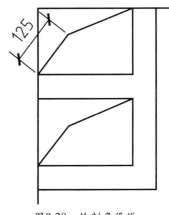

图9-28 绘制多段线

9.2.6 完善原始结构图

在建筑设计阶段，室内各空间的功能和用途已经作了初步的规划，在原始结构图中需要添加相应的文字，说明各功能空间的功能。也需要添加尺寸标注、图名等对象，完善原始结构图。

01 将【标注】图层置为当前。调用MT【多行文字】命令，修改【文字高度】为400，依次添加文字说明，如图9-29所示。

02 显示【轴线】图层，调用DLI【线性标注】和DCO【连续标注】命令，标注图形，隐藏【轴线】图层，如图9-30所示。

图9-29　添加文字说明

图9-30　标注图形

03 调用I【插入】命令，插入随书光盘中【图名称】图块，打开【编辑属性】对话框，依次输入相应名称，如图9-31所示。

图9-31　【编辑属性】对话框

04 单击【确定】按钮，即可插入图块，并调整图块的大小和位置，如图9-32所示。

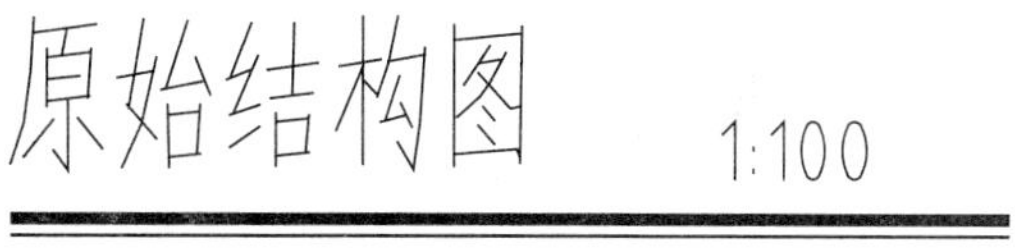

原始结构图　1:100

图9-32　插入图块效果

9.3　绘制墙体改造图

墙体改造是指把室内的墙体进行拆除或新建，为了提高工作效率，可以直接在原始结构图的基础上绘制墙体改造图。本实例讲解墙体改造图的绘制方法，如图9-33所示。

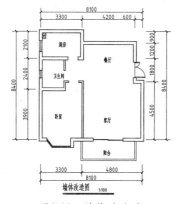

图9-33　墙体改造图

9.3.1　改造卧室空间

卧室空间的改造是指需要在原来的卧室空间处添加两面厚度为120的墙体。

01 调用CO【复制】命令，将原始结构图复制一份，并粘贴到一侧。

02 将【墙体】图层置为当前。调用PL【多段线】和M【移动】命令，绘制墙体，如图9-34所示。

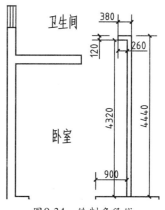

图9-34　绘制多段线

03 调用PL【多段线】和M【移动】命令，绘制墙体；调用TR【修剪】命令，修剪图形，

201

完成卧室改造，如图9-35所示。

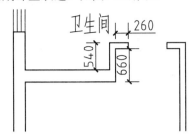

图9-35　绘制图形

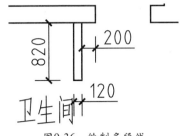

图9-36　绘制多段线

9.3.2　改造卫生间

卫生间改造主要是需要添加一面墙体，对卫生间进行半封闭式处理。

01 调用PL【多段线】和M【移动】命令，绘制墙体，如图9-36所示。

02 双击图名，打开【增强属性编辑器】对话框，将【值】修改为"墙体改造图"，如图9-37所示。

图9-37　【增强属性编辑器】对话框

03 单击【确定】按钮，修改图名，得到最终效果，如图9-33所示。

9.4 绘制平面布置图

绘制平面布置图的过程，实际上也是对室内空间进行布局设计的过程。本实例讲解平面布置图绘制方法，如图9-38所示。

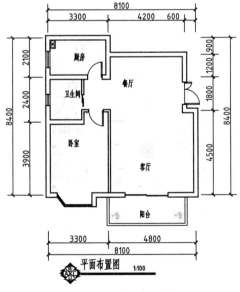

图9-38　平面布置图

9.4.1　绘制客厅和餐厅平面布置图

客厅在整个室内空间中起到家庭聚会、阅读、闲谈和会客的功能。因此对于客厅的设计就需要宽敞、采光以及通风性好等要求，而餐厅的主要功能是用餐。如图9-39所示为客厅和餐厅的平面布置效果图。

图9-39　客厅和餐厅平面布置效果图

客厅和餐厅的平面布置图中需要绘制的图形有电视柜、电视机、客厅沙发、进门鞋柜、餐桌椅等图形，其中电视柜的宽度为350mm，而电视机、客厅沙发、鞋柜、餐桌椅可以作为图块直接调入即可，如图9-40所示，下面讲解其绘制方法。

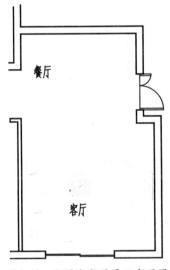

图9-40　客厅和餐厅平面布置图

01 调用CO【复制】命令，将墙体改造图复制一份，并粘贴到一侧。

02 绘制电视柜。调用O【偏移】命令，选择合适墙体向内偏移350，将偏移后的墙体修改至【家具】图层，如图9-41所示。

03 调用I【插入】命令，依次插入随书光盘中的【客厅沙发】、【电视机】、【餐桌

椅】和【鞋柜】图块，并调整其位置，得到最终效果如图9-40所示。

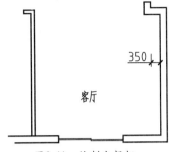

图9-41　绘制电视柜

9.4.2　绘制卧室平面布置图

卧室是人们休息的主要处所，卧室布置的好坏，直接影响到人们的生活、工作和学习，所以卧室也是家庭装修的设计重点之一。卧室设计时要注重实用，其次才是装饰。如图9-42所示为卧室的平面布置效果图。

图9-42　卧室平面布置效果图

卧室平面布置图中需要绘制的图形包含有双人床和衣柜等，一般的衣柜是靠墙而建，其尺寸是600mm，而双人床图形可以作为图块直接调入，以节省时间，如图9-43所示，下面讲解其绘制方法。

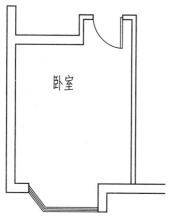

图9-43 卧室平面布置图

01 绘制衣柜。将【家具】图层置为当前。调用L【直线】命令，结合【对象捕捉】和【正交】功能，绘制图形，如图9-44所示。

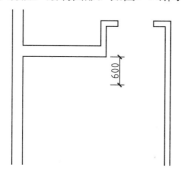

图9-44 绘制图形

02 调用O【偏移】命令，将新绘制的水平直线向上进行偏移操作，如图9-45所示。

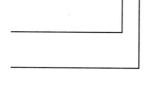

图9-45 偏移图形

03 调用I【插入】命令，插入随书光盘的【衣架】、【双人床】和【单扇门】图块，调整位置，得到最终效果如图9-43所示。

提示

衣柜是存放衣物、收纳被褥的柜式家具，一般分为两门、三门和嵌入式等，是由柜体、柜门和五金配件构成的。

9.4.3 绘制厨房平面布置图

厨房的功能不仅是烹饪的地方，更是家人交流的空间，休闲的舞台，工艺画和绿植等装饰品开始走进厨房中，而早餐台、吧台等更加成为打造休闲空间的好点子，做饭时可以交流一天的所见所闻，是晚餐前的一道风景。如图9-46所示为厨房的平面布置效果图。

图9-46 厨房平面布置效果图

一个现代化的厨房通常有的设备包括燃气灶、流理台及储存食物的设备（冰箱），如图9-47所示，下面讲解其绘制方法。

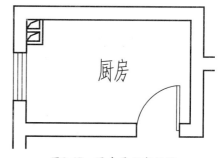

图9-47 厨房平面布置图

01 绘制流理台。调用PL【多段线】和M【移动】命令，结合【对象捕捉】功能，绘制多段线，并调整多段线的位置，如图9-48所示。

02 调用I【插入】命令，插入随书光盘中的

【单扇门】图块，调整位置，如图9-49所示。

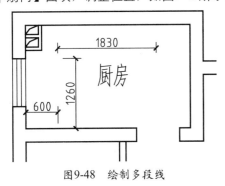

图9-48 绘制多段线

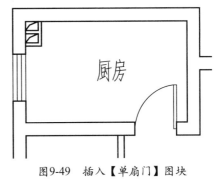

图9-49 插入【单扇门】图块

03 重新调用I【插入】命令，依次插入随书光盘中的【冰箱】、【燃气灶】和【洗菜盆】图块，调整位置，得到最终效果如图9-46所示。

9.5 绘制地面铺装图

地面铺装的主要作用体现在地面的美观与实用上，例如由于卫生间和厨房位置处经常会出现有水在地面上，为了起到防滑的作用，铺贴防滑砖最实用。如图9-50所示为地面铺装图。

图9-50 地面铺装图

户型的地面材料非常简单，可以不画地面布置图，只需在平面布置图上找一块不被家具和陈设遮挡，又能充分表示地面做法的区域，画出一部分图案，标注上材料、规格就可以了。本实例讲解地面铺装图的绘制方法，如图9-51所示。

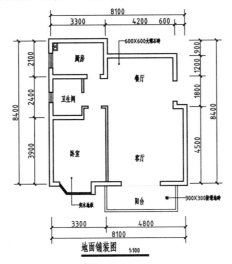

图9-51 地面铺装图

01 调用CO【复制】命令，将墙体改造图复制一份，并粘贴到一侧。调用E【删除】命令，删除多余的图形。

02 绘制门槛线。将【填充】图层置为当前。调用REC【矩形】命令，封闭各填充区域，如图9-52所示。

03 调用H【图案填充】命令，选择【USER】图案，单击【交叉线】按钮，修改【图案填充间距】为600，填充客厅和餐厅区域，如图9-53所示。

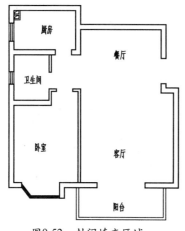

图9-52 封闭填充区域   图9-53 填充客厅和餐厅

04 调用H【图案填充】命令，选择【DOLMTI】图案，修改【图案填充比例】为30，填充卧室区域，如图9-54所示。

05 调用H【图案填充】命令，选择【ANGLE】图案，修改【图案填充比例】为40，填充厨房、卫生间和阳台区域，如图9-55所示。

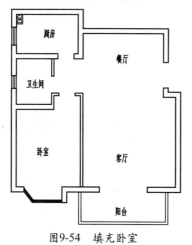

图9-54 填充卧室   图9-55 填充厨房、卫生间和阳台

06 将【标注】图层置为当前。调用MLD【多重引线】命令，添加多重引线说明，修改图名，得到最终效果如图9-51所示。

9.6 绘制顶棚平面图

顶棚图主要用于表示顶棚造型和灯具布置，同时也反映室内空间组合的标高关系和尺寸等。如图9-56所示为顶棚平面效果图。

图9-56　顶棚平面效果图

顶棚图的主要内容包括各种装饰图形、灯具、说明文字、尺寸和标高等。本实例讲解顶棚平面图的绘制方法，如图9-57所示。

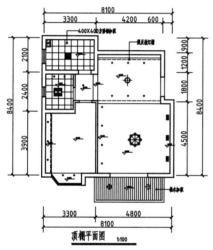

图9-57　顶棚平面图

01 调用CO【复制】命令，将平面布置图复制一份，并粘贴到一侧。调用E【删除】命令，删除多余图形，如图9-58所示。

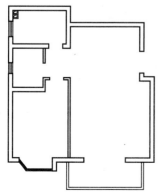

图9-58　删除图形

02 封闭门洞。将【顶棚】图层置为当前。调用L【直线】命令，连接门洞，如图9-59所示。

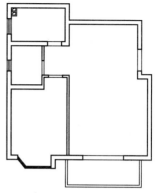

图9-59　连接门洞

03 绘制客厅和餐厅吊顶。调用L【直线】命令，结合【对象捕捉】功能，连接直线，如图9-60所示。

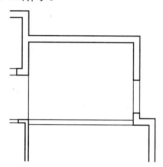

图9-60　连接直线

04 调用O【偏移】命令，将合适的直线进行偏移操作，如图9-61所示。

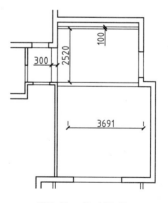

图9-61　偏移图形

05 选择合适的直线，将其线型修改为【DASH】线型，并将其【线型比例】修改为【30】，并将合适的图形修改至【顶棚】图层，效果如图9-62所示。

06 绘制卧室吊顶。调用L【直线】命令，结合

【对象捕捉】功能，连接直线，如图9-63所示。

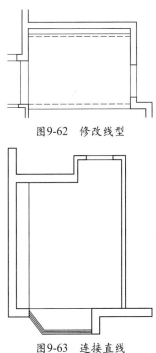

图9-62 修改线型

图9-63 连接直线

07 调用O【偏移】命令，将合适的直线进行偏移操作，并将偏移后的线型修改为【DASH】线型，并修改将其线型比例，效果如图9-64所示。

08 单击【快速访问】工具栏的【打开】按钮 ，打开"第9课\图例表"素材文件，如图9-65所示。

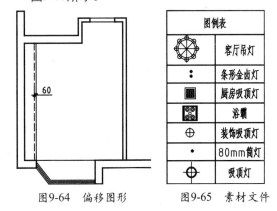

图9-64 偏移图形

图例表	
⊛	客厅吊灯
⋮	条形金卤灯
▦	厨房吸顶灯
▦	浴霸
⊕	装饰吸顶灯
•	80mm筒灯
⊕	吸顶灯

图9-65 素材文件

09 依次将【图例表】中的灯具图形布置到顶棚平面图中，如图9-66所示。

10 调用I【插入】命令，插入【标高】图块，修改【比例】为3，在绘图区中厨房区域的任意位置，单击鼠标，打开【编辑属性】对话框，输入2.600，单击【确定】按钮即

可，效果如图9-67所示。

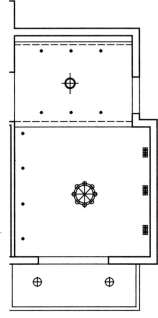

图9-66 布置灯具图形

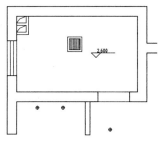

图9-67 插入【标高】图块

11 调用CO【复制】命令，将【标高】图块进行复制操作，如图9-68所示。

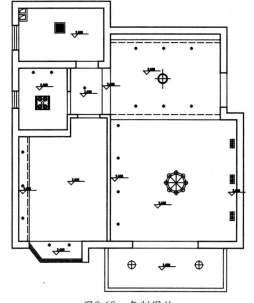

图9-68 复制图块

12 双击相应的属性图块，修改其属性，效果如图9-69所示。

13 调用H【图案填充】命令，选择【USER】图案，单击【交叉线】按钮，修改【图案填充间距】为400，填充厨房和卫生间区域，如图9-70所示。

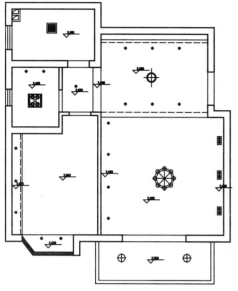

图9-69 修改其属性　　　　　　　　图9-70 填充图形

14 调用H【图案填充】命令，选择【LINE】图案，修改【图案填充比例】为40、【图案填充角度】为90，填充阳台区域，如图9-71所示。

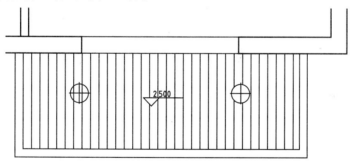

图9-71 填充图形

15 将【标注】图层置为当前。调用MLD【多重引线】命令，添加多重引线说明，并修改图名，得到最终效果如图9-57所示。

9.7 绘制单身

立面图是装饰细节的体现，家居装饰风格在立面图中将得到充分的体现。本节分别以餐厅、客厅、厨房、卧室和卫生间立面为例，介绍单身公寓立面图的画法。

9.7.1 绘制餐厅B立面图

餐厅是家庭成员进餐的场所，餐桌餐具的选择需要注意与空间大小的配合，小空间配大餐桌，或者大空间配小餐桌都是不合适的。

如图9-72所示为餐厅的立面效果图。

图9-72 餐厅立面效果图

餐厅立面图中包含了餐桌立面、墙面装饰以及门立面等造型，本实例讲解餐厅B立面图的绘制方法，如图9-73所示。

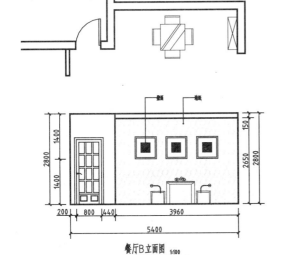

餐厅B立面图 1:100

图9-73 餐厅B立面图

01 调用CO【复制】命令，复制平面布置图中的餐厅B立面的平面部分。

02 将【墙体】图层置为当前。调用L【直线】命令，绘制B立面墙体的投影线，如图9-74所示。

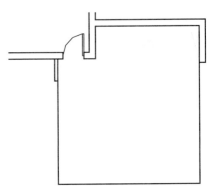

图9-74 绘制墙体投影线

03 调用O【偏移】命令，将最下方的水平投影线向上偏移2800，如图9-75所示。

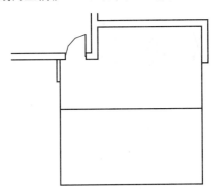

图9-75 偏移图形

04 调用TR【修剪】命令，修剪图形，如图9-76所示。

图9-76 修剪图形

05 调用O【偏移】命令，依次选择合适的图形，偏移图形；调用TR【修剪】命令，修剪图形，如图9-77所示。

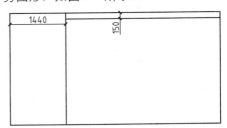

图9-77 修改图形

06 绘制门。将【门窗】图层置为当前。调用

PL【多段线】和M【移动】命令，结合【对象捕捉】和【正交】功能，绘制多段线，如图9-78所示。

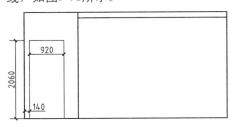

图9-78 绘制多段线

07 调用O【偏移】命令，将新绘制的多段线分别向内偏移60和80，如图9-79所示。

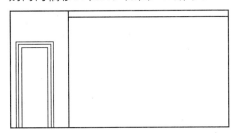

图9-79 偏移图形

08 调用X【分解】命令，将内侧的多段线进行分解操作；调用O【偏移】命令，垂直方向偏移图形，如图9-80所示。

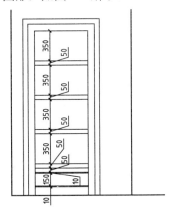

图9-80 偏移图形

09 调用O【偏移】命令，水平方向偏移图形，如图9-81所示。

10 调用TR【修剪】命令，修剪多余的图形；调用E【删除】命令，删除多余的图形，如图9-82所示。

11 绘制壁画框。调用REC【矩形】命令，绘制一个680×680的矩形；调用O【偏移】命令，将新绘制的矩形向内偏移40；调用M【移动】命令，将新绘制的图形移至合适

的位置，如图9-83所示

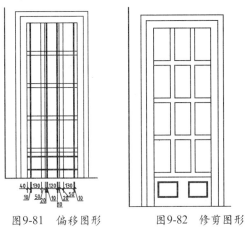

图9-81 偏移图形　　　　图9-82 修剪图形

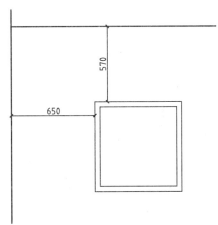

图9-83 绘制图形

12 调用CO【复制】命令，选择合适的图形将其进行复制操作，如图9-84所示。

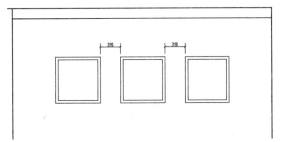

图9-84 复制图形

13 调用I【插入】命令，依次插入随书光盘中的【餐桌椅立面】、【壁画】和【门把手】图块，并调整其位置；调用TR【修剪】命令，修剪图形，如图9-85所示。

14 将【填充】图层置为当前。调用H【图案填充】命令，选择【GRAVEL】图案，修改【图案填充比例】为12，填充图形，如图9-86所示。

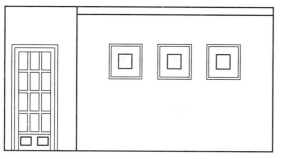

图9-85　插入图块

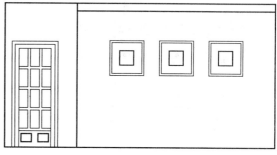

图9-86　填充图形

15　将【标注】图层置为当前。调用MLD【多重引线】命令，添加多重引线说明，如图9-87所示。

16　调用DLI【线性标注】和DCO【连续标注】命令，添加尺寸标注，如图9-88所示。

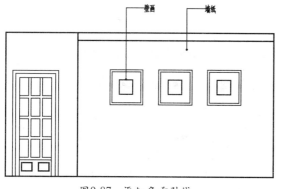

图9-87　添加多重引线

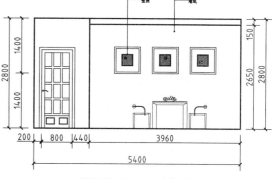

图9-88　添加尺寸标注

17　调用CO【复制】命令，复制图名对象，并修改其名称和比例，得到最终效果如图9-73所示。

9.7.2　绘制客厅C立面图

　　客厅立面图的重点在于电视背景墙和沙发背景墙两大块，而电视背景墙是居室背景墙装饰的重点之一，在背景墙设计中占据相当重要的地位，电视背景墙通常是为了弥补家居空间电视区背景墙的空旷，同时起到修饰电视区背景墙的作用。如图9-89所示为客厅的电视背景墙立面效果图。

图9-89　客厅电视背景墙立面效果图

　　客厅C立面图中包含了电视背景墙、子母门以及鞋柜等造型，本实例讲解客厅C立面图的绘制方法，如图9-90所示。

01　调用CO【复制】命令，复制平面布置图中的客厅C立面的平面部分。

02　将【墙体】图层置为当前。调用L【直线】命令，绘制C立面墙体的投影线。

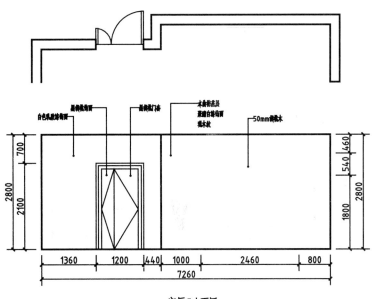

客厅C立面图 1:100

图9-90 客厅C立面图

03 调用O【偏移】命令，将最下方的水平投影线向上偏移2800，如图9-91所示。

04 调用TR【修剪】命令，修剪图形。

05 绘制电视背景墙。调用O【偏移】命令，将最上方的水平直线向下进行偏移操作，如图9-92所示。

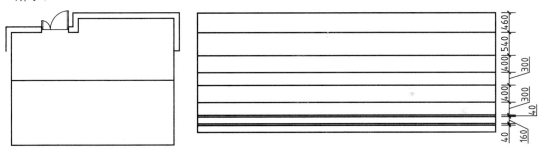

图9-91 绘制墙体投影线　　　　　　　　　　图9-92 偏移图形

06 调用O【偏移】命令，将最右侧的垂直直线向左进行偏移操作，如图9-93所示。

07 调用TR【修剪】命令，修剪图形；调用E【删除】命令，删除图形，并将修剪后的相应图形修改至【家具】图层，如图9-94所示。

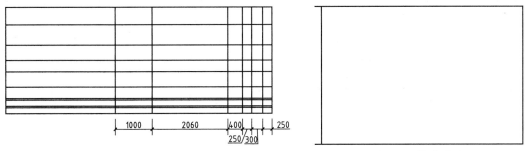

图9-93 偏移图形　　　　　　　　　　图9-94 修剪图形

08 绘制进户门。将【门窗】图层置为当前。调用PL【直线】和M【移动】命令，绘制多段线，如图9-95所示。

09 调用O【偏移】命令，将新绘制的多段线向内偏移60和80，如图9-96所示。

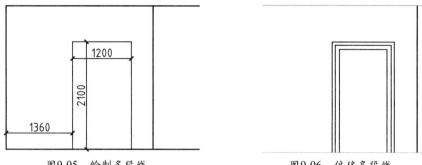

图9-95　绘制多段线　　　　　　　　　图9-96　偏移多段线

10 调用X【分解】命令，分解内部多段线；调用O【偏移】命令，将分解后左侧的垂直直线向右偏移315，如图9-97所示。

11 调用PL【多段线】命令，结合【对象捕捉】功能，绘制多段线，如图9-98所示。

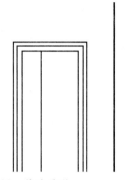
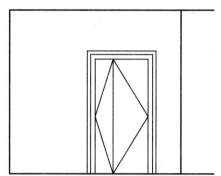

图9-97　偏移图形　　　　　　　　　　　图9-98　绘制多段线

12 调用I【插入】命令，依次插入随书光盘中的【电视机立面】、【植物】、【鞋柜】和【装饰品】图块，并调整其位置，如图9-99所示。

13 将【填充】图层置为当前。调用H【图案填充】命令，选择【ANSI32】图案，修改【图案填充比例】为10、【图案填充角度】为135，填充图形，如图9-100所示。

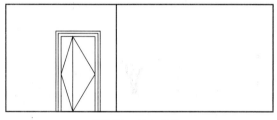
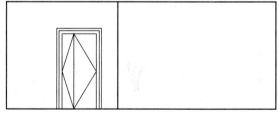

图9-99　插入图块　　　　　　　　　　图9-100　填充图形

14 将【标注】图层置为当前。调用MLD【多重引线】命令，添加多重引线说明，如图9-101所示。

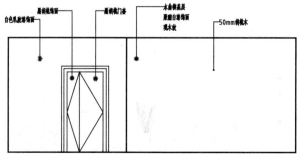

图9-101　添加多重引线

15 调用DLI【线性标注】和DCO【连续标注】命令，添加尺寸标注，如图9-102所示。

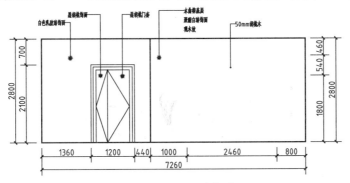

图9-102 添加尺寸标注

16 调用CO【复制】命令，复制图名对象，并修改其名称和比例，得到最终效果如图9-90所示。

9.7.3 绘制卧室A立面图

卧室在装饰时，其色彩一般选择暖和的、平稳的中间色，如乳白色、粉红色和米黄色等。卧室光线不宜太强，床不可临近强光。床是静息之所，强光易使人心境不宁。所以床避免置于窗下，否则可装上窗帘以降低光线。如图9-103所示为卧室立面效果图。

图9-103 卧室立面效果图

卧室A立面图中包含了床头背景墙、衣柜以及吊灯等造型，本实例讲解卧室A立面图的绘制方法，如图9-104所示。

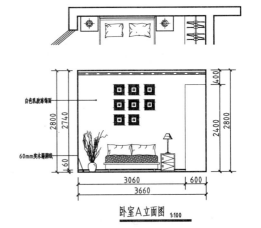

图9-104 卧室A立面图

01 调用CO【复制】命令，复制平面布置图中的卧室A立面的平面部分。

02 将【墙体】图层置为当前。调用L【直线】命令，绘制A立面墙体的投影线。

03 调用O【偏移】命令，将最下方的水平投影线向上偏移2800，如图9-105所示。

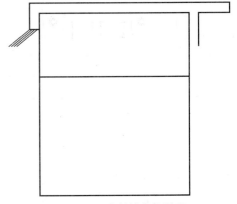

图9-105 绘制墙体投影线

04 调用TR【修剪】命令，修剪图形。

05 调用O【偏移】命令，依次选择最上方和最右侧的直线进行偏移操作，如图9-106所示。

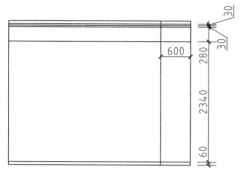

图9-106　偏移图形

06 调用TR【修剪】命令，修剪图形，如图9-107所示。

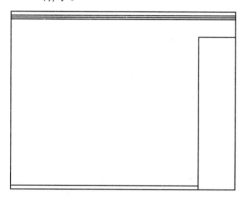

图9-107　修剪图形

07 依次选择合适的图形，修改其图层和线型，效果如图9-108所示。

图9-108　修改图形

08 调用I【插入】命令，依次插入随书光盘中的【床立面】、【植物】和【黑白照片装饰画】图块，并调整其位置；调用TR【修剪】命令，修剪图形，如图9-109所示。

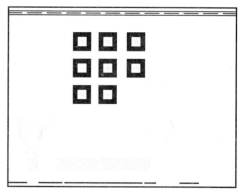

图9-109　插入图块

09 将【标注】图层置为当前。调用MLD【多重引线】命令，添加多重引线说明；调用DLI【线性标注】和DCO【连续标注】命令，添加尺寸标注，如图9-110所示。

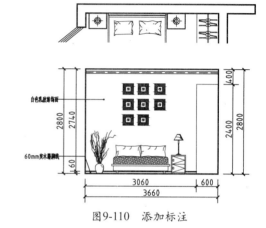

图9-110　添加标注

10 调用CO【复制】命令，复制图名对象，并修改其名称和比例，得到最终效果如图9-104所示。

9.7.4　绘制卫生间B立面图

　　小户型最大的缺点就是空间小，卫生间的规划与装饰都要非常讲究。在小卫生间里尽量不要安装柱盆，因为下面的柱体空间几乎无法利用。挂墙式面盆可作为小户型卫生间的首选，在空间的节省上有着明显的优势，台面下方的空间得以最大限度的释放。由于卫生间面积太小，淋浴肯定是最佳选择，小户型应使用花洒，禁用浴盆。此外，可以合理利用卫生间墙面墙角做成收纳角，将储物面积设计到最大。如图9-111所示为卫生间立面效果图。

图9-111　卫生间立面效果图

卫生间B立面图中包含了洗脸盆和镜子等造型，本实例讲解卫生间B立面图的绘制方法，如图9-112所示。

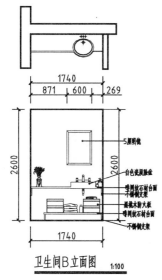

图9-112　卫生间B立面图

01 调用CO【复制】命令，复制平面布置图中的卫生间B立面的平面部分。

02 将【墙体】图层置为当前。调用L【直线】命令，绘制B立面墙体的投影线。

03 调用O【偏移】命令，将最下方的水平投影线向上偏移2600，如图9-113所示。

04 调用TR【修剪】命令，修剪图形，如图9-114所示。

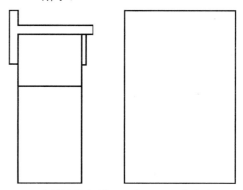

图9-113　绘制墙体投影线　图9-114　修剪图形

05 绘制镜子。将【家具】图层置为当前。调用REC【矩形】和M【移动】命令，绘制矩形，如图9-115所示。

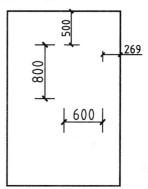

图9-115　绘制矩形

06 调用O【偏移】命令，将新绘制的矩形向内偏移40；调用L【直线】命令，结合【端点捕捉】功能，连接直线，如图9-116所示。

图9-116　绘制镜子

07 调用I【插入】命令，插入随书光盘中的

【摆放支架】、【花瓶】和【洗脸台立面】图块，并调整其位置，如图9-117所示。

08 将【填充】图层置为当前。调用H【图案填充】命令，选择【AR-RROOF】图案，修改【图案填充比例】为10、【图案填充角度】为45，填充图形，如图9-118所示。

图9-117　插入图块　　　　　　　　　　　图9-118　填充图形

09 将【标注】图层置为当前。调用MLD【多重引线】命令，添加多重引线说明；调用DLI【线性标注】和DCO【连续标注】命令，添加尺寸标注。调用CO【复制】命令，复制图名对象，并修改其名称和比例，得到最终效果如图9-112所示。

9.8 课后练习

厨房B立面图中包含上下橱柜、抽油烟机、冰箱以及燃气灶等造型，本实例讲解厨房B立面图绘制方法，如图9-119所示。

厨房B立面图
1:100

图9-119　厨房B立面图

提示步骤如下。

01 调用CO【复制】命令，复制平面布置图中的厨房B立面的平面部分。将【墙体】图层置为当前。调用L【直线】命令，绘制B立面墙体的投影线。调用O【偏移】命令，将最下方的水平投影线向上偏移2600。

02 调用TR【修剪】命令，修剪图形，如图9-120所示。

03 调用O【偏移】命令，将最上方的水平直线向下进行偏移，如图9-121所示。

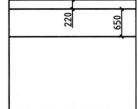

图9-120　修剪图形　　　　图9-121　偏移图形

04 调用DIV【定数等分】命令，将偏移后的两条水平直线进行6等分。调用L【直线】命令，结合【节点捕捉】功能，连接直线，并将合适的图形修改至【家具】图层，如图9-122所示。

05 调用L【直线】命令，结合【对象捕捉】和【极轴追踪】功能，连接直线，如图9-123所示。

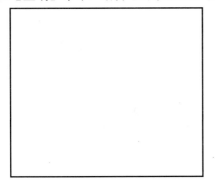 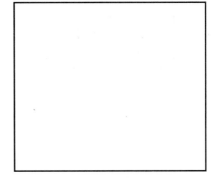

图9-123 连接直线　　　　　　　　　　　　　图9-122 绘制直线

06 调用REC【矩形】、M【移动】和MI【镜像】命令，绘制矩形，如图9-124所示。

图9-124 绘制矩形

07 调用O【偏移】命令，将最下方的水平直线向上偏移，尺寸如图9-125所示。

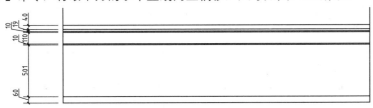

图9-125 偏移图形

08 调用O【偏移】命令，将最左侧的水平直线向右偏移，尺寸如图9-126所示。

09 调用TR【修剪】和E【删除】命令，修剪并删除图形，并将修剪后的图形修改至【家具】图层，如图9-127所示。

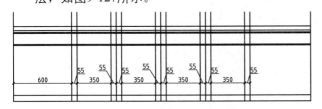 

图9-126 绘制矩形　　　　　　　　　　　　　图9-127 修剪图形

10 调用I【插入】命令，插入随书光盘中的【燃气灶立面】、【冰箱立面】和【抽油烟机】图块，并调整其位置。

11 将【标注】图层置为当前。调用MLD【多重引线】命令，添加多重引线说明；调用DLI【线性标注】和DCO【连续标注】命令，添加尺寸标注。调用CO【复制】命令，复制图名对象，并修改其名称和比例，得到最终效果如图9-119所示。

第10课
三居室室内设计

三居室是相对成熟的一种房型，住户可以涵盖各种家庭，但是大部分有一定的经济实力和社会地位。这种房型的装修一般要体现住户的喜好和个性，所以往往对风格比较重视，功能分区明确。本课将详细讲述三居室室内设计的方法。

本课知识：

1. 掌握三居室原始结构图的绘制方法。
2. 掌握三居室墙体改造图的绘制方法。
3. 掌握三居室平面布置图的绘制方法。
4. 掌握三居室地面铺装图的绘制方法。
5. 掌握三居室顶棚平面图的绘制方法。
6. 掌握三居室立面造型图的绘制方法。

10.1 错层三居室设计概论

指一套住宅内的各种功能用房在不同的平面上，用30-60cm的高度差进行空间隔断，层次分明，立体性强，但未分成两层，适合大面积住宅。本节将详细介绍错层三居室室内设计的基础知识。

10.1.1 三居室概念

三居室一般包含有主卧、次卧和书房三个房间，其面积通常为90～100m²，是一个适合三口之家的常见居家型户型，除了保障基本的就餐、洗浴、就寝和会客功能外，还在这寸土寸金的面积中，适时增加了读书和休闲等功能，尽量满足了居住者多方面生活的需求。

10.1.2 错层室内设计概念

所谓"错层式"住宅主要指的是一套房子不处于同一平面，即房内的厅、卧、卫、厨和阳台处于几个高度不同的平面上。

错层式和复式房屋有共同的特征，区别于平面式房屋。平面式表示一户人家的厅、卧、卫、厨等所有房间都处于同一层面，而错层和复式内的各个房间则处于不同层面。尽管两种房屋均处于不同层面，但复式层高往往超过一人高度，相当于两层楼而错层式高度低于一人，人站立在第一层面平视可看到第二层面。因此错层有压缩了的复式之称。错层住宅有两种错落方式。

★ 前后错层：即南北错层，一般为客厅和餐厅的错层，利用平面上的错层，使静与动、食与寝、会客与餐厅的功能分区布置，避免相互干扰。

★ 左右错层：即东西错层，一般为客厅和卧室错层。

10.1.3 错层三居室装修效果欣赏

一套错层风格的装修效果欣赏如图10-1～图10-10所示。

图10-1 客厅效果

图10-2 台阶效果

图10-3 餐厅效果

图10-4 客厅和餐厅效果

图10-5　卫生间效果

图10-6　卧室电视背景墙效果

图10-7　厨房效果

图10-8　玄关效果

图10-9　主卧效果

图10-10　卫生间效果

10.2 绘制三居室原始结构图

在进行室内设计时，首先需要到现场进行尺寸测量，绘制出量房草图，然后才能根据量房草图绘制出原始结构图。平面布置图可在原始结构图的基础上进行绘制。本实例讲解三居室原始结构图的绘制方法，如图10-11所示。

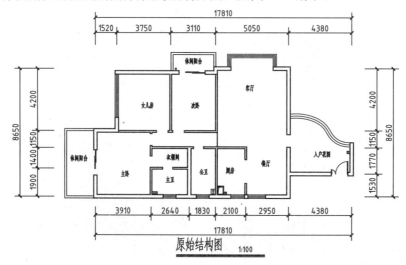

图10-11　三居室原始结构图

10.2.1 绘制轴线

采用轴网法绘制墙体比较方便，如图10-14所示为本例轴线，由于轴线全部是正交轴线，因此可使用OFFSET/O命令，通过偏移得到。

01 单击【快速访问】工具栏中的【新建】按钮，打开【选择样板】对话框，选择【室内图层模板】文件，单击【打开】按钮，新建空白文件。

02 将【轴线】图层置为当前。调用L【直线】命令，开启【正交】模式，绘制两条相互垂直的直线，如图10-12所示。

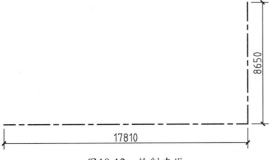

图10-12 绘制直线

03 调用O【偏移】命令，将最下方的水平直线向上进行偏移操作，如图10-13所示。

图10-13 偏移图形

04 调用O【偏移】命令，将最右侧的垂直直线向右进行偏移操作，如图10-14所示。

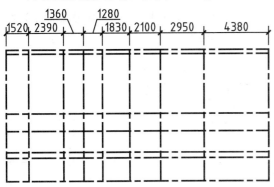

图10-14 偏移图形

10.2.2 绘制墙体

墙体包含有外墙体和内墙体，使用【多线】命令，可以通过设置不同的比例来绘制内外墙体。

01 将【墙体】图层置为当前。调用ML【多线】命令，修改【比例】为240、【对正】为【无】，结合【对象捕捉】功能，绘制多线，如图10-15所示。

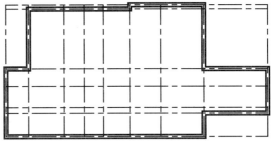

图10-15 绘制多线

02 重新调用ML【多线】命令，绘制其他【比例】为240的墙体，如图10-16所示。

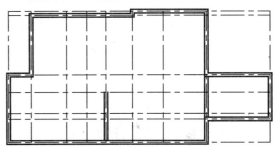

图10-16 绘制其他多线

03 调用ML【多线】命令，修改【比例】为120、【对正】分别为【上】、【无】和【下】，结合【对象捕捉】功能，绘制多线，如图10-17所示。

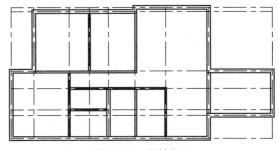

图10-17 绘制多线

10.2.3 修剪墙体

墙体绘制完成后，需要使用【修剪】命

令，对多余的墙体进行修剪。

01 隐藏【轴线】图层。调用X【分解】命令，分解多线；调用EX【延伸】命令，延伸图形。

02 调用TR【修剪】命令，修剪墙体，如图10-18所示。

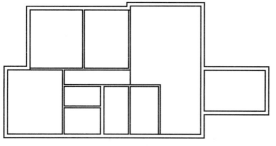

图10-18　修剪墙体

10.2.4　绘制门窗

墙体包含有外墙体和内墙体，使用【多线】命令，可以通过设置不同的比例来绘制内外墙体。

01 开窗洞。调用O【偏移】命令，将右侧合适的垂直直线向左进行偏移处理，如图10-19所示。

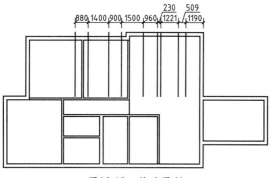

图10-19　偏移图形

02 调用EX【延伸】命令，延伸相应的图形；调用TR【修剪】命令，修剪图形，如图10-20所示。

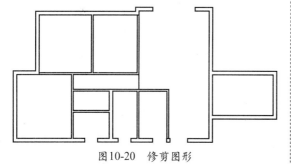

图10-20　修剪图形

03 调用O【偏移】命令，将最上方的水平直线向下进行偏移处理；调用EX【延伸】命令，延伸相应的图形；调用TR【修剪】命令，修剪图形，如图10-21所示。

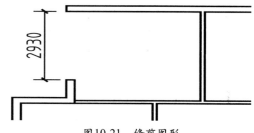

图10-21　修剪图形

04 绘制窗户。将【门窗】图层置为当前。调用L【直线】命令，结合【对象捕捉】功能，连接直线，如图10-22所示。

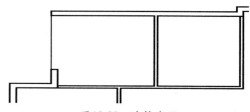

图10-22　连接直线

05 调用O【偏移】命令，修改【偏移距离】为80，将新绘制的直线向右进行3次偏移处理，如图10-23所示。

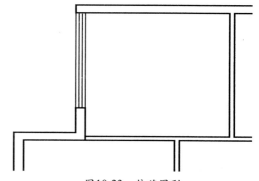

图10-23　偏移图形

06 重新调用L【直线】和O【偏移】命令，绘制其他的窗户图形，如图10-24所示。

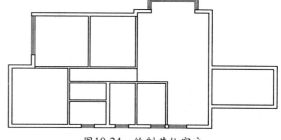

图10-24　绘制其他窗户

07 绘制飘窗。调用PL【多段线】命令，结合【对象捕捉】功能，绘制多段线，如图10-25所示。

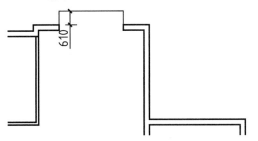

图10-25　绘制多段线

08 调用O【偏移】命令，修改【偏移距离】为80，将新绘制的多段线向外进行3次偏移处理，如图10-26所示。

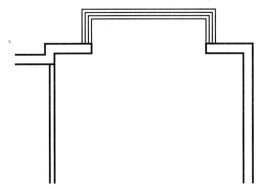

图10-26　偏移多段线

09 开门洞。调用O【偏移】、EX【延伸】、TR【修剪】和E【删除】命令，绘制门洞，如图10-27所示。

图10-27　绘制门洞

10 绘制子母门。调用REC【矩形】命令，结合【中点捕捉】功能，绘制两个矩形；调用A【圆弧】命令，以【起点、圆心、端点】的方式绘制两个圆弧，如图10-28所示。

11 绘制推拉门1。调用REC【矩形】命令，结合【中点捕捉】功能，绘制一个905×45的矩形，如图10-29所示。

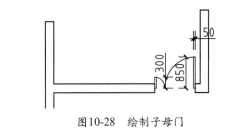

图10-28　绘制子母门

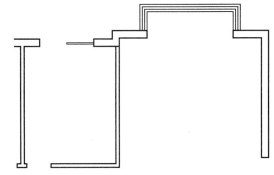

图10-29　绘制矩形

12 调用CO【复制】命令，将新绘制的矩形进行复制操作，完成推拉门1的绘制，如图10-30所示。

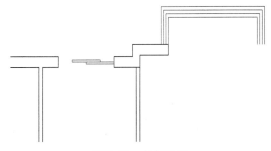

图10-30　复制图形

13 绘制推拉门2。调用REC【矩形】命令，结合【中点捕捉】功能，绘制一个45×855的矩形，如图10-31所示。

14 调用CO【复制】命令，将新绘制的矩形进行复制操作，完成推拉门2的绘制，如图10-32所示。

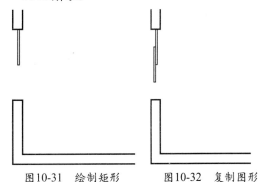

图10-31　绘制矩形　　　图10-32　复制图形

10.2.5 绘制阳台和玻璃幕墙

阳台的四周采用的是栏杆，而玻璃幕墙是现代化建筑的经常使用的一种立面，一般由金属、玻璃、石材以及人造板材等材料构成，安装在建筑物的最外层。下面将详细介绍阳台和玻璃幕墙的绘制方法。

01 绘制阳台1。调用PL【多段线】命令，结合【端点捕捉】和【正交】功能，绘制多段线；调用O【偏移】命令，将新绘制的多段线向内偏移140，如图10-33所示。

02 绘制阳台2。调用PL【多段线】命令，结合【端点捕捉】和【正交】功能，绘制多段线；调用O【偏移】命令，将新绘制的多段线向外偏移140，如图10-34所示。

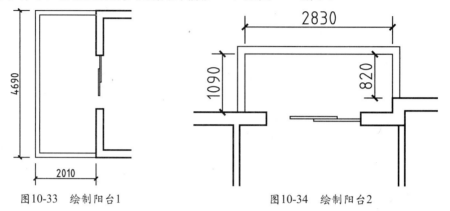

图10-33 绘制阳台1   图10-34 绘制阳台2

03 绘制玻璃隔墙。调用SPL【样条曲线】命令，结合【端点捕捉】功能，绘制样条曲线如图10-35所示。

04 调用O【偏移】命令，将新绘制的样条曲线依次向下偏移150和140，如图10-36所示。

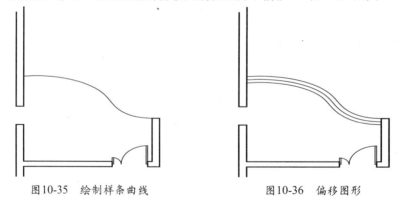

图10-35 绘制样条曲线   图10-36 偏移图形

10.2.6 绘制管道

管道的用途很广泛，主要用在给水、排水、供热、供煤气、长距离输送石油和天然气、农业灌溉、水力工程和各种工业装置中。下面将详细介绍管道的绘制方法。

01 调用O【偏移】、EX【延伸】和TR【修剪】命令，绘制相应的图形，如图10-37所示。

02 将【墙体】图层置为当前。调用PL【多段线】命令，结合【端点捕捉】和【168°极轴追踪】功能，绘制多段线，如图10-38所示。

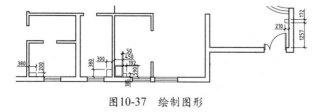

图10-37 绘制图形   图10-38 绘制多段线

03 调用C【圆】和CO【复制】命令，在相应的位置分别绘制半径为55的圆，如图10-39所示。

图10-39 绘制圆

10.2.7 完善原始结构图

在绘制好墙体、门窗、阳台以及管道图形后，还需要添加文字、尺寸标注，并添加图名，完善图形。

01 将【标注】图层置为当前。调用MT【多行文字】命令，修改【文字高度】为400，依次添加文字说明，如图10-40所示。

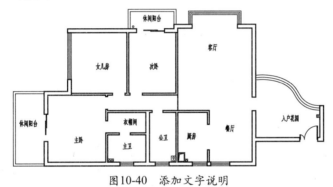

图10-40 添加文字说明

02 显示【轴线】图层，调用DLI【线性标注】和DCO【连续标注】命令，标注图形，隐藏【轴线】图层，如图10-41所示。

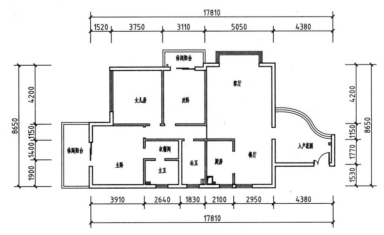

图10-41 添加尺寸标注

03 调用I【插入】命令，插入随书光盘中【图名称】图块，打开【编辑属性】对话框，依次输入相应名称，单击【确定】按钮，即可插入图块，并调整图块的大小和位置，最终效果如图10-11所示。

10.3 绘制三居室墙体改造图

墙体改造图是指在原始结构图上，拆除墙体或添加墙体的图形，本实例讲解墙体改造图的绘制方法，如图10-42所示。

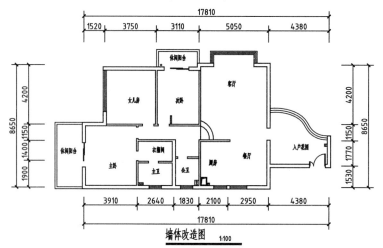

图10-42　三居室墙体改造图

01 改造厨房和公卫。将原始结构图复制一份。将【墙体】图层置为当前。调用E【删除】命令，将虚线表示的墙体删除；调用O【偏移】、EX【延伸】和F【圆角】等命令，封闭墙体，效果如图10-43所示。

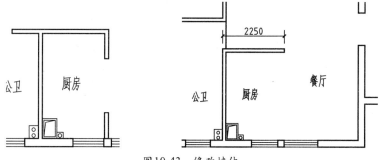

图10-43　修改墙体

02 调用PL【多段线】命令，结合【端点捕捉】功能，绘制多段线；调用M【移动】命令，调整新绘制多段线的位置，如图10-44所示。

03 调用PL【多段线】命令，结合【端点捕捉】功能，绘制多段线；调用M【移动】命令，调整新绘制多段线的位置，如图10-45所示。

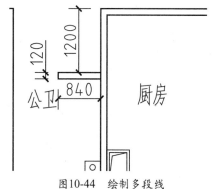

图10-44　绘制多段线

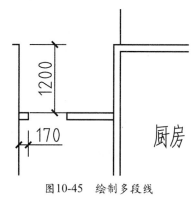

图10-45　绘制多段线

04 改造衣帽间和主卫。调用O【偏移】命令，将合适的直线进行偏移操作，如图10-46所示。

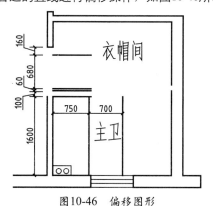

图10-46 偏移图形

05 调用EX【延伸】、TR【修剪】和E【删除】等命令，延伸并删除图形，如图10-47所示。

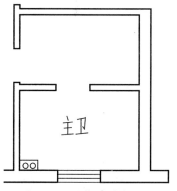

图10-47 延伸并删除图形

06 改造次卧。调用PL【多段线】命令，结合【端点捕捉】功能，绘制多段线；调用M【移动】命令，调整新绘制多段线的位置，如图10-48所示。

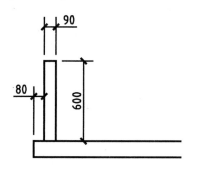

图10-48 绘制多段线

07 绘制台阶。调用O【偏移】命令，依次将合适的直线进行偏移操作，如图10-49所示。

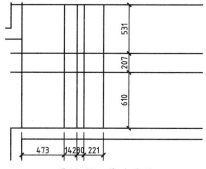

图10-49 偏移图形

08 调用A【圆弧】命令，结合【对象捕捉】功能，以【三点】方式绘制圆弧，如图10-50所示。

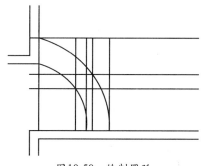

图10-50 绘制圆弧

09 调用E【删除】命令，删除多余的直线，如图10-51所示。

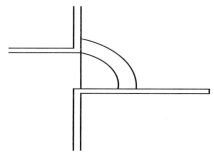

图10-51 删除图形

10 双击图名，打开【增强属性编辑器】对话框，将【值】修改为"墙体改造图"，单击【确定】按钮，修改图名，得到最终效果，如图10-42所示。

10.4 绘制三居室平面布置图

平面布置图是在墙体改造图的基础上进行空间布局和物品陈设操作，本实例讲解三居室平面布置图的绘制方法，如图10-52所示。

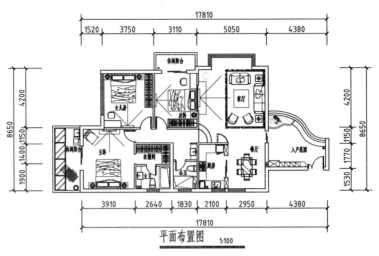

图10-52 三居室平面布置图

10.4.1 绘制客厅平面布置图

客厅也叫起居室，是主人与客人会面的地方，也是房子的门面。客厅的摆设和颜色都能反映主人的性格、特点、眼光和个性等。客厅宜用浅色，让客人有耳目一新的感觉，使来宾消除一天奔波的疲劳。如图10-53所示为客厅的平面布置效果图。

图10-53 客厅平面布置效果图

客厅平面布置图中需要绘制的图形有电视柜、电视背景墙、电视机、盆栽、沙发和组合柜等图形，其中电视机、沙发、盆栽可以作为图块直接调入即可，而电视柜、电视背景墙以及组合柜则需要绘制，如图10-54所示，下面讲解其绘制方法。

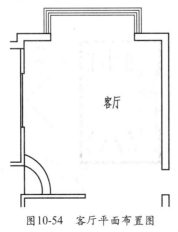
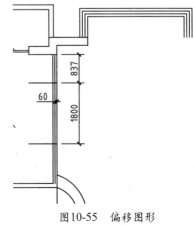

图10-54 客厅平面布置图 图10-55 偏移图形

01 绘制电视背景墙。调用O【偏移】命令，选择合适的墙体进行偏移操作，如图10-55所示。

02 调用TR【修剪】命令，修剪多余的图形，如图10-56所示。

03 绘制电视柜。将【家具】图层置为当前。调用PL【多段线】命令，结合【端点捕捉】功能，绘制多段线；调用M【移动】命令，调整新绘制多段线的位置，如图10-57所示。

04 绘制组合柜。调用L【直线】和M【移动】命令，绘制直线，如图10-58所示。

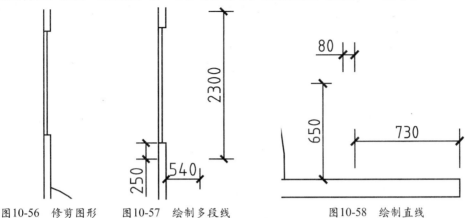

图10-56　修剪图形　　图10-57　绘制多段线　　图10-58　绘制直线

提示

在进行电视背景墙的立面图纸设计时，需要依据三大设计原则：主题墙设计上不能凌乱复杂，以简洁明快为好；色彩运用要合理；不能为做电视背景墙而做背景墙，背景墙的设计要注意家居整体的搭配，需要和其他陈设配合与映衬，还要考虑其位置的安排及灯光效果。

05 调用O【偏移】命令，将新绘制的水平直线向下依次进行偏移处理，如图10-59所示。

06 调用A【圆弧】命令，以【起点、端点、半径】方式绘制一个【半径】为819的圆弧；调用O【偏移】命令，将新绘制的圆弧向内偏移41，修剪多余的圆弧，并修改偏移后圆弧的线型，如图10-60所示。

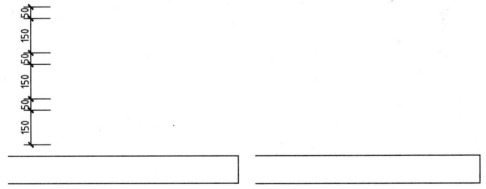

图10-59　偏移图形　　　　　　图10-60　绘制圆弧

07 调用I【插入】命令，插入随书光盘中的【客厅沙发】、【电视机】、【盆栽】图块，并调整其位置，得到最终效果，如图10-54所示。

10.4.2　绘制入户花园平面布置图

入户花园即在入户门与客厅门之间设计了一个类似玄关概念的花园，起到入户门与客厅的连接过渡作用。入户花园可以让人们过去的"庭院情结"在空中得以延伸。如图10-61所示为入户花园的平面布置效果图。

图10-61 入户花园平面布置效果图

入户花园的平面布置图包括鱼缸、神位以及推拉门图形，如图10-62所示，下面讲解其绘制方法。

01 修改图形。调用SPL【样条曲线】命令，依次捕捉合适的点，绘制样条曲线，如图10-63所示。

02 调用O【偏移】命令，选择新绘制的样条曲线向内偏移81；选择合适的样条曲线进行复制操作；调用TR【修剪】命令，修剪图形，如图10-64所示。

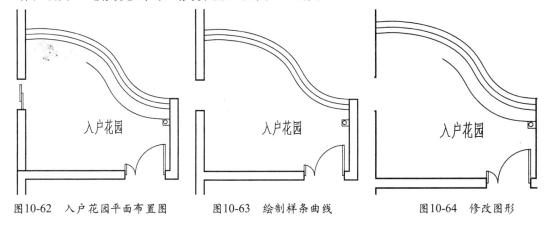

图10-62 入户花园平面布置图   图10-63 绘制样条曲线   图10-64 修改图形

03 绘制神位。调用O【偏移】命令，选择合适的直线水平向上偏移，如图10-65所示。

04 调用O【偏移】命令，选择合适的垂直直线向右进行偏移操作，如图10-66所示。

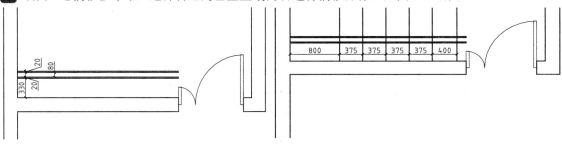

图10-65 偏移图形   图10-66 偏移图形

05 调用TR【修剪】和E【删除】命令，修剪并删除图形，并将修剪后的图形修改至【家具】图层，如图10-67所示。

06 调用F【圆角】命令，修改【圆角半径】为150，圆角图形；调用L【直线】命令，结合【交点捕捉】功能，连接直线，如图10-68所示。

07 调用O【偏移】、EX【延伸】、TR【修剪】和L【直线】命令，绘制图形，并将新绘制的图形修改至【家具】图层，如图10-69所示。

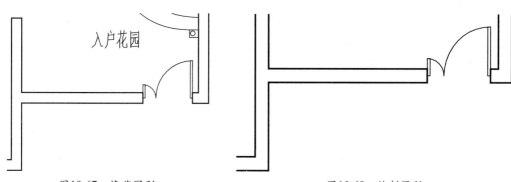

图10-67　修剪图形　　　　　　　　　　　图10-68　绘制图形

08 绘制推拉门。调用REC【矩形】命令，结合【中点捕捉】功能，绘制一个45×465的矩形；调用CO【复制】命令，将新绘制的矩形进行复制操作，如图10-70所示。

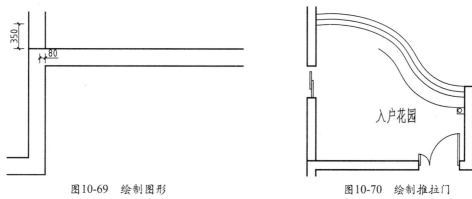

图10-69　绘制图形　　　　　　　　　　　图10-70　绘制推拉门

09 调用I【插入】命令，插入随书光盘中的【鱼缸】、【暗藏灯管】图块，并调整其位置，得到最终效果，如图10-62所示。

提示

　　添加入户花园后，当打开家门，展现在面前的不再是"赤裸"的客厅与卧室。通过在入户玄关处设置花园，在入户门与客厅之间形成过渡，增加了家庭的私密性，同时丰富了室内的空间格局，营造出温馨浪漫的氛围。

10.4.3　绘制卧室平面布置图

　　卧室又被称作卧房、睡房，分为主卧和次卧，是供人在其内睡觉、休息或进行性活动的房间，卧房不一定有床，不过至少有可供人躺卧之处，有些房子的主卧房有附属浴室。在风水学中，卧室的格局是非常重要的一环，卧室的布局直接影响一个家庭的幸福、夫妻的和睦、身体健康等诸多元素。好的卧室格局不仅要考虑物品的摆放、方位，整体色调的安排以及舒适性也都是不可忽视的环节。如图10-71所示为卧室的平面布置效果图。

图10-71　卧室平面布置效果

卧室平面图布置图的绘制包含了主卧、衣帽间、次卧以及女儿房4个空间的布局摆设，如图10-72所示，下面讲解其绘制方法。

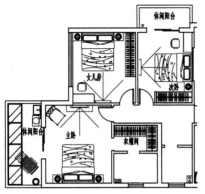

图10-72 卧室平面布置图

01 绘制主卧休闲阳台。调用X【分解】命令，分解休闲阳台的内部多段线。

02 调用O【偏移】命令，将左侧的垂直直线向右进行偏移操作，如图10-73所示。

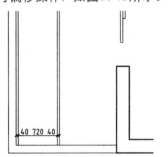

图10-73 偏移图形

03 调用O【偏移】命令，将分解后上方的水平直线向下进行偏移操作，如图10-74所示。

04 将【门窗】图层置为当前。调用TR【修剪】命令，修剪图形；调用H【图案填充】命令，选择【STEEL】图案，修改【图案填充比例】为250，填充图形，如图10-75所示。

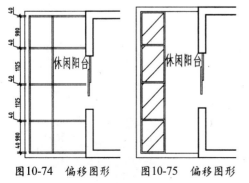

图10-74 偏移图形　　图10-75 偏移图形

05 绘制主卧电视柜。将【家具】图层置为

当前，调用PL【多段线】、M【移动】和O【偏移】命令，绘制图形，如图10-76所示。

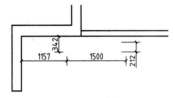

图10-76 绘制图形

06 绘制衣帽间衣柜。调用O【偏移】命令，选择合适的图形将其进行偏移操作。如图10-77所示。

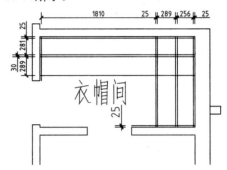

图10-77 偏移图形

07 调用EX【延伸】命令，延伸图形；TR【修剪】命令，修剪多余的图形，并将修剪后的图形修改至【家具】图层，如图10-78所示。

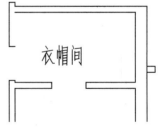

图10-78 修剪图形

08 绘制女儿房书桌。调用O【偏移】命令，选择合适的图形将其进行偏移操作，如图10-79所示。

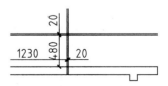

图10-79 偏移图形

09 调用F【圆角】命令，修改【圆角半径】分别为80和100，圆角图形；调用TR【修剪】

命令，修剪多余的图形，并将修改好的图形修改至【家具】图层，如图10-80所示。

图10-80 修改图形

10 绘制女儿房衣柜。调用O【偏移】和TR【修剪】命令，绘制衣柜，并将其修改至【家具】图层，如图10-81所示。

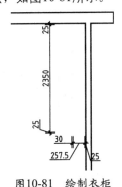

图10-81 绘制衣柜

11 绘制次卧衣柜。调用O【偏移】和TR【修剪】命令，绘制衣柜，并将其修改至【家具】图层，如图10-82所示。

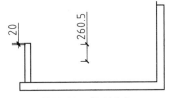

图10-82 绘制衣柜

12 绘制次卧书桌。调用O【偏移】和TR【修剪】命令，绘制书桌，并将其修改至【家具】图层，如图10-83所示。

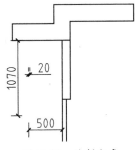

图10-83 绘制书桌

13 调用I【插入】和CO【复制】命令，插入随书光盘中的【双人床】、【次卧双人床】、【单扇门】、【衣架】、【椅子】、【躺椅】、【休闲椅】、【洗衣机】和【洗手盆】等图块，并调整图块的大小、位置和方向，得到最终效果，如图10-72所示。

10.4.4 绘制卫生间平面布置图

理想的卫生间应该在5～8平米，最好卫浴分区或卫浴分开。3平米是卫生间的面积底限，刚刚可以把洗手台、坐便器和沐浴设备统统安排在内。如图10-84所示为卫生间的平面布置效果图。

图10-84 卫生间平面布置效果图

卫生间平面布置图的绘制包含了坐便器、洗脸台和淋浴间等图形，其中坐便器和洗脸盆可以直接作为图块插入使用，如图10-85所示，下面讲解其绘制方法。

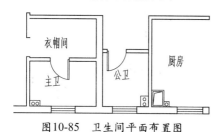

图10-85 卫生间平面布置图

01 绘制主卫洗脸台。调用L【直线】命令，结合【对象捕捉】功能，连接直线，如图10-86所示。

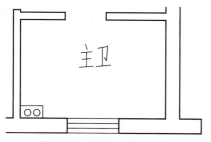

图10-86 绘制主卫洗脸台

02 绘制公卫洗脸台。调用O【偏移】命令，将合适的两条直线进行偏移操作；调用TR【修剪】命令，修剪图形，效果如图10-87所示。

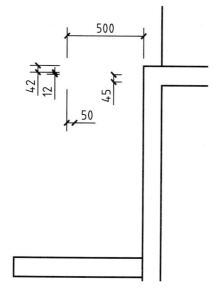

图10-87 绘制公卫洗脸台

03 绘制公卫淋浴间。调用O【偏移】命令，选择合适的墙体依次进行偏移操作，如图10-88所示。

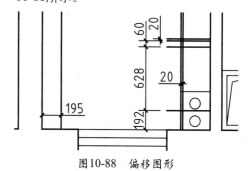

图10-88 偏移图形

04 调用EX【延伸】命令，延伸相应的直线；调用TR【修剪】命令，修剪多余的图形，如图10-89所示。

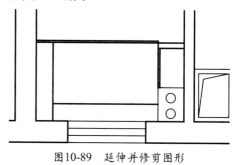

图10-89 延伸并修剪图形

05 调用C【圆】和L【直线】命令，结合【对象捕捉】功能，绘制图形；调用E【删除】命令，删除多余的图形，并将修剪的图形修改至【家具】图层，如图10-90所示。

图10-90 绘制图形

06 调用I【插入】、CO【复制】和TR【修剪】命令，插入随书光盘中的【马桶】、【浴缸】等图块，并调整图块的大小、位置和方向，如图10-91所示。

07 复制【单扇门】对象，调用SC【缩放】命令，设置【缩放比例】为0.875，缩放图形；调用RO【旋转】和【镜像】命令，在卫生间的门洞中布置门图形，得到最终效果，如图10-85所示。

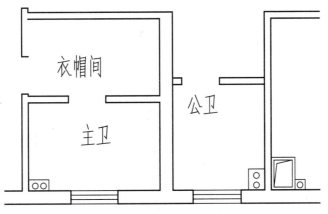

图10-91 插入图块效果

10.4.5 绘制厨房和餐厅平面布置图

厨房是将平凡食材变成美食的地方，餐厅是将美食化为能量的快乐天地。可以采用空间的合理设计，色彩的完美搭配，家具的巧妙使用，可以让美食更加喷香可口，让烹饪变得轻松快乐起来。如图10-92所示为开放式厨房和餐厅的平面布置效果图。厨房和餐厅平面布置图中包含了橱柜、燃气灶、餐桌椅、洗脸盆以及冰箱等图形，下面讲解其绘制方法。

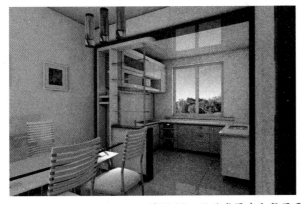

图10-92 开放式厨房和餐厅平面布置效果图

01 绘制隔断。调用REC【矩形】命令，结合【对象捕捉】功能，绘制一个300×800的矩形。

02 调用X【分解】命令，分解矩形；调用O【偏移】命令，偏移最下方的水平直线；调用L【直线】命令，结合【对象捕捉】功能，连接直线，如图10-93所示。

03 调用MI【镜像】命令，选择新绘制的图形，将其进行镜像操作，并删除直线，如图10-94所示。

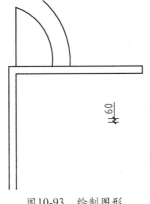

图10-93 绘制图形　　　　　图10-94 镜像图形

04 绘制推拉门。将【门窗】图层置为当前。调用REC【矩形】命令，结合【中点捕捉】功能，绘制一个45×800的矩形；调用CO【复制】命令，将新绘制的矩形进行复制操作，如图10-95所示。

05 绘制橱柜台面。将【家具】图层置为当前。调用PL【多段线】和M【移动】命令，结合【对象捕捉】功能，绘制多段线，如图10-96所示。

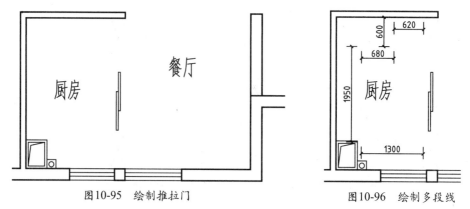

图10-95　绘制推拉门　　　　　　　　　　图10-96　绘制多段线

06 调用I【插入】命令，插入随书光盘中的【冰箱】、【餐桌椅】、【燃气灶】、【洗菜盆】图块，并调整图块的位置，得到最终效果，如图10-52所示。

> **提示**
> 　设计橱柜时，应注意留出足够的空间放置诸如冰箱等电器用品。另外，还应注意洗菜盆、灶台的位置安排和空间处理。

10.5 绘制三居室地面铺装图

　　地面直接承受物理和化学作用，并构成室内空间形象。其材料和构造应根据房间的使用要求、地面的使用要求和经济条件加以选用。在人流经常通过的门厅、过道等处，可选用美观、耐磨、易于清洁的面层，如花岗石、大理石等面层。卧室、书房等供人们长时间逗留且要求安静的房间，可选用具有良好消声和触感的面层，如木板、地毯、橡胶等面层。厨房、卫生间、洗衣房等处，应用耐水、防滑、易于清洗的地面，如缸砖、马赛克（锦砖）等。如图10-97所示为地面铺装效果图。

图10-97　地面铺装效果图

　　地面铺装图属于室内施工图，其主要作用是用来展示室内设计中的地面材质铺设。本实例讲解中的三居室地面铺装图除了过道做了一些造型地铺外，其余的均是直接地面铺贴手法进行铺贴，其地面铺装图如图10-98所示。

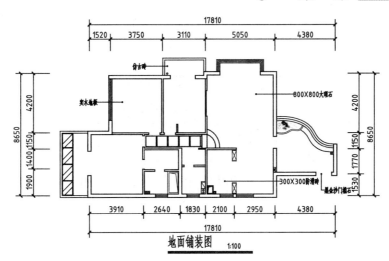

图10-98　三居室地面铺装图

01 调用CO【复制】命令，将平面布置图复制一份，并粘贴到一侧。调用E【删除】命令，删除多余的图形。

02 将【填充】图层置为当前。调用REC【矩形】命令，封闭各填充区域，效果如图10-99所示。

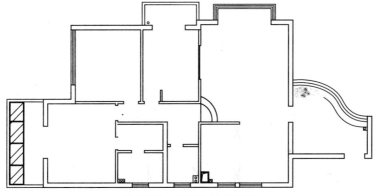

图10-99　封闭各填充区域

03 调用O【偏移】、EX【延伸】和TR【修剪】命令，绘制图形，效果如图10-100所示。

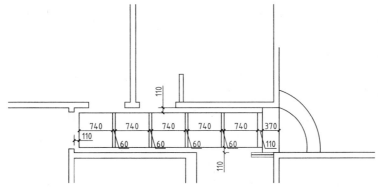

图10-100　绘制图形

04 调用H【图案填充】命令，选择【AR-CONC】图案，填充门槛石和台阶区域，如图10-101所示。

05 调用H【图案填充】命令，选择【DOLMTI】图案，修改【图案填充比例】为30，依次填充主卧、衣帽间、女儿房和次卧区域。

06 调用H【图案填充】命令，选择【USER】图案，单击【交叉线】按钮，修改【图案填充间距】为800，填充客厅和餐厅区域。

239

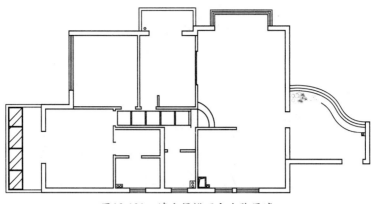

图10-101 填充门槛石和台阶区域

07 调用H【图案填充】命令，选择【USER】图案，单击【交叉线】按钮，修改【图案填充间距】为300，填充厨房、主卫和公卫区域，如图10-102所示。

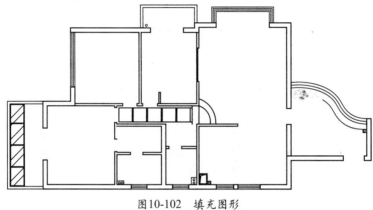

图10-102 填充图形

08 调用H【图案填充】命令，选择【STEEL】图案，修改【图案填充比例】为20、【图案填充角度】为90，填充过道区域。

09 调用H【图案填充】命令，选择【AR-B816】图案，修改【图案填充比例】为1.5、【图案填充角度】为90，填充休闲阳台和入户花园区域。

10 调用H【图案填充】命令，选择【GRAVEL】图案，修改【图案填充比例】为20，填充入户花园余下区域，如图10-103所示。

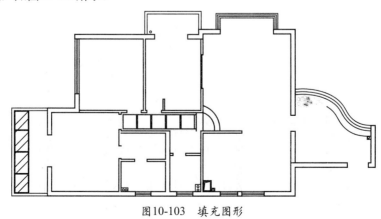

图10-103 填充图形

11 将【标注】图层置为当前。调用MLD【多重引线】命令，添加多重引线说明，修改图名，得到最终效果，如图10-98所示。

10.6 绘制三居室顶棚平面图

顶棚平面图在整个居室装饰中占有相当重要的地位，对居室顶面作适当的装饰，不仅能美化室内环境，还能营造出丰富多彩的室内空间艺术形象，如图10-104所示为顶棚平面效果图。

图10-104　顶棚平面效果图

顶棚平面图的设计应该依据平面布置图进行，这样才能上下呼应，突出整体效果。本实例中的客厅、餐厅以及过道采用了吊顶造型，而卫生间和厨房则是采用了铝扣板吊顶，其他的空间只是做了部分吊顶，用于放置灯带。本实例讲解三居室顶棚平面图的绘制方法，如图10-105所示。

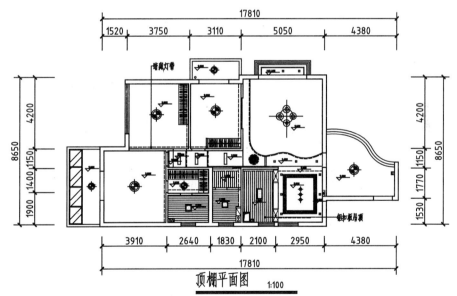

图10-105　三居室顶棚平面图

01 调用CO【复制】命令，将平面布置图复制一份，并粘贴到一侧；调用E【删除】命令，删除多余图形。

02 将【顶棚】图层置为当前。调用L【直线】命令，连接门洞，如图10-106所示。

03 调用O【偏移】命令，选择合适的多段线，依次向内偏移160和20，并将偏移后的图形修改至【顶棚】图层，如图10-107所示。

04 绘制客厅吊顶。调用PL【多段线】和M【移动】命令，绘制多段线，如图10-108所示。

05 调用O【偏移】命令，将新绘制的多段线向外偏移50。

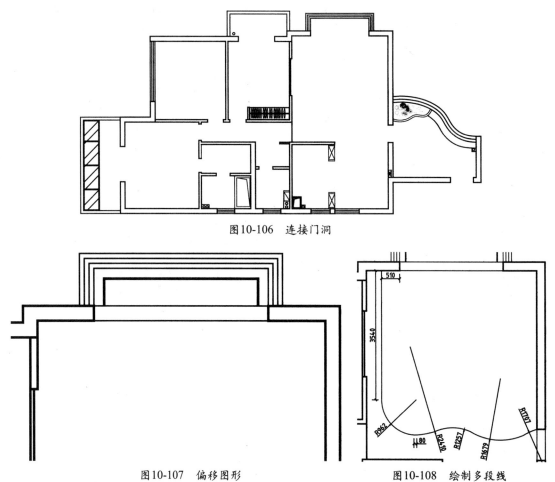

图10-106 连接门洞

图10-107 偏移图形　　　　　　　图10-108 绘制多段线

06 调用C【圆】和M【移动】命令，分别绘制半径为250和300的圆，并将外侧圆偏移后的多段线的线型修改为【DASHED】，并将其【线型比例】为0.5，如图10-109所示。

07 绘制过道吊顶。调用O【偏移】、EX【延伸】和TR【修剪】命令，绘制图形，如图10-110所示。

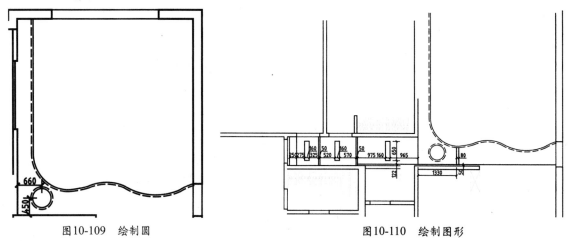

图10-109 绘制圆　　　　　　　　图10-110 绘制图形

08 选择合适的图形，依次修改其图层和线型，如图10-111所示。

09 绘制其他房间灯带。调用O【偏移】、EX【延伸】和TR【修剪】命令，绘制灯带图形，如图10-112所示。

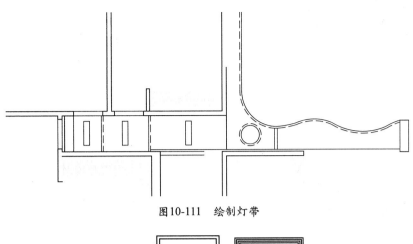

图10-111　绘制灯带

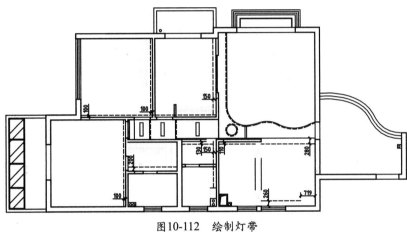

图10-112　绘制灯带

10　绘制餐厅吊顶。调用REC【矩形】和M【移动】命令，绘制矩形，如图10-113所示。

11　调用X【分解】命令，分解矩形；调用O【偏移】命令，将矩形上方的水平直线向下进行偏移操作，如图10-114所示。

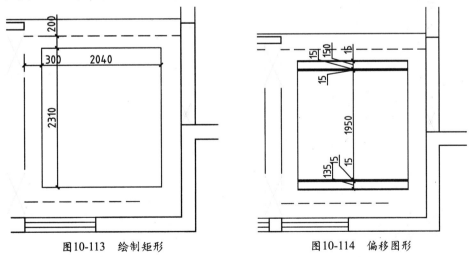

图10-113　绘制矩形　　　　　　　　　图10-114　偏移图形

12　调用O【偏移】命令，将矩形左侧的垂直直线向右进行偏移操作，如图10-115所示。

13　调用TR【修剪】命令，修剪图形，选择合适的图形，修改其线型，如图10-116所示。

14　单击【快速访问】工具栏的【打开】按钮，打开"第10课\图例表"素材文件，如图10-117所示。

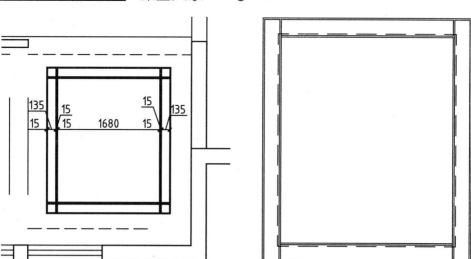

图10-115 偏移图形 　　　　　　　　　　　　　图10-116 修剪图形

15 依次将【图例表】中的灯具图形布置到顶棚平面图中，并调整灯具图形的位置、大小和数量，如图10-118所示。

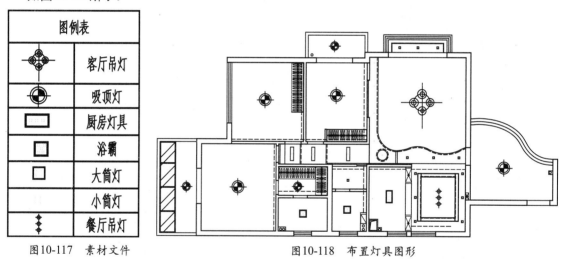

图例表	
	客厅吊灯
	吸顶灯
	厨房灯具
	浴霸
	大筒灯
	小筒灯
	餐厅吊灯

图10-117 素材文件 　　　　　　　　　　　　　图10-118 布置灯具图形

16 调用I【插入】命令，插入【中式花格】图块，如图10-119所示。

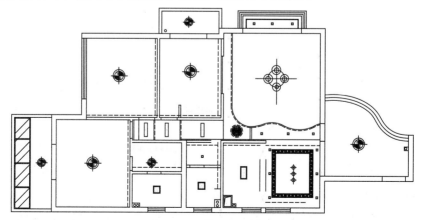

图10-119 插入图块效果

17 调用I【插入】命令，插入【标高图块】图块，修改【比例】为4，在绘图区中客厅区域的任意位置，单击鼠标，打开【编辑属性】对话框，输入2.800，单击【确定】按钮即可。

18 调用CO【复制】命令，将【标高】图块进行复制操作，双击相应的属性图块，修改其属性，效果如图10-120所示。

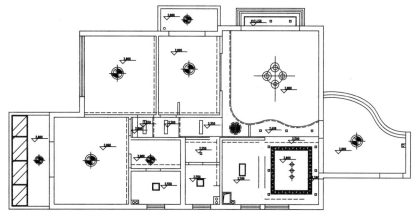

图10-120 插入【标高】图块效果

19 调用H【图案填充】命令，选择【USER】图案，修改【图案填充比例】为120、修改【图案填充角度】为0和90°，填充合适的区域，如图10-121所示。

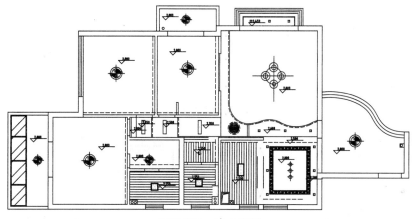

图10-121 填充图形

20 将【标注】图层置为当前。调用MLD【多重引线】命令，添加多重引线说明，得到最终效果如图10-105所示。

10.7 绘制三居室立面图

立面图是一种与垂直界面平行的正投影图，它能够反映室内垂直界面的形状、装修做法及其上的陈设，是一种很重要的图样。本节主要讲解三居室中的入户花园大门墙、客厅沙发背景墙以及过道立面图的绘制方法。

10.7.1 绘制入户花园大门墙立面图

入户花园的设计，实现了人们将花园引入住宅的梦想，形成真正的立体园林景观。在入户花园内摆放一些绿色植物和休闲物品，感觉到人与自然的零接触，真正体现绿色生态的居住含义，符合现代人追求居住环境的需求。如图10-122所示为入户花园大门墙立面效果图。

入户花园大门墙立面图体现了入户门、神位的立面造型，本实例讲解入户花园大门墙立面图绘制方法，如图10-123所示。

图10-122　入户花园大门墙立面效果图

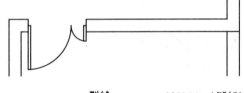

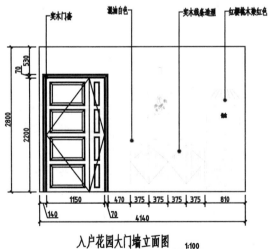

图10-123　入户花园大门墙立面图

01 调用CO【复制】命令，复制平面布置图中的入户花园大门墙的平面部分。

02 将【墙体】图层置为当前。调用L【直线】命令，绘制入户花园大门墙立面墙体的投

影线；调用O【偏移】命令，将最下方的水平投影线向上偏移2800，如图10-124所示。

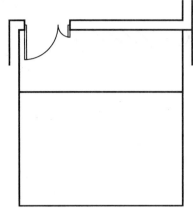

图10-124　绘制投影线

03 调用TR【修剪】命令，修剪多余的图形，如图10-125所示。

图10-125　修剪图形

04 绘制进户门。将【门窗】图层置为当前。调用PL【多段线】命令，绘制多段线；调用M【移动】命令，移动新绘制的多段线，如图10-126所示。

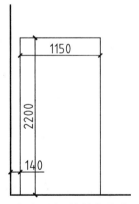

图10-126　绘制多段线

05 调用O【偏移】命令，将新绘制的多段线依次向外偏移20、30、20；调用L【直线】命令，结合【端点捕捉】功能，连接直线，如图10-127所示。

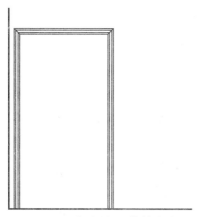

图10-127 绘制图形

06 调用X【分解】命令，将内部的多段线进行分解操作；调用O【偏移】命令，选择合适的垂直直线进行偏移操作，如图10-128所示。

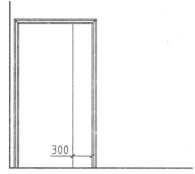

图10-128 偏移图形

07 调用REC【矩形】命令，绘制一个矩形；调用M【移动】命令，调整新绘制矩形的位置，如图10-129所示。

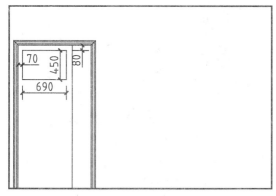

图10-129 绘制矩形

08 调用O【偏移】命令，将新绘制的矩形向内依次偏移10和40；调用L【直线】命令，结合【对象捕捉】功能，连接直线，如图10-130所示。

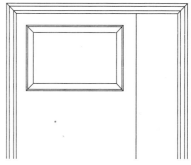

图10-130 绘制图形

09 调用REC【矩形】命令，绘制一个矩形；调用M【移动】命令，调整新绘制矩形的位置；调用O【偏移】命令，将新绘制的矩形向内偏移10，如图10-131所示。

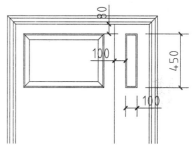

图10-131 绘制矩形

10 调用CO【复制】命令，选择合适的图形进行复制操作，如图10-132所示。

11 调用PL【多段线】命令，结合【对象捕捉】功能，绘制多段线，如图10-133所示。

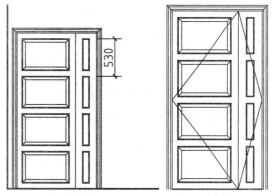

10-132 复制图形图　　　10-133 绘制多段线图

12 调用I【插入】命令，插入【装饰灯】、【壁画】、【神位】和【门把手】图块，并调整其位置，如图10-134所示。

13 将【标注】图层置为当前。调用MLD【多重引线】命令，添加多重引线说明，如图10-135所示。

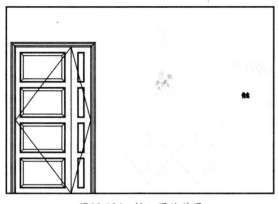

图10-134　插入图块效果

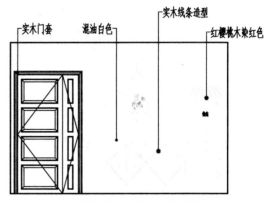

图10-135　添加多重引线

14 调用DLI【线性标注】和DCO【连续标注】命令，添加尺寸标注，调用CO【复制】命令，复制图名对象，并修改其名称和比例，得到最终效果，如图10-123所示。

10.7.2　绘制客厅电视背景墙立面图

电视背景墙一般是指电视摆放的位置，也是这个屋子里面的视觉中心，最具特色的一个地方，是进门后的视觉焦点。电视背景墙制作有多种方法，如石膏板造型、铝塑板、马来漆、涂料色彩造型、木制油漆造型、玻璃、石材造型、还有贴墙纸等方法，如图10-136所示为客厅电视背景墙立面图。

图10-136　客厅电视背景墙立面图

客厅电视背景墙立面图包含了电视背景墙、电视柜和台阶造型，如图10-137所示，下面讲解其绘制方法。

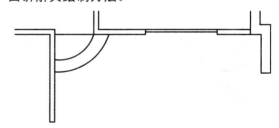

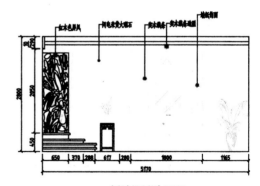

图10-137　客厅电视背景墙立面图

01 调用CO【复制】命令，复制平面布置图中的客厅电视背景墙的平面部分。

02 将【墙体】图层置为当前。调用L【直线】命令，绘制客厅电视背景墙立面墙体的投影线；调用O【偏移】命令，将最下方的水平投影线向上偏移2800，如图10-138所示。

03 调用TR【修剪】命令，修剪多余的图形；

调用O【偏移】命令，选择合适直线进行偏移操作；如图10-139所示。

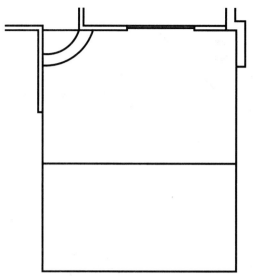

图10-138　绘制投影线

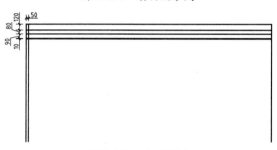

图10-139　偏移图形

04 调用TR【修剪】命令，修剪多余的图形，并将修剪后的图形修改至【顶棚】图层，如图10-140所示。

图10-140　修剪图形

05 调用O【偏移】命令，偏移直线；调用TR【修剪】命令，修剪图形，并将图形修改至【家具】图层，如图10-141所示。

06 将【家具】图层置为当前。调用PL【多段线】命令，结合【对象捕捉】和【正交】功能，绘制一条多段线，如图10-142所示。

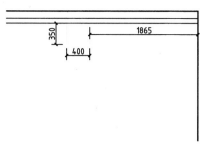

图10-141　修改图形

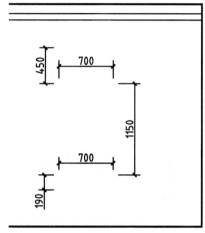

图10-142　绘制多段线

07 调用O【偏移】命令，将新绘制的多段线进行偏移操作，如图10-143所示。

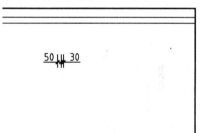

图10-143　偏移图形

08 调用MI【镜像】命令，选择合适的多段线将其进行镜像操作，如图10-144所示。

图10-144　镜像图形

09 调用O【偏移】命令，将最下方的水平直线
向上进行偏移操作，如图10-145所示。

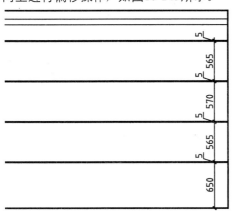

图10-145　偏移图形

10 调用O【偏移】命令，将最右侧的垂直直线
向左进行偏移操作，如图10-146所示。

图10-146　偏移图形

11 调用TR【修剪】命令，修剪多余的图形；
调用E【删除】命令，删除多余的图形，并
将修改后的图形修改至【家具】图层，如
图10-147所示。

图10-147　修改图形

12 调用O【偏移】命令，选择合适的垂直直线
进行偏移操作，如图10-148所示。

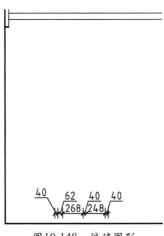

图10-148　偏移图形

13 调用O【偏移】命令，选择最下方的水平直
线向上进行偏移操作，如图10-149所示。

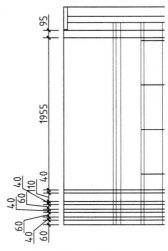

图10-149　偏移图形

14 调用L【直线】命令，结合【对象捕捉】功
能，连接直线，如图10-150所示。

图10-150　绘制直线

15 调用TR【修剪】命令，修剪多余的图形；调用E【删除】命令，删除多余的图形，并将修改后的相应图形修改至【家具】图层，如图10-151所示。

16 调用F【圆角】命令，修改【圆角半径】为20，圆角合适的图形，如图10-152所示。

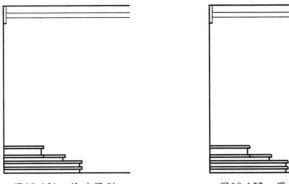

图10-151　修改图形　　　　　　　图10-152　圆角图形

17 调用I【插入】命令，插入【射灯】、【电视组合】、【屏风】、【花瓶】和【矮柜】等图块，并调整其位置；调用TR【修剪】命令，修剪多余的图形，如图10-153所示。

18 将【填充】图层置为当前。调用H【图案填充】命令，依次为相应的区域添加图案填充对象，如图10-154所示。

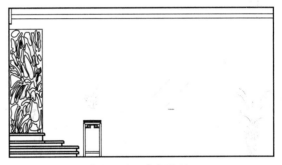

图10-153　插入图块效果　　　　　　图10-154　填充图形

19 将【标注】图层置为当前。调用MLD【多重引线】命令，添加多重引线说明；调用DLI【线性标注】和DCO【连续标注】命令，添加尺寸标注，调用CO【复制】命令，复制图名对象，并修改其名称和比例，得到最终效果如图10-137所示。

10.7.3　绘制过道立面图

过道也可以称为走廊、是由房子大门通向各个房间的过道。在设置过道时，设计明亮的光线可以让空间显得宽敞，也可以缓解狭长过道所产生的紧张感。过道常用多个筒灯、射灯、壁灯营造光环境，如图10-155所示为过道立面效果图。

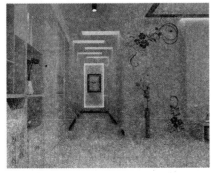

图10-155　过道立面效果图

过道立面图包括了过道背景墙的立面造型，如图10-156所示，读者可以参照前面介绍的方法来自行绘制，由于篇幅有限，在这里就不做详细介绍。

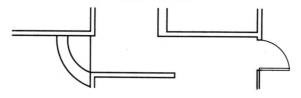

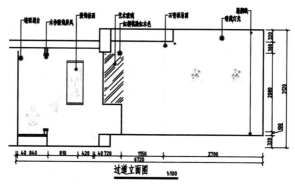

图10-156　过道立面图

10.8 课后练习 ━━━━━━━━━

主卧室的床头背景墙主要体现了主卧床立面造型以及背景墙的造型效果。本实例讲解主卧床背景墙立面图的绘制方法，如图10-157所示。

的主卧床背景墙的平面部分。

02 将【墙体】图层置为当前。调用L【直线】命令，绘制客厅电视背景墙立面墙体的投影线；调用O【偏移】命令，将最下方的水平投影线向上偏移2800，如图10-158所示。

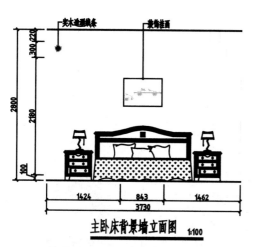

图10-157　主卧床背景墙立面图

提示步骤如下。

01 调用CO【复制】命令，复制平面布置图中

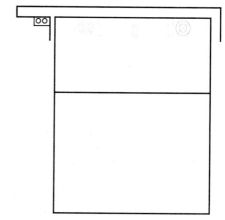

图10-158　绘制投影线

03 调用TR【修剪】命令，修剪多余的图形。

04 调用O【偏移】和TR【修剪】命令，绘制实木造型，尺寸如图10-159所示。

05 调用MI【镜像】命令，镜像图形。

06 调用O【偏移】将最下方的直线向上偏移，尺寸如图10-160所示。

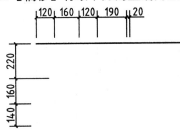

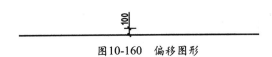

图10-159　偏移图形　　　　　　　　　　　图10-160　偏移图形

07 调用I【插入】命令，插入随书光盘中的【装饰画】、【床立面图】图块，并调整其位置。

08 将【标注】图层置为当前。调用MLD【多重引线】命令，添加多重引线说明；调用DLI【线性标注】和DCO【连续标注】命令，添加尺寸标注。调用CO【复制】命令，复制图名对象，并修改其名称和比例，得到最终效果如图10-157所示。

第11课
办公空间室内设计

对办公空间进行设计时要针对办公空间的布局、通风、采光及色调设计等做好工作，这些对工作人员的精神状态及工作效率影响很大，过去陈旧的办公空间设计已不再适应新的需求。本课首先对办公空间设计的相关基础知识进行讲解，然后针对办公空间的平面布置图、地面铺装图、顶棚平面图以及立面图等图形的绘制方法进行讲解。

本课知识：

1. 掌握办公空间设计的基础知识。
2. 掌握办公空间平面布置图的绘制方法。
3. 掌握办公空间地面铺装图的绘制方法。
4. 掌握办公空间顶棚平面图的绘制方法。
5. 掌握办公空间立面图的绘制方法。

11.1 办公空间设计概述

办公空间设计是指对布局、格局、空间的物理和心理分割。办公空间设计需要考虑多方面的问题，涉及科学、技术、人文和艺术等诸多因素。办公空间室内设计的最大目标就是要为工作人员创造一个舒适、方便、卫生、安全、高效的工作环境，以便更大限度地提高员工的工作效率。本节将详细介绍办公空间设计的基础知识。

11.1.1 办公空间设计要素

办公空间设计首先要总体定位，一方面明确设计类型，是行政办公、还是商业办公、或是其他办公类型；另一方面确定装饰标准是高档、中档或一般，以及设计风格、氛围及效果等。然后进行室内空间总体布局。下面将对各类办公空间设计的基本要素进行讲解。

1. 秩序感

在设计中的秩序是指形的反复、形的节奏、形的完整和形的简洁。办公室设计也正是运用这一基本理论来创造一种安静、平和与整洁的环境。秩序感是办公空间设计的一本基本要素。要达到办公空间设计中秩序的目的，所涉及的面也很广，如家具样式与色彩的统一、平面布置的规整性、隔断高低尺寸与色彩材料的统一；天花的平整性与墙面不带花哨的装饰；合理的室内色调及人流的导向等。这些都与秩序密切相关，可以说秩序营造在办公室设计中起着最为关键性的作用，如图11-1所示为整齐的办公空间。

2. 明快感

保持办公室的简洁明快，是设计的又一基本要求。简洁明快是指办公环境的色调统一，灯光布置合理，有充足的光线，空气清新，这也是办公要求所决定的。在装饰中，明快的色调可以给人一种愉快的心情，给人一种洁净的感觉，同时明快的色调也可以在白天增加室内采光度，如图11-2所示为具有明快感的办公空间。

图11-1 整齐的办公空间　　　　　图11-2 具有明快感的办公空间

3. 现代感

目前，在我国许多企业的办公室为了便于思想交流，加强民主管理，往往采用开敞式的设计。这种设计已成为新型办公空间的特征，形成了现代办公空间新的空间概念。现代办公空间设计非常重视办公环境的研究，将自然景观引入室内空间，通过室内外环境的绿化，给办公环境带来一派生机。这也是现代办公空间设计的另一种特征。另外，现代人体工程学的发展，使办公设备在适合人体工程学的要求下，日益完善。办公的科学化、自动化给人类工作带来了极大方便。在设计中充分利用人体工程学的知识，按特定的功能与尺寸要求进行设计，这些都是对现代办公空间设计的基本要素，如图11-3所示为现代开放式办公空间。

图11-3　现代开放式办公空间

11.1.2　办公空间的色彩设计

办公室装修中的任何造型或布置均以色彩来展现。作为工作场所的办公空间，其色彩应能使人冷静但不单调为宜。斑斓的色彩使人疲倦，过于单调的色彩则会使人的感色细胞因为缺乏刺激而不得安宁。

目前国内外流行的办公室设计用色基本有四种色彩搭配模式。

★　以黑白灰为主再加一至两个较为鲜艳的颜色作为点缀。

★　用自然材料的本色为主，如原木、石材等，此类的颜色通常较为柔和，再配以黑白灰或其他适当的颜色。

★　全装修和家具都用黑白灰，然后靠摆设和植物的色彩作为点缀。

★　用温馨的中低纯度的颜色作为主调，再配以鲜艳的植物作为装饰。

除了以上四种较为普通的办公空间配色外，还有现代派及后现代派的办公空间配色设计。大量采用鲜艳和明亮的对比色，或用金银色和金属色，一般用于娱乐业、广告业、IT业等办公空间，这种配色设计的关键是如何避免在其中工作的员工过于疲劳，如图11-4所示为办公空间的绿色设计效果。

11.1.3　办公空间的照明设计

在办公空间中，往往还需要人工照明来辅助采光，特别是在晚上，则是完全依赖于人工照明。所以我们在进行色彩设计时还应该考虑照明对色彩的影响，如图11-5所示为办公空间的照明设计效果。

在进行办公装修的照明设计时，应该着重从以下8点来进行综合考虑。

★　办公空间几乎都是白天，因此人工照明应该与天然采光结合设计，从而形成舒适的照明环境。

★　办公室照明灯具宜采用荧光灯。

★　视觉作业的邻近表面以及房间内的装饰表现，宜采用无光泽的装饰材料。

★　办公室的一般照明宜设计在工业区的两侧，采用荧光灯时宜使灯具纵轴与水平视线平行，不宜将灯具布置在工作位置的正前方。

★　在难于确定工作位置时，可选用发光面积大、亮度低的双向蝙蝠翼式配光灯具。

★　在有计算机终端设备的办公用房，应避免在屏幕上出现人和物（如灯具、家具、窗等）的映像。

★　领导办公室照明要考虑写字台的照度、会客空间的照度以及必要的电气设备。

★　会议室照明要考虑会议桌上方的照明，使人产生中心和集中感觉，照度要合适，周围加设辅助照明。

图11-4 办公空间的绿色设计效果

图11-5 办公空间的照明设计效果

11.1.4 办公空间装修效果欣赏

一套办公空间的装修效果欣赏如图11-6～图11-13所示。

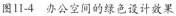

图11-6 前台区域

图11-10 总监室

图11-7 员工区域1

图11-11 总经理室

图11-8 员工区域2

图11-12 会议室

图11-9 财务室

图11-13 办公洽谈室

11.2 绘制办公空间原始结构图

办公空间的原始结构图是由墙体、门窗、柱子和楼梯等建筑构件构成，如图11-14所示。

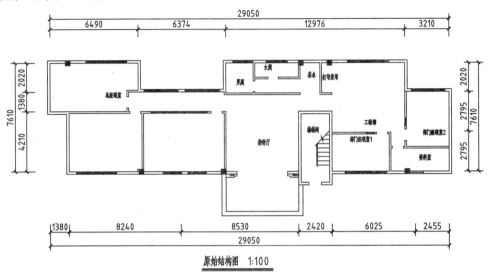

图11-14 办公空间原始结构图

11.3 绘制办公空间平面布置图

办公空间的主要功能是让人们进行办公，其办公空间主要由接待厅、工程部、部门经理室、财务室、会议室、资料室以及总经理室等空间组成。本实例讲解办公空间平面布置图的绘制方法，如图11-15所示。

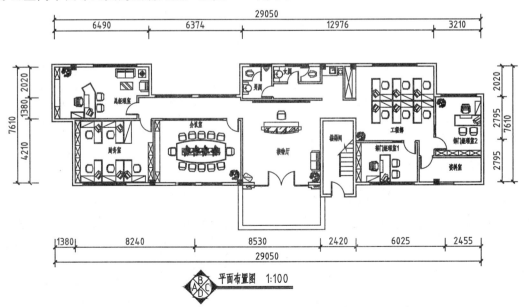

图11-15 办公空间平面布置图

11.3.1 办公空间平面功能空间分析

办公空间的各类功能空间，通常由主要办公空间、公共接待空间、配套服务空间以及附属设施空间等构成，下面将分别介绍各功能空间的概念。

1. 主要办公空间

主要办公空间是办公空间设计的核心内容。一般分为小型办公空间、中型办公空间和大型办公空间3种。

★ 小型办公空间：其私密性和独立性较好。一般面积在40m²以内。适应专业管理型的办公需求。

★ 中型办公空间：其对外联系较方便，内部联系也较紧密，一般面积在40～150m²以内，适应于组团型的办公方式。

★ 大型办公空间：其内部空间既有一定的独立性又有较为密切的联系，各部分的分区相对较为灵活自由。适应于各个组团共同作业的办公方式。

2. 公共接待空间

主要指用于办公楼内进行聚会、展示、接待、会议等活动需求的空间。一般有小、中、大接待室；小、中、大会客室；大、中、小会议室；各类大小不同的展厅、资料阅览室、多功能厅和报告厅等。

3. 交通联系空间

主要指用于楼内交通联系的空间。一般有水平交通联系空间及垂直交通联系空间两种。

★ 水平交通联系空间主要指门厅、大堂、走廊、电梯厅等空间。

★ 垂直交通联系空间主要指电梯、楼梯、自动梯等。

4. 附属设施空间

主要指保证办公大楼正常运行的附属空间。通常为变配电室、中央控制室、水泵房、空调机房、电梯机房、电话交换房以及锅炉房等。

11.3.2 绘制接待厅平面布置图

接待厅的主要功能是负责来访客户的接待、基本咨询和引见，还需要负责服务热线的接听和电话转接，做好来电咨询工作，重要事项认真记录并传达给相关人员。如图11-16所示为接待厅的平面布置效果图。

图11-16 接待厅平面布置效果图

接待厅的平面布置图中需要绘制的图形有接待台、沙发、背景墙以及盆景等，其中接待台、沙发以及盆景可以作为图块调入使用，如图11-17所示，下面讲解其绘制方法。

01 调用CO【复制】命令，将原始结构图复制一份，并粘贴到一侧，修改其图名。

02 绘制双开门。调用REC【矩形】命令，绘制一个943×60的矩形，如图11-18所示。

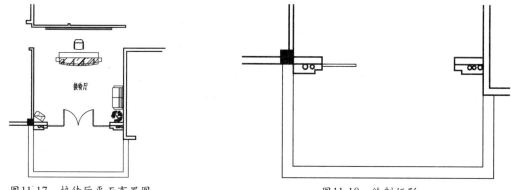

图11-17 接待厅平面布置图　　　　　图11-18 绘制矩形

03 调用I【插入】命令，插入随书光盘中的【单扇门】图块，如图11-19所示。

04 调用MI【镜像】命令，选择合适的矩形和门图块，将其进行镜像操作，如图11-20所示。

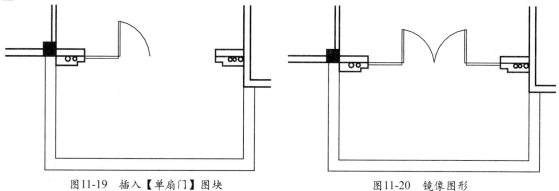

图11-19 插入【单扇门】图块　　　　图11-20 镜像图形

05 绘制背景墙。将【家具】图层置为当前。调用PL【多段线】命令和M【移动】命令，绘制多段线，如图11-21所示。

06 调用H【图案填充】命令，选择【ANSI31】图案，修改【图案填充比例】为500，将新绘制的多段线内填充图形，如图11-22所示。

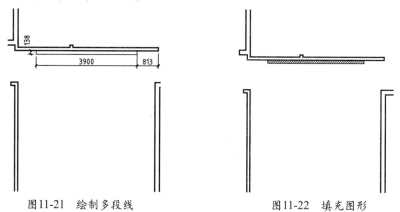

图11-21 绘制多段线　　　　　　　　图11-22 填充图形

07 调用I【插入】命令，插入随书光盘中【接待台】、【沙发】、【盆栽】和【空调】图块，得到最终效果，如图11-17所示。

11.3.3 绘制会议室平面布置图

会议室指供开会用的房间，通常包含有一张大会议桌而预定作为会议之用的房间，会议室

的种类有剧院形式的、茶馆形式的、还有回字形的、U字形等。如图11-23所示为会议室的平面
布置效果图。

图11-23 会议室平面布置效果图

会议室的平面布置图中需要绘制的图形有文件柜和投影背景墙以及会议桌椅等,其中会议
桌椅可以作为图块调入使用,如图11-24所示,下面讲解其绘制方法。

01 将【门窗】图层置为当前。调用I【插入】命令,插入随书光盘中的【单扇门】图块,如图
11-25所示。

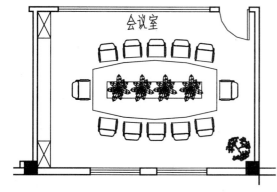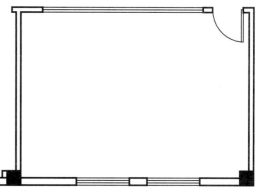

图11-24 会议室平面布置图　　　　　　　　图11-25 插入【单扇门】图块

02 绘制文件柜和背景墙。调用O【偏移】和TR【修剪】命令,绘制图形,并将绘制好的图形移至
【家具】图层,如图11-26所示。

03 将【家具】图层,调用L【直线】命令,结合【对象捕捉】功能,连接直线,如图11-27
所示。

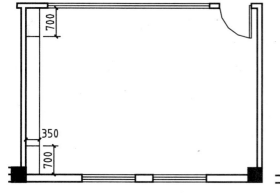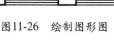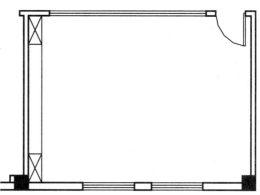

图11-26 绘制图形图　　　　　　　　　　11-27 连接直线

04 调用I【插入】和CO【复制】命令,布置随书光盘中的【会议桌椅】和【盆栽】图块,得到最
终效果,如图11-24所示。

11.3.4 绘制财务室平面布置图

财务室主要职能是在本机构一定的整体目标下，对于资产的购置（投资），资本的融通（筹资）和经营中现金流（营运资金）以及利润分配的管理。如图11-28所示为财务室的平面布置效果图。

图11-28 财务室平面布置效果图

财务室的平面布置图中需要绘制的图形有文件柜、矮柜和办公室桌椅等，其中办公桌椅可以作为图块调入使用，如图11-29所示，下面讲解其绘制方法。

01 绘制矮柜。调用PL【多段线】、M【移动】和L【直线】命令，结合【对象捕捉】和【正交】功能，绘制图形，如图11-30所示。

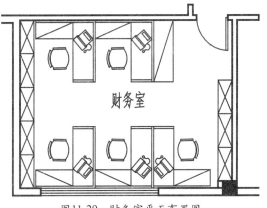
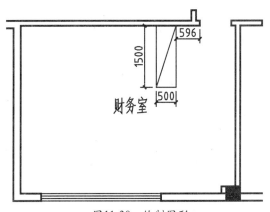

图11-29 财务室平面布置图   图11-30 绘制图形

02 绘制文件柜。调用O【偏移】和TR【修剪】命令，绘制图形，如图11-31所示。

03 调用L【直线】命令，结合【对象捕捉】功能，连接直线，如图11-32所示。

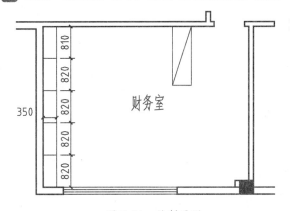
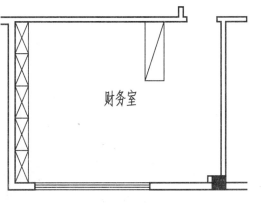

图11-31 绘制图形   图11-32 连接直线

提示

　　文件柜是放置文件、资料等的柜子。一般使用在办公室、档案室、资料室、存储室或个人书房等，其高度一般为1850～2400毫米。

04 绘制文件柜。调用L【直线】和O【偏移】命令，结合【对象捕捉】功能，绘制图形，如图11-33所示。

05 调用L【直线】命令，结合【对象捕捉】功能，连接直线，如图11-34所示。

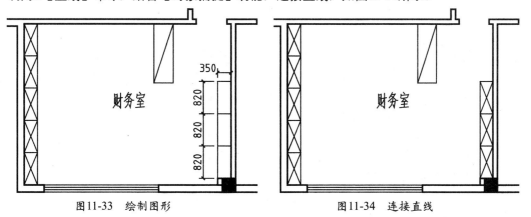

图11-33　绘制图形　　　　　　图11-34　连接直线

06 调用I【插入】和CO【复制】命令，布置随书光盘中【办公桌椅】和【单扇门】图块，得到最终效果，如图11-29所示。

11.4 绘制办公空间地面铺装图

　　办公空间的地面铺装图中地面材料比较简单，如接待厅和入口处铺贴的是300×300毫米黄色防滑砖，而波打线和门槛铺贴的则是皇室啡花岗石，会议室、财务室、资料室、总经理室和部分过道铺贴的是600×600毫米白色抛光砖，其余的空间则是采用的原花岗石地面，其效果如图11-35所示。

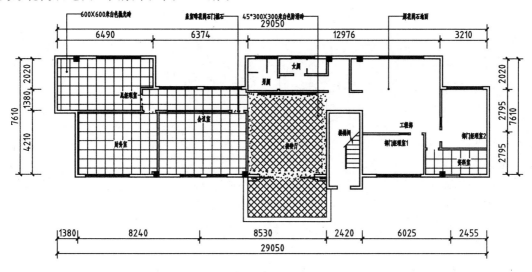

地面铺装图 1:100

图11-35　办公空间地面铺装图

11.5 绘制办公空间顶棚平面图

办公空间顶棚平面图采用了铝扣板、石膏板以及600×600毫米轻钢龙骨进行吊顶，本实例讲解办公空间顶棚平面图的绘制方法，其效果如图11-36所示。

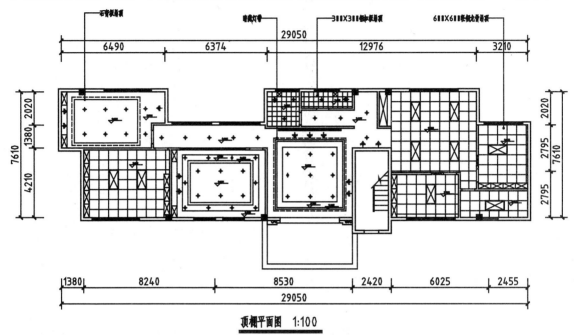

顶棚平面图 1:100

图11-36 办公空间顶棚平面图

11.5.1 绘制接待厅顶棚平面图

接待厅是办公室的临时接待厅，所以前台接待厅区域一般设计的大方、清爽，满足临时接待功能，其吊顶也不能太草率，因为关系着一个公司的门户。如图11-37所示为接待厅的平面布置效果图。

图11-37 接待厅顶面效果图

接待厅的顶棚平面图中需要采用的是石膏板吊顶，并暗藏灯带，如图11-37所示，下面讲解其绘制方法。

01 调用CO【复制】命令，将平面布置图复制一份，并粘贴到一侧。调用E【删除】命令，删除多余图形，如图11-38所示。

02 封闭门洞。将【顶棚】图层置为当前。调用L【直线】命令，连接门洞，如图11-39所示。

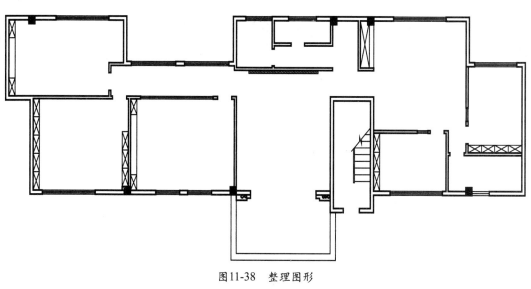

图11-38 整理图形

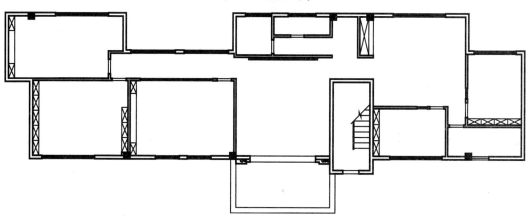

图11-39 封闭门洞

03 绘制吊顶造型。调用REC【矩形】命令，绘制一个矩形；调用M【移动】命令，调整新绘制矩形位置，如图11-40所示。

04 调用O【偏移】命令，将新绘制的矩形依次进行向内偏移100、100和350，并修改最外侧矩形的线型，如图11-41所示。

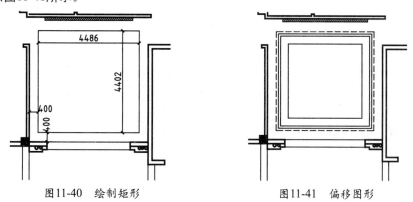

图11-40 绘制矩形　　　　　　图11-41 偏移图形

05 单击【快速访问】工具栏的【打开】按钮，打开"第11课\图例表"素材文件，如图11-42所示。

06 依次将【图例表】中的灯具图形布置到顶棚平面图中，如图11-43所示。

07 调用I【插入】命令，插入【标高图块】图块，修改【比例】为5，在绘图区中合适区域的任意位置，单击鼠标，打开【编辑属性】对话框，输入2.800，单击【确定】按钮即可，如图11-44所示。

图例表	
▨	1200X600灯盘
⊕	筒灯
⊶	射灯
⊠	排气扇

图11-42 图例表

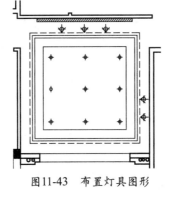

图11-43 布置灯具图形

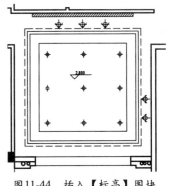

图11-44 插入【标高】图块

08 调用CO【复制】命令，将【标高】图块进行复制操作，双击相应的属性图块，修改其属性，效果如图11-45所示。

09 将【标注】图层置为当前。调用MLD【多重引线】命令，添加尺寸标注说明，效果如图11-46所示。

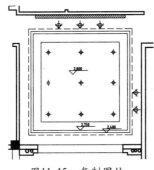

图11-45 复制图块

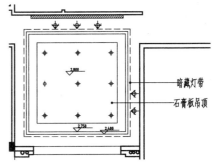

暗藏灯带
石膏板吊顶

图11-46 接待厅顶棚平面图

11.5.2 绘制总经理室顶棚平面图

总经理室是公司日常事务管理机构，由总经理、各职能总监及总经理助理等成员组成。总经理室是沟通上下、联系内外、指挥和控制各部门工作，保证公司正常运作的中心部门。如图11-47所示为总经理室的顶棚平面效果图。

图11-47 总经理室顶棚平面效果图

总经理室的顶棚平面图中需要绘制的是石膏板吊顶造型，如图11-48所示，下面讲解其绘制方法。

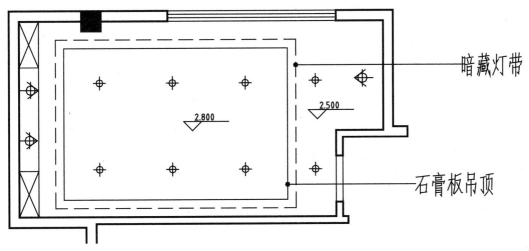

图11-48 总经理室顶棚平面图

01 绘制吊顶造型。将【顶棚】图层置为当前。调用REC【矩形】命令，绘制一个矩形；调用M【移动】命令，调整新绘制矩形的位置，如图11-49所示。

02 调用O【偏移】命令，将新绘制的矩形进行向内偏移150，并修改最外侧矩形的线型，如图11-50所示。

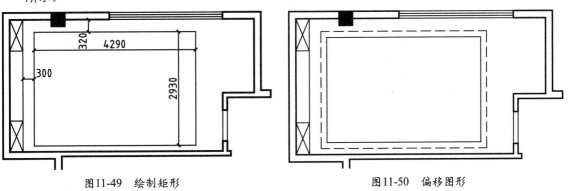

图11-49 绘制矩形　　　　　　　　　　　　　图11-50 偏移图形

03 依次将【图例表】中的灯具图形布置到顶棚平面图中。

04 调用CO【复制】命令，将【标高】图块进行复制操作，双击相应的属性图块，修改其属性。将【标注】图层置为当前。调用MLD【多重引线】命令，添加尺寸标注说明，效果如图11-48所示。

11.6 绘制办公空间立面图

立面图是一种与垂直界面平行的正投影图形，它能够反映室内垂直界面的形状、装修做法及其上的陈设，是一种很重要的图样。

11.6.1 绘制接待厅D立面图

接待厅的立面图能反映出接待厅的整体布局效果。如图11-51所示为接待厅的立面效果图。

图11-51　接待厅立面效果图

接待厅D立面图中需要绘制的图形有双开门图形，如图11-52所示，下面讲解其绘制方法。

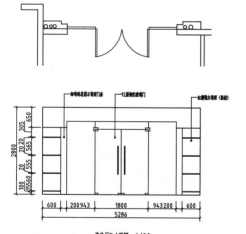

图11-52　接待厅D立面图

01 调用CO【复制】命令，复制平面布置图中的接待厅D立面的平面部分。

02 将【墙体】图层置为当前。调用L【直线】命令，绘制D立面墙体的投影线；调用O【偏移】命令，将最下方的水平投影线向上偏移2800，如图11-53所示。

03 调用TR【修剪】命令，修剪图形，得到墙体；调用O【偏移】命令，将上方的水平直

线向下偏移650，如图11-54所示。

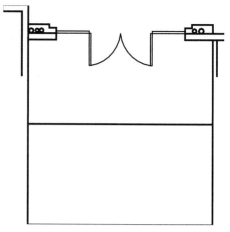

图11-53　绘制墙体投影线

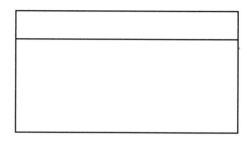

图11-54　偏移图形

04 将【门窗】图层置为当前。调用REC【矩形】和M【移动】命令，绘制矩形，如图11-55所示。

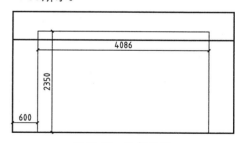

图11-55　绘制矩形

05 调用X【分解】命令，分解矩形；调用O【偏移】命令，选择最上方的水平直线进行偏移操作，如图11-56所示。

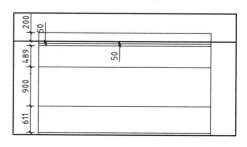

图11-56　偏移图形

06 调用O【偏移】命令，将矩形两侧的垂直直线向内进行偏移操作，如图11-57所示。

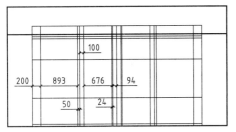

图11-57 偏移图形

07 调用TR【修剪】命令，修剪多余的图形；调用E【删除】命令，删除多余的图形，如图11-58所示。

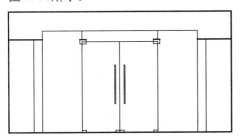

图11-58 修剪并删除图形

08 调用O【偏移】命令，将最下方的水平直线向上进行偏移操作，如图11-59所示。

09 调用TR【修剪】命令，修剪多余的图形；调用E【删除】命令，删除多余的图形，并将修改后的图形修改至【家具】图层，如图11-60所示。

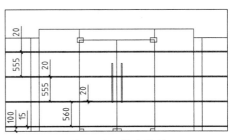

图11-59 偏移图形

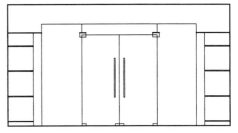

图11-60 修剪并删除图形

10 将【填充】图层置为当前。调用H【图案填充】命令，选择【AR-RROOF】图案，修改【图案填充比例】为900、【图案填充角度】为45，填充图形。

11 将【标注】图层置为当前。调用MLD【多重引线】命令，添加多重引线；调用DLI【线性标注】和DCO【连续标注】命令，添加尺寸标注。

12 调用CO【复制】命令，复制图名对象，并修改其名称和比例，得到最终效果如图11-52所示。

11.6.2 绘制总经理室A立面图

一个好的办公环境所产生的气场对总经理的身体、胆略、智慧及财运都有很大的帮助作用，能够充分发挥总经理的才能，因此总经理室的布置要充分体现出大气，还要布局合理，如图11-61所示为总经理室的立面效果图。

图11-61 总经理室立面效果图

总经理室A立面图中需要绘制的文件柜、装饰背景墙和壁画等图形，其中壁画图形可以作为图块调用，如图11-62所示，下面讲解其绘制方法。

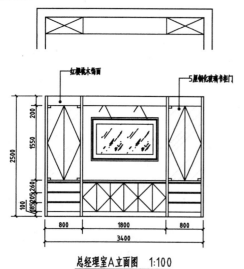

图11-62　总经理室A立面图

01 调用CO【复制】命令，复制平面布置图中的总经理室A立面的平面部分。

02 将【墙体】图层置为当前。调用L【直线】命令，绘制A立面墙体的投影线；调用O【偏移】命令，将最下方的水平投影线向上偏移2500，如图11-63所示。

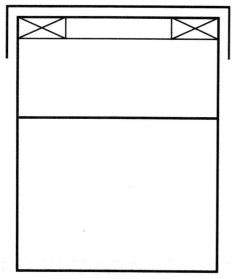

图11-63　绘制墙体投影线。

03 调用TR【修剪】命令，修剪图形，得到墙体，如图11-64所示。

04 调用O【偏移】命令，选择最上方的水平直线向下偏移，如图11-65所示。

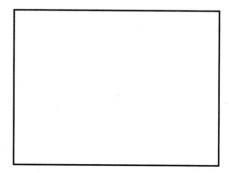

图11-64　修剪墙体

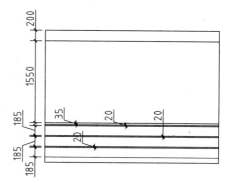

图11-65　偏移图形

05 调用O【偏移】命令，选择最左侧的垂直直线向右偏移，如图11-66所示。

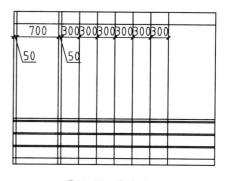

图11-66　偏移图形

06 调用TR【修剪】命令，修剪多余的图形；调用E【删除】命令，删除多余的图形，如图11-67所示。

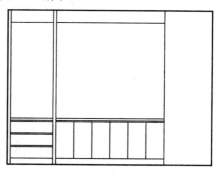

图11-67　修剪并删除图形

07 将【家具】图层置为当前。调用REC【矩形】命令和MI【镜像】命令，绘制图形，如图11-68所示。

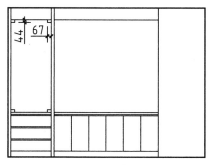

图11-68 绘制图形

08 调用L【直线】命令，结合【对象捕捉】和【水平极轴追踪】功能，连接直线，如图11-69所示。

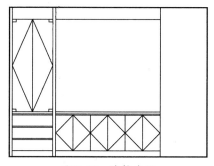

图11-69 连接直线

11.6.3 绘制会议室B立面图

会议室的B立面图包括了会议室的玻璃幕墙以及门的立面造型，如图11-71所示，读者可以参照前面介绍的方法来自行绘制，由于篇幅有限，在这里就不做详细介绍。

09 调用MI【镜像】命令，选择合适的图形将其镜像操作，如图11-70所示。

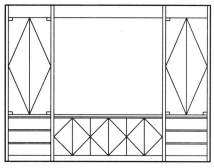

图11-70 镜像图形

10 将【填充】图层置为当前。调用H【图案填充】命令，选择【AR-RROOF】图案，修改【图案填充比例】为500、【图案填充角度】为45，填充图形。

11 调用I【插入】命令，插入随书光盘中的【壁画】图块，并调整其位置。

12 将【标注】图层置为当前。调用MLD【多重引线】命令，添加多重引线；调用DLI【线性标注】和DCO【连续标注】命令，添加尺寸标注。调用CO【复制】命令，复制图名对象，并修改其名称和比例，得到最终效果如图11-62所示。

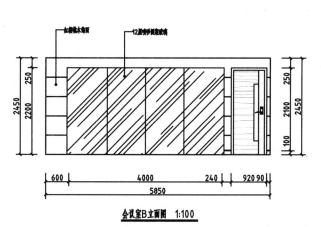

会议室B立面图 1:100

图11-71 会议室B立面图

11.7 课后练习

接待厅前台立面图主要体现了前台的立面造型效果。本实例讲解接待厅前台立面图的绘制方法，如图11-72所示。

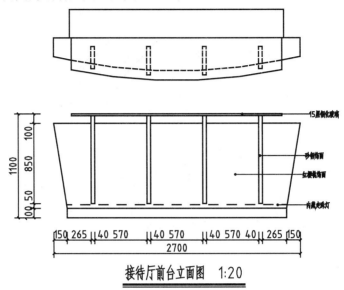

图11-72　接待厅前台立面图

提示步骤如下。

01 调用CO【复制】命令，复制平面布置图中的前台的平面部分。

02 将【家具】图层置为当前。调用L【直线】命令，绘制前台立面图的投影线，如图11-73所示。

03 调用O【偏移】命令，向上偏移水平直线，尺寸如图11-74所示。

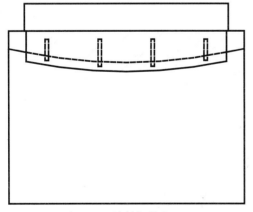

图11-73　绘制投影线

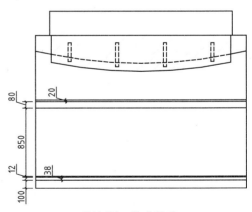

图11-74　偏移图形

04 调用O【偏移】命令，将左侧的垂直直线向右偏移，尺寸如图11-75所示。

05 调用L【直线】命令，结合【对象捕捉】功能，连接直线，如图11-76所示。

06 调用TR【修剪】和E【删除】命令，修剪并删除图形，并修改相应图形的线型，如图11-77所示。

07 将【标注】图层置为当前，调用DLI【线性标注】和DCO【连续标注】命令，添加尺寸标注；调用DLI【线性标注】和DCO【连续标注】命令，添加尺寸标注。调用CO【复制】命令，复制图名对象，并修改其名称和比例，得到最终效果如图11-72所示。

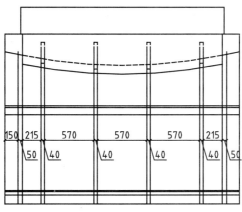

图11-75　偏移图形

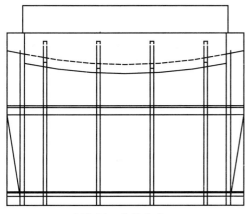

图11-76　连接直线

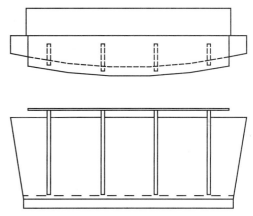

图11-77　偏移图形

第12课
服装专卖店室内设计

精美的装修和服装陈设会给人美的享受。因此，服装专卖店要想在众多店铺中脱颖而出，就必须在装修和陈列上下点功夫。服装专卖店的设计原则是：总体均衡、突出特色、方便购买、适时调整。本课首先讲解服装专卖店的基础知识，然后通过AutoCAD 2014软件讲解了服装专卖店的平面布置图、地面铺装图、顶棚平面图以及立面图的绘制方法。

本课知识：

1. 掌握服装专卖店的基础知识。

2. 掌握服装专卖店平面布置图的绘制方法。

3. 掌握服装专卖店地面铺装图的绘制方法。

4. 掌握服装专卖店顶棚平面图的绘制方法。

5. 掌握服装专卖店立面图的绘制方法。

12.1 服装专卖店概述

服装专卖店是指服装生产企业商开的服装商店，主要销售自有服装品牌的服装，是社会生活的重要组成部分，对方便人民群众起了重要作用。

12.1.1 服装专卖店的布局

服装专卖店内的布局指的是服装店内的整体布局，包括空间布局和通道布局两部分，下面将分别进行介绍。

1. 空间布局

每个服装专卖店的空间构成各不相同，面积的大小、形体的状态千差万别，但任何店无论具有多么复杂的结构，一般说来由3个空间组成：商品空间（柜台、橱窗、货架、平台等）、店员空间和顾客空间。

2. 通道布局

顾客通道设计的科学与否直接影响顾客的合理流动，一般来说，通道设计有以下3种形式。

★ 直线式：又称格子式，是指所有的柜台设备在摆布时互成直角，构成曲径通道。

★ 斜线式：这种通道的优点在于，它能使顾客随意浏览。气氛活跃，易使顾客看到更多商品，增加更多购买机会。

★ 自由流动式：这种布局是根据商品和设备特点而形成的各种不同组合，或独立、或聚合、没有固定或专设的布局形式，销售形式也不固定。

12.1.2 服装专卖店平面布置图要点

作为专卖店，店面布置的主要目的是突出商品特征，使顾客产生购买欲望，同时又便于他们挑选和购买。专卖店的设计讲究线条简洁明快、不落俗套，能给人带来一种视觉冲击最好。

在布置专卖店面时，要考虑多种相关因素，诸如空间的大小、种类的多少、商品的样式和功能、灯光的排列和亮度、通道的宽窄、收银台的位置和规模、电线的安装及政府有关建筑方面的规定等。

另外，店面的布置最好留有依季节变化而进行调整的余地，使顾客不断产生新鲜和新奇的感觉，激发他们不断来消费的愿望。一般来说，专卖店的格局只能延续3个月的时间，每月变化已成为许多专卖店经营者的促销手段之一。

12.1.3 服装专卖店照明设计

外部照明主要指人工光源，使用与色彩的搭配。它可以照亮店门或店前环境，而且能渲染商店气氛，烘托环境，增加店铺门面的形式美。室内照明能够直接影响店内的氛围。走进一家照明好的和另一家光线暗淡的店铺会有截然不同的心理感受：前者明快、轻松；后者压抑、低沉。店内照明得当，不仅可以渲染店铺气氛，突出展示商品，增强陈列效果，还可以改善营业员的劳动环境，提高劳动效率。

12.1.4 服装专卖店装修效果欣赏

服装专卖店的装修效果欣赏如图12-1所示。

图12-1 服装专卖店

12.2 绘制服装专卖店平面布置图

服装店装修不是简单地理解装饰问题，而是需要着力于人群、顾客、空间的分析，继而去探索美好的环境。当今不少地方在服装店，装修上流行着追求华丽的时尚和乱贴材料的风气，而忽略了店面的内涵。优良的服装店装修不仅可以提高人们的精神文明，还可以起到净化灵魂、陶冶情操的作用。如图12-2所示为服装专卖店的平面布置效果图。

图12-2 服装专卖店平面布置效果图

服装专卖店平面布置图中需要绘制的图形有展示衣柜、试衣明镜、形象墙、销售柜以及收银台等图形，如图12-3所示，下面将介绍其绘制方法。

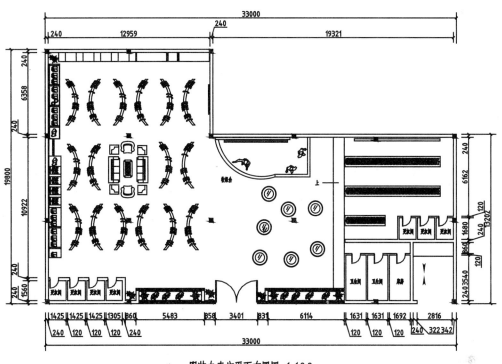

服装专卖店平面布置图 1:100

图12-3　服装专卖店平面布置图

01 单击【快速访问】工具栏中的【打开】按钮，打开"第12课\12.2　服装专卖店原始结构图"素材文件。

02 调用CO【复制】命令，将原始结构图复制一份，将图名修改为"服装专卖店平面布置图"。

03 绘制展示衣柜。调用O【偏移】命令，将合适的垂直墙体向右进行偏移操作，如图12-4所示。

04 调用O【偏移】命令，将上方合适的水平直线向下进行偏移操作，如图12-5所示。

05 调用TR【修剪】命令，修剪多余的图形；调用E【删除】命令，删除图形，并将修改后图形修改至【家具】图层，如图12-6所示。

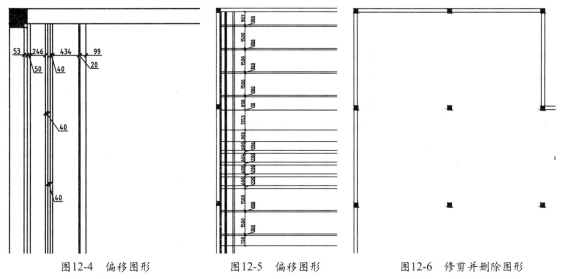

| 图12-4　偏移图形 | 图12-5　偏移图形 | 图12-6　修剪并删除图形 |

06 绘制销售柜。调用O【偏移】和TR【修剪】命令，绘制图形，并将绘制好的图形修改至【家具】图层，如图12-7所示。

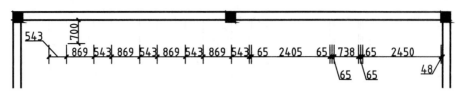

图12-7 绘制图形

07 绘制试衣明镜1。将【家具】图层置为当前。调用REC【矩形】和M【移动】命令，绘制图形，如图12-8所示。

08 绘制试衣明镜2。调用REC【矩形】和M【移动】命令，绘制图形，如图12-9所示。

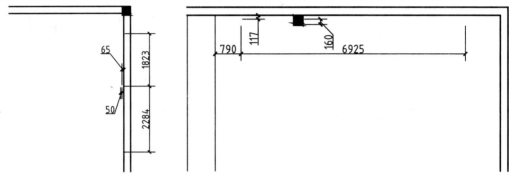

图12-8 绘制图形   图12-9 绘制图形

09 绘制形象墙。调用REC【矩形】和M【移动】命令，绘制图形，如图12-10所示。

10 调用X【分解】命令，分解新绘制的下方矩形；调用O【偏移】命令，将分解后矩形的下方水平直线向上偏移101，如图12-11所示。

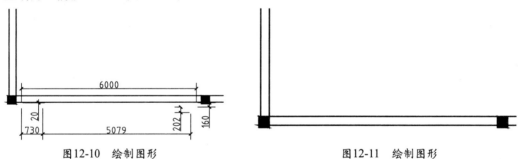

图12-10 绘制图形   图12-11 绘制图形

11 绘制收银台。调用PL【多段线】命令，绘制多段线；调用M【移动】命令，移动新绘制多段线，如图12-12所示。

12 调用A【圆弧】命令，结合【端点捕捉】功能，输入点坐标（@-3059.1,370.3）和（@-1740.9,2542.5），绘制圆弧，如图12-13所示。

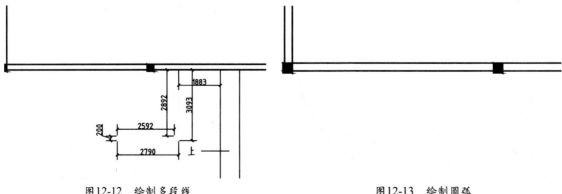

图12-12 绘制多段线   图12-13 绘制圆弧

⓭ 调用O【偏移】命令，将新绘制的圆弧向上偏移200，并调整偏移后圆弧的夹点，如图12-14所示。

⓮ 调用I【插入】、CO【复制】、RO【旋转】、SC【缩放】以及MI【镜像】命令，插入随书光盘中的【单扇门】、【人物1】、【人物2】、【沙发组合】、【衣柜1】、【衣柜2】、【衣物饰品展架】、【植物1】、【衣服展示】以及【植物2】等图块，并调整其位置，如图12-15所示。

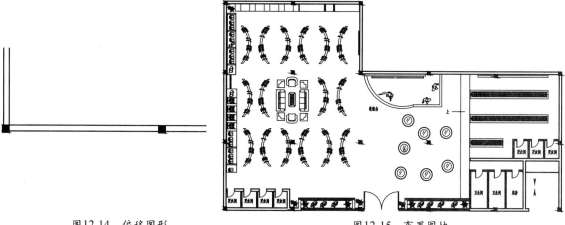

图12-14 偏移图形　　　　　　　　图12-15 布置图块

12.3 绘制服装专卖店地面铺装图 ——○

服装专卖店的地面铺装图中地面材料比较简单，其铺设材料有800×800毫米地砖、实木地板、仿古地砖以及300×300毫米防滑地砖，其效果如图12-16所示。

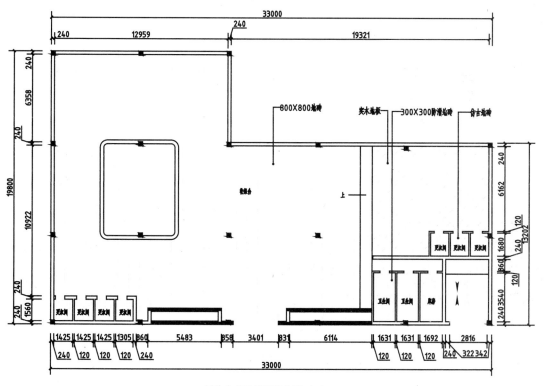

服装专卖店地面铺装图 1:100

图12-16 地面铺装图

12.4 绘制服装专卖店顶棚平面图

服装专卖店的吊顶非常重要，尤其是要重视对店内灯光的设计装修工作。如果您的店面是服装店，那么如果使用不同的灯光，对衣服照出来的效果是有明显差距的。因此，一定要选择最能够搭配衣服色彩的灯光进行设计工作。如图12-17所示为服装专卖店的顶棚效果图。

图12-17 服装专卖店顶面效果图

服装专卖店的顶棚平面图是由顶棚造型、暗藏日光灯带、卤素筒灯、节能筒灯、日光灯带、双头射灯、组合射灯、通风口、烟感器以及组合灯等图形构成。如图12-18所示为服装专卖店的顶棚平面图。

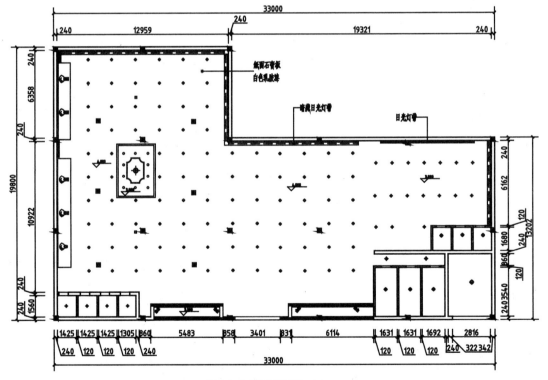

服装专卖店顶棚平面图 1:100

图12-18 服装专卖店顶棚平面图

01 调用CO【复制】命令，将平面布置图复制一份，并粘贴到一侧。调用E【删除】命令，删除多余图形，如图12-19所示。

02 封闭门洞。将【顶棚】图层置为当前。调用L【直线】命令，连接门洞，如图12-20所示。

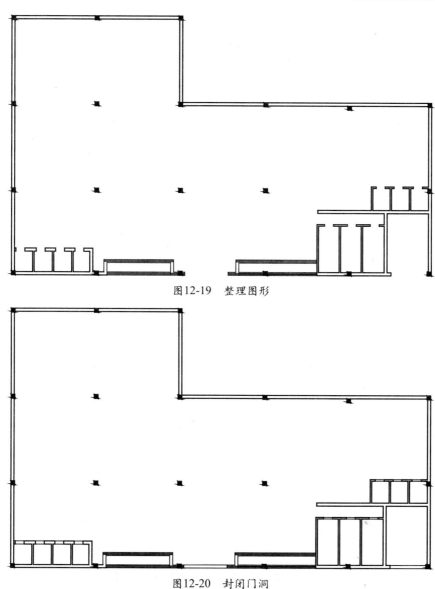

图12-19　整理图形

图12-20　封闭门洞

03 绘制暗藏日光灯带1。调用O【偏移】命令，选择合适的直线进行偏移操作，并将偏移后的直线修改至【顶棚】图层，如图12-21所示。

04 绘制暗藏日光灯带2。调用O【偏移】、TR【修剪】和EX【延伸】命令，修剪图形，并将修剪后的图形修改至【顶棚】图层，如图12-22所示。

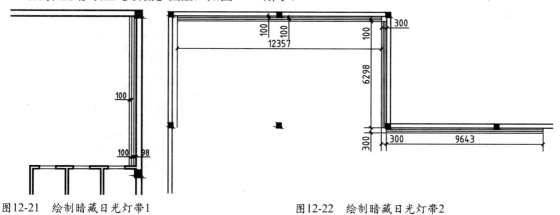

图12-21　绘制暗藏日光灯带1　　　　　　　　图12-22　绘制暗藏日光灯带2

05 选择合适的线型，将其修改为【DASHED】线型。

06 绘制日光灯。调用REC【矩形】和M【移动】命令，绘制图形，如图12-23所示。

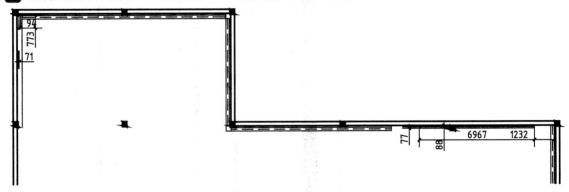

图12-23 绘制图形

07 绘制吊顶造型1。调用O【偏移】命令，选择合适的垂直墙体将其向右偏移，如图12-24所示。

08 调用O【偏移】命令，选择合适的墙体将其上偏移，如图12-25所示。

09 调用EX【延伸】命令，延伸图形；调用TR【修剪】命令，修剪多余的图形；调用E【删除】命令，删除多余的图形，并将修剪后的图形修改至【顶棚】图层，如图12-26所示。

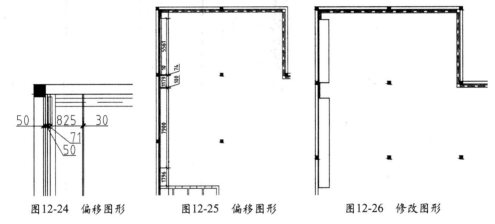

图12-24 偏移图形　　　图12-25 偏移图形　　　图12-26 修改图形

10 绘制吊顶造型2。调用REC【矩形】、M【移动】和O【偏移】命令，绘制图形，如图12-27所示。

11 单击【快速访问】工具栏的【打开】按钮，打开"第12课\图例表"素材文件，如图12-28所示。

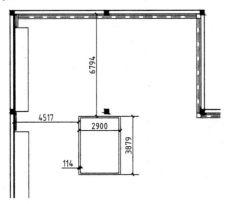

图12-27 绘制吊顶造型2

图例表	
(图)	组合射灯
⊕	卤素筒灯
☼	组合灯具
⊕	筒灯
(图)	双头射灯
(图)	通风口
(图)	烟感器

图12-28 素材文件

12 依次将【图例表】中的灯具图形布置到顶棚平面图中，如图12-29所示。

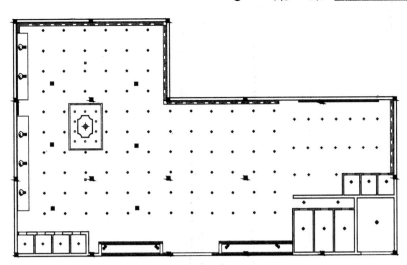

图12-29 布置灯具图形

13 调用I【插入】命令，插入【标高图块】图块，修改【比例】为5，在绘图区中合适区域的任意位置，单击鼠标，打开【编辑属性】对话框，输入4.000，单击【确定】按钮即可。

14 调用CO【复制】命令，将【标高】图块进行复制操作，双击相应的属性图块，修改其属性，效果如图12-30所示。

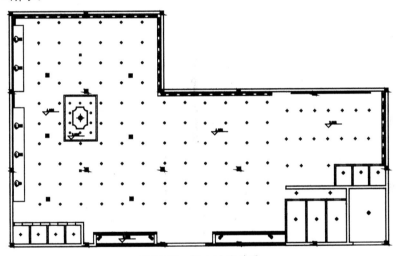

图12-30 插入图块效果

15 将【标注】图层置为当前。调用MLD【多重引线】命令，添加多重引线说明，并修改图名，得到最终效果，如图12-18所示。

12.5 绘制服装专卖店立面图

服装专卖店的立面图可以很好的显示各个方向的物品陈设效果以及灯光效果等，

12.5.1 绘制服装专卖店A立面图

服装专卖店A立面图主要是展示衣柜的立面图，其主要作用是用来放置和展示衣服。如图12-31所示为服装专卖店的展示衣柜立面效果图。

图12-31　服装专卖店展示衣柜立面效果图

服装店A立面图中需要绘制的图形有展示衣柜、试衣明镜等图形，如图12-32所示，下面讲解其绘制方法。

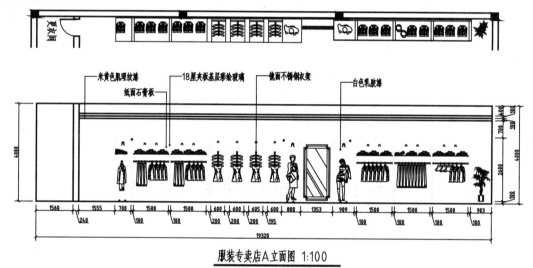

服装专卖店A立面图 1:100

图12-32　服装专卖店A立面图

01 调用CO【复制】命令，复制平面布置图中的服装专卖店A立面的平面部分。

02 将【墙体】图层置为当前。调用L【直线】命令，绘制A立面墙体的投影线；调用O【偏移】命令，将最下方的水平投影线向上偏移4000，如图12-33所示。

图12-33　绘制墙体投影线

03 调用TR【修剪】命令，修剪图形，得到墙体，如图12-34所示。

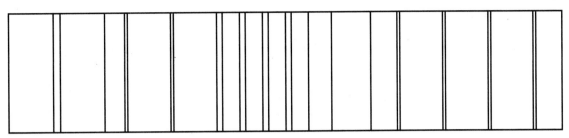

图12-34　修剪图形

04 调用O【偏移】命令，将最上方的水平直线向下进行偏移操作，如图12-35所示。

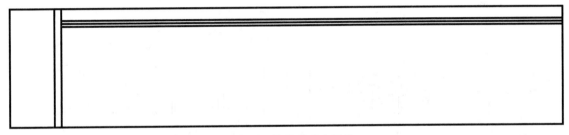

图12-35　偏移图形

05 调用TR【修剪】命令，修剪多余的图形；调用E【删除】命令，删除多余的图形，并将合适的图形修改至【家具】图层，如图12-36所示。

图12-36　修剪并删除图形

06 将【家具】图层置为当前。调用PL【多段线】和M【移动】命令，结合【对象捕捉】功能，绘制图形，如图12-37所示。

07 调用O【偏移】和TR【修剪】命令，绘制图形，如图12-38所示。

08 调用REC【矩形】命令，结合【对象捕捉】功能，绘制多个30×30的矩形；调用L【直线】命令，结合【对象捕捉】功能，连接直线，如图12-39所示。

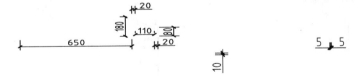

图12-37　绘制多段线　　　　图12-38　绘制图形　　　　图12-39　绘制图形

09 调用CO【复制】、MI【镜像】、M【移动】、X【分解】、EX【延伸】和TR【修剪】命令，修改图形，如图12-40所示。

10 将【填充】图层置为当前。调用H【图案填充】命令，选择【AR-RROOF】图案，修改【图案填充比例】为16、【图案填充角度】为45，填充图形。

图12-40 修改图形

11 调用I【插入】和CO【复制】命令，布置随书光盘中的【衣物装饰】、【植物立面】、【试衣明镜】、【暗藏灯管】、【灯具1】、【灯具2】和【人物立面1】图块。

12 将【标注】图层置为当前。调用MLD【多重引线】命令，添加多重引线尺寸；调用DLI【线性标注】和DCO【连续标注】命令，添加尺寸标注。

13 调用CO【复制】命令，复制图名对象，并修改其名称和比例，得到最终效果如图12-32所示。

12.5.2 绘制橱窗立面图

橱窗的主要作用是用来摆放有价值的大型商品，外形类似窗户（比较像看窗户里面的某个东西），如图12-41所示为橱窗的立面效果图。

图12-41 橱窗立面效果图

橱窗立面图中需要绘制的图形包括有橱窗外壳、橱窗内部细节以及人物等图形，其中人物图形可以作为图块调用，如图12-42所

示，下面讲解其绘制方法。

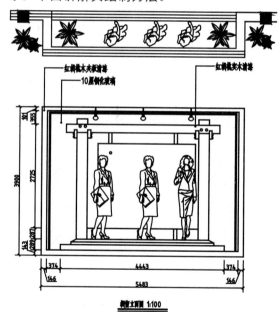

图12-42 橱窗立面图

01 调用CO【复制】命令，复制平面布置图中的橱窗立面的平面部分。

02 将【家具】图层置为当前。调用L【直线】命令，绘制橱窗立面的投影线；调用O【偏移】命令，将最下方的水平投影线向上偏移3900，如图12-43所示。

03 调用TR【修剪】命令，修剪图形。

04 绘制橱窗外框。调用O【偏移】和TR【修剪】命令,修改图形,如图12-44所示。

图12-43 绘制墙体投影线

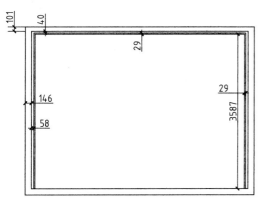

图12-44 修改图形

05 绘制橱窗细节。调用O【偏移】命令,选择合适的水平直线向下偏移,如图12-45所示。

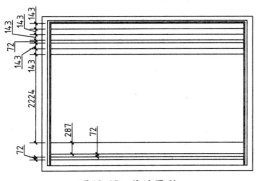

图12-45 偏移图形

06 调用O【偏移】命令,选择垂直直线进行偏移,如图12-46所示。

07 调用L【直线】命令,结合【对象捕捉】功能,连接直线,如图12-47所示。

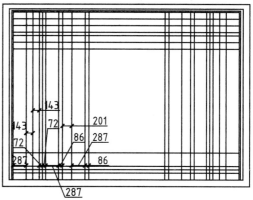

图12-46 偏移图形

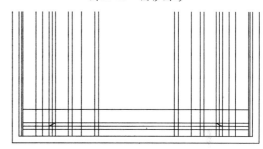

图12-47 连接直线

08 调用TR【修剪】命令,修剪多余的图形;调用E【删除】命令,删除多余的图形,如图12-48所示。

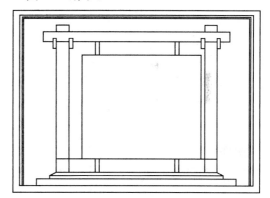

图12-48 修改图形

09 绘制镜钉。调用C【圆】、CO【复制】和TR【修剪】命令,绘制图形,如图12-49所示。

10 调用I【插入】命令,插入随书光盘中的【人物立面2】和【灯具3】图块,并调整其位置;调用TR【修剪】命令,修剪图形,如图12-50所示。

11 将【填充】图层置为当前。调用H【图案填充】命令,选择【AR-RROOF】图案,修改【图案填充比例】为30、【图案填充角度】为45，填充图形。

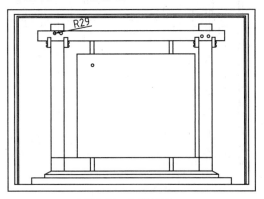

图12-49　绘制图形　　　　　　　　　　　图12-50　修改图形

12 将【标注】图层置为当前，调用MLD【多重引线】命令，添加多重引线尺寸；调用DLI【线性标注】和DCO【连续标注】命令，添加尺寸标注。调用CO【复制】命令，复制图名对象，并修改其名称和比例，得到最终效果如图12-42所示。

12.5.3　绘制服装专卖店B立面图

服装专卖店B立面图包括了收银台、车边明镜以及形象墙等图形，如图12-51所示，读者可以参照前面介绍的方法来自行绘制，由于篇幅有限，在这里就不做详细介绍。

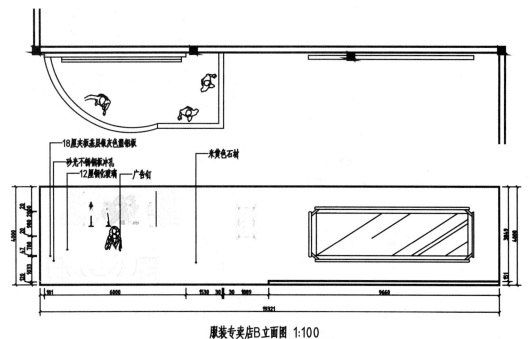

服装专卖店B立面图 1:100

图12-51　服装专卖店B立面图

12.6 课后练习

销售柜立面图主要体现了销售柜的立面造型效果。本实例讲解销售柜立面图的绘制方法，如图12-52所示。

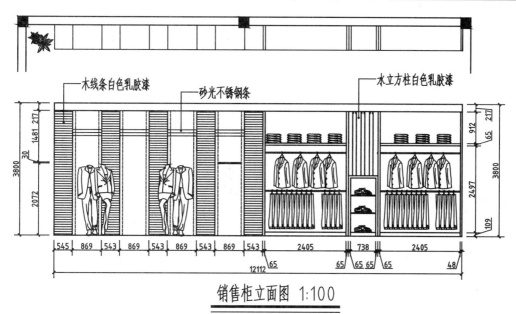

销售柜立面图 1:100

图12-52 销售柜立面图

提示步骤如下。

01 调用CO【复制】命令，复制平面布置图中的销售柜的平面部分。

02 将【家具】图层置为当前。调用L【直线】命令，绘制销售柜立面的投影线；调用O【偏移】命令，将最下方的水平投影线向上偏移3800。

03 调用TR【修剪】命令，修剪图形。

04 调用O【偏移】、TR【修剪】和E【删除】命令，完善销售柜细节，并修改相应垂直直线的线型，尺寸如图12-53所示。

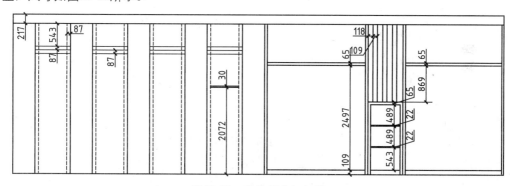

图12-53 完善销售柜细节

05 将【填充】图层置为当前。调用H【图案填充】命令，选择【LINE】图案，修改【图案填充比例】为69，填充图形。

06 调用I【插入】和CO【复制】命令，布置随书光盘中的【销售柜装饰】和【灯具2】图块；调用TR【修剪】命令，修剪图形。将【标注】图层置为当前。调用MLD【多重引线】命令，添加多重引线尺寸；调用DLI【线性标注】和DCO【连续标注】命令，添加尺寸标注。

07 调用CO【复制】命令，复制图名对象，并修改其名称和比例，得到最终效果如图12-52所示。

第13课
中式餐厅室内设计

餐厅是指在一定的场所，公开地对一般大众提供食品、饮料等餐饮的设施或公共餐饮屋。餐厅装修既要讲究实用，也要加入个人喜爱的温馨元素，增加些许情调。本课首先讲解中式餐厅设计的基础知识，然后通过AutoCAD 2014软件讲解中式餐厅的平面布置图、地面铺装图、顶棚平面图以及立面图的绘制方法。

本课知识：

1. 掌握中式餐厅设计的基础知识。
2. 掌握中式餐厅平面布置图的绘制方法。
3. 掌握中式餐厅地面铺装图的绘制方法。
4. 掌握中式餐厅顶棚平面图的绘制方法。
5. 掌握中式餐厅立面图的绘制方法。

13.1 中式餐厅设计概述

中式餐厅的装修大多以实木家具为主，实木的餐桌与餐椅，在装饰时，采用具有中国特色的装饰，门窗花格是常见的装饰图案与造型。本节将详细介绍中式餐厅设计的基础知识。

13.1.1 餐饮空间设计的基本原则

餐厅的内部空间设计就是餐厅的灵魂。在遵循餐饮空间设计原则的基础上，餐饮空间要有一定的限定，围合空间的实体其形态可千变万化，式样繁多，但实际上都可以归纳为两类，即水平实体（如地面、顶棚）及垂直实体（如列柱、隔断、家具等）。

1. 水平实体限定空间

用以限定空间的水平实体，因其所处的位置不同，可以分为底面和顶面两种。底面限定：要用一个底面从周围地面中限定出一个空间来，这个底面必须在图形上比较特殊。这个底面其图形的边界轮廓或图案越清晰，色彩、质感对比越明显，则它所限定的空间范围就表达的越明确。以纹理划分交通和就餐空间以材质划分空间，将底面从周围地面中抬高或下沉，从视觉上将该范围分离出来，限定出空间领域，再加以形式的变化，则会是一个明显区别于其他的平台，增加层次感。局部抬高夹层餐厅，限定空间的顶面有屋顶、楼板、吊顶、构架、织物软吊顶以及光带等，一个顶面限定出它与地面之间的空间范围。与底面一样，也可以将顶面抬高或下降，造成不同的空间尺度。

2. 垂直体限定空间

用以限定空间的垂直实体形式多样，常见的有墙、柱、隔断、构架、帷幕、家具、灯具及绿化等。垂直线性实体：由垂直线性实体所限定的空间和周围空间的关系是流通的，视觉是连续的，人的行为亦不受阻隔。最简单线性实体—独立柱多个线性实体围合空间 垂直面实体：垂直面实体根据垂直隔面的个数或垂直面实体高度的不同，其对空间产生的围合感也会不同。在餐饮建筑室内设计中，既可以用单个垂直面来围合空间、划分空间，也可以用一个垂直面来作为入口界面，从造型上加以重点处理，引导客人进入该餐厅或饮食店。单个垂直面隔断：L形布置的两个垂直面实体。U形布置：平行布置的两个垂直面实体，垂直面达到视线高度，垂直面齐腰。

13.1.2 中式餐厅设计的要点

中式餐厅设计在我国的饭店建设和餐饮行业占有很重要的位置，并为中国大众乃至外国友人所喜闻乐见。中式餐厅在室内空间设计中通常运用传统形式的符号进行装饰与塑造，既可以运用藻井、宫灯、斗拱、挂落、书画、传统纹样等装饰语言组织空间或界面，也可以运用我国传统园林艺术的空间划分形式，拱桥流水，虚实相形，内外沟通等手法组织空间，以营造中国民族传统的浓郁气氛。中餐厅的入口处常设置中式餐厅设计的形象与符号招牌及接待台，入口宽大以便人流通畅。前室一般可设置服务台和休息等候座位。餐桌的形式有8人桌、10人桌、12人桌，以方形或圆形桌为主，如八仙桌、太师椅等家具。同时，设置一定量的雅间或包房及卫生间。中式餐厅的装饰虽然可以借鉴传统的符号，但仍然要在此基础上，寻求符号的现代化、时尚化，符合现代人的审美情趣和时代的气息。

13.1.3 中式餐厅装修效果欣赏

中式餐厅的装修效果欣赏如图13-1所示。

图13-1 中式餐厅效果图

13.2 绘制中式餐厅平面布置图

中式餐厅的设置首先要从餐厅环境和建筑空间的基本特征着手，先解决建筑空间的流线组织、功能区域的划分等基本问题，然后在满足商业需求的同时强调空间氛围、突出个性与品位的表达。如图13-2所示为中式餐厅的平面布置效果图。

图13-2 中式餐厅平面布置效果图

中式餐厅平面布置图中需要绘制的图形有收银台、餐桌椅、自助餐台、电视机、酒水柜、沙发组合以及灶台等图形，如图13-3所示，下面将介绍其绘制方法。

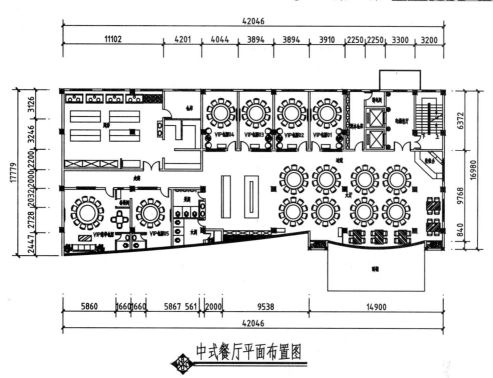

图13-3　中式餐厅平面布置图

13.2.1　绘制大厅平面布置图

大厅平面布置图中需要绘制的包含有收银台、自助餐台、背景墙、装饰柜、酒水柜、4人餐桌以及10人餐桌等，其中酒水柜、4人餐桌以及10人餐桌可以作为图块直接调入，如图13-4所示，下面讲解其绘制方法。

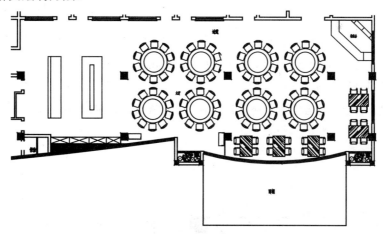

图13-4　大厅平面布置图

01 单击【快速访问】工具栏中的【打开】按钮，打开"第13课\13.2　中式餐厅原始结构图"素材文件。

02 调用CO【复制】命令，将原始结构图复制一份，将图名修改为"中式餐厅平面布置图"。

03 绘制收银台。将【家具】图层置为当前。调用PL【多段线】和M【移动】命令，绘制多段线，如图13-5所示。

04 调用O【偏移】命令，将新绘制的多段线向内偏移600；调用L【直线】和M【移动】命令，连接直线，如图13-6所示。

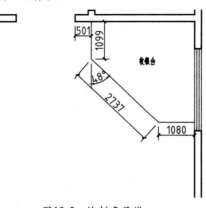

图13-5 绘制多段线   图13-6 绘制图形

05 调用X【分解】命令，分解内侧的多段线；调用O【偏移】命令，将分解后的倾斜多段线向内进行偏移操作，如图13-7所示。

06 调用EX【延伸】命令，延伸相应的图形；调用TR【修剪】命令，修剪多余的图形；调用L【直线】命令，结合【对象捕捉】功能，连接直线，如图13-8所示。

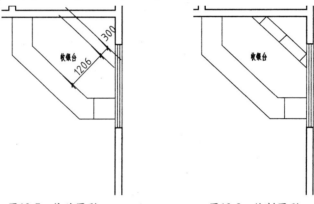

图13-7 偏移图形   图13-8 绘制图形

07 绘制装饰柜。调用O【偏移】、TR【修剪】和E【删除】命令，修改图形，并将修改后的图形修改至【家具】图层，如图13-9所示。

08 调用L【直线】命令，结合【对象捕捉】功能，连接直线，如图13-10所示。

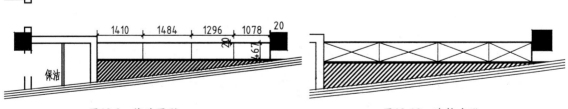

图13-9 修改图形   图13-10 连接直线

09 绘制自助餐台。调用REC【矩形】命令，绘制矩形；调用M【移动】命令，移动图形，如图13-11所示。

10 调用O【偏移】命令，将新绘制的矩形向内偏移600，如图13-12所示。

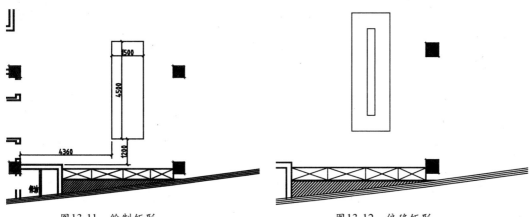

图13-11 绘制矩形   图13-12 偏移矩形

11 绘制背景墙。调用REC【矩形】命令，绘制矩形；调用M【移动】命令，移动图形，如图13-13所示。

12 调用X【分解】命令，分解新绘制的矩形；调用O【偏移】命令，将矩形的左侧垂直直线向右偏移200，如图13-14所示。

13 调用I【插入】和CO【复制】命令，插入随书光盘中的【盆栽】、【酒水柜】、【4人餐桌】、【10人餐桌】图块，并调整其位置，得到最终效果如图13-4所示。

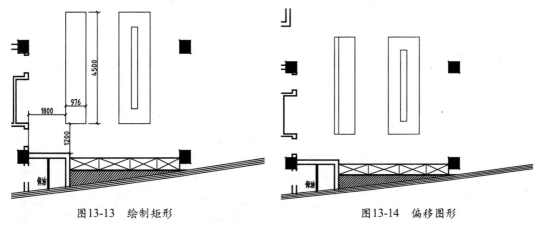

图13-13 绘制矩形   图13-14 偏移图形

13.2.2 绘制酒水仓库平面布置图

酒水仓库平面布置图中需要绘制的包含有酒柜和单扇门，单扇门可以作为图块直接调入，如图13-15所示，下面讲解其绘制方法。

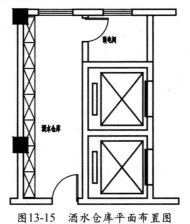

图13-15 酒水仓库平面布置图

01 绘制酒柜。调用O【偏移】和TR【修剪】命令，绘制图形，并将修改后的图形修改至【家具】图层，如图13-16所示。

02 调用L【直线】命令，结合【对象捕捉】功能，连接直线，如图13-17所示。

03 调用I【插入】命令，插入随书光盘中的【单扇门】图块，得到最终效果如图13-15所示。

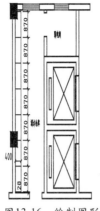
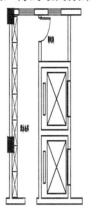

图13-16　绘制图形　　　　　图13-17　连接直线

13.3 绘制中式餐厅地面铺装图

中式餐厅地面铺装图是用来表示地面做法的图样，包括地面用材和铺设形式。一般在铺设中式餐厅的地材时，都采用了比较暗雅、沉稳的石材。如图13-18所示为中式餐厅的地面铺装效果图。

图13-18　中式餐厅地面铺装效果图

中式餐厅的地面铺装图中地面材料比较简单，其铺设材料有600×600毫米仿古砖、防腐木地板、浅啡网石材、深啡网石材以及300×300毫米防滑地砖等，其效果如图13-19所示，下面将介绍其绘制方法。

01 调用CO【复制】命令，将平面布置图复制一份，将图名修改为"中式餐厅地面铺装图"。

02 绘制门槛线。调用E【删除】命令，删除多余图形，将【填充】图层置为当前。调用REC【矩形】命令，封闭各填充区域，如图13-20所示。

03 调用REC【矩形】、M【移动】和O【偏移】命令，绘制矩形，如图13-21所示。

04 调用CO【复制】命令，选择新绘制的矩形，将其进行复制操作，如图13-22所示。

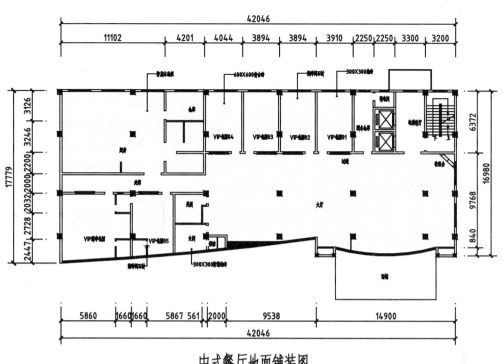

中式餐厅地面铺装图

图13-19 地面铺装图

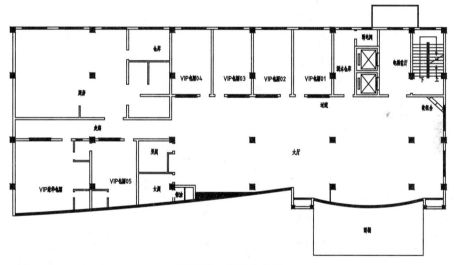

图13-20 封闭各区域

图13-21 绘制图形　　　　　　　　图13-22 绘制图形

05 调用REC【矩形】、M【移动】和O【偏移】命令，绘制矩形，如图13-23所示。

06 调用PL【多段线】命令，结合【对象捕捉】功能，捕捉相应的端点，绘制多段线，将新绘制的多段线向内偏移300，如图13-24所示。

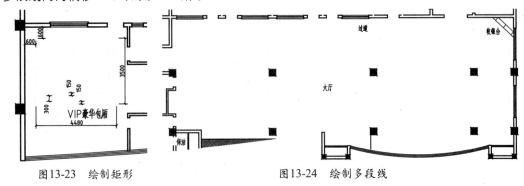

图13-23　绘制矩形　　　　　　　　图13-24　绘制多段线

07 调用H【图案填充】命令，选择【AR-CONC】图案，修改【图案填充比例】为2，填充门槛石，如图13-25所示。

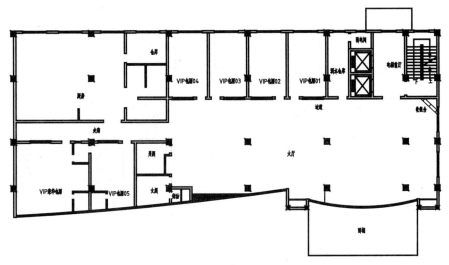

图13-25　填充图形

08 调用H【图案填充】命令，选择【AR-SAND】图案，修改【图案填充比例】为5，填充合适的区域，如图13-26所示。

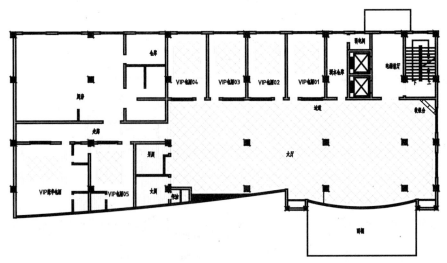

图13-26　填充图形

09 调用H【图案填充】命令，选择【ANGLE】图案，修改【图案填充比例】为30，填充厕所区域。

10 调用H【图案填充】命令，选择【USER】图案，单击【交叉线】按钮⊞双，修改【图案填充间距】为600、【图案填充角度】为45°，填充大厅和包厢的地铺造型区域，如图13-26所示。

11 调用H【图案填充】命令，选择【USER】图案，单击【交叉线】按钮⊞双，修改【图案填充间距】为300、【图案填充角度】为0，填充走道和包厢的其他区域。

12 调用H【图案填充】命令，选择【ANSI32】图案，修改【图案填充比例】为30，填充厨房和收银台的合适区域；将【标注】图层置为当前。调用MLD【多重引线】命令，添加多重引线，得到最终效果如图13-19所示。

13.4 绘制中式餐厅顶棚平面图

中式餐厅的吊顶非常重要，吊顶中间边框的使用与中式餐桌、餐椅等相关家具都要搭配的十分完美，才能绽放出吊顶设计的中式风格所具有的魅力。如图13-27所示为中式餐厅的顶棚效果图。

图13-27 中式餐厅顶面效果图

中式餐厅的顶棚平面图是由顶棚造型、灯带、水晶吊灯、筒灯等图形构成。如图13-28所示为中式餐厅的顶棚效果图。

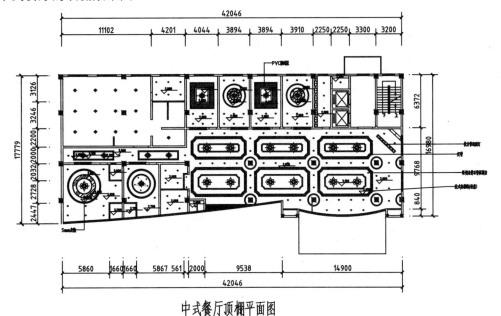

中式餐厅顶棚平面图

图13-28 中式餐厅顶棚平面图

13.4.1 绘制大厅顶棚平面图

大厅顶棚平面图包含了多种吊顶造型，并布置了水晶吊灯、筒灯以及灯带等灯具，如图13-29所示，下面讲解其绘制方法。

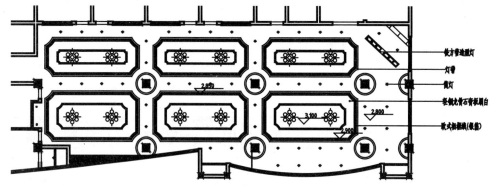

图13-29 大厅顶棚平面图

01 封闭门洞。将【顶棚】图层置为当前。调用CO【复制】命令，将平面布置图复制一份，并粘贴到一侧。调用E【删除】命令，删除多余图形；调用L【直线】命令，连接门洞，如图13-30所示。

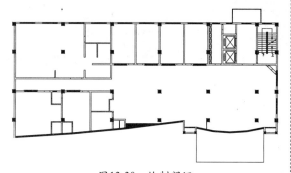

图13-30 绘制门洞

02 绘制吊顶造型。调用REC【矩形】和M【移动】命令，绘制矩形，如图13-31所示。

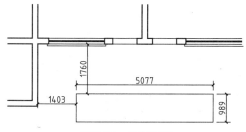

图13-31 绘制矩形

03 调用C【圆】命令，结合【对象捕捉】功能，分别在新绘制矩形4个端点处绘制【半径】为147的圆，如图13-32所示。

04 调用TR【修剪】命令，修剪多余的图形；调用O【偏移】命令，将修改后图形依次

向内偏移50和50，并再次修剪图形，如图13-33所示。

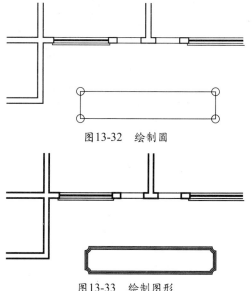

图13-32 绘制圆

图13-33 绘制图形

05 调用REC【矩形】和M【移动】命令，绘制矩形，如图13-34所示。

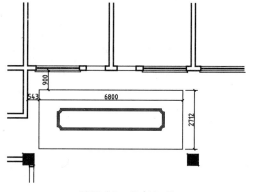

图13-34 绘制矩形

06 调用C【圆】命令，结合【对象捕捉】功能，绘制圆；调用MI【镜像】命令，将新绘制的圆进行镜像操作，如图13-35所示。

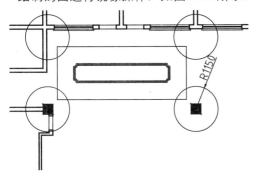

图13-35　绘制圆

07 调用TR【修剪】命令，修剪多余的图形；调用O【偏移】命令，将修改后图形依次向内偏移50和50，并再次修剪图形，修改最外侧图形的线型，如图13-36所示。

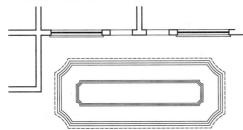

图13-36　修改图形

08 调用CO【复制】命令，选择合适的图形将其进行复制操作，如图13-37所示。

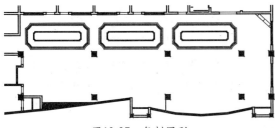

图13-37　复制图形

09 调用C【圆】命令，结合【对象捕捉】和【对象捕捉追踪】功能，分别绘制半径为650和750的圆；并修改最外侧圆的线型，调用CO【复制】命令，将新绘制的圆进行复制操作；调用TR【修剪】命令，修剪多余的图形，如图13-38所示。

10 调用REC【矩形】和M【移动】命令，分别绘制3个矩形；调用C【圆】和MI【镜像】命令，绘制圆，如图13-39所示。

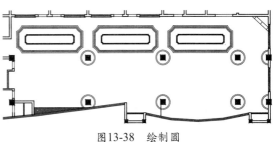

图13-38　绘制圆

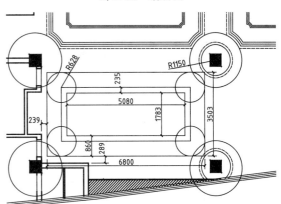

图13-39　绘制图形

11 调用TR【修剪】、E【删除】和O【偏移】命令，修改图形，并将修改后最外侧图形的线型进行修改，如图13-40所示。

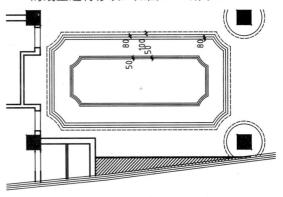

图13-40　修改图形

12 调用CO【复制】命令，选择合适的图形将其进行复制操作，如图13-41所示。

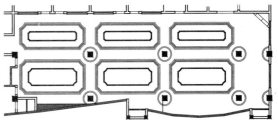

图13-41　复制图形

13 调用CO【复制】、L【直线】、EX【延伸】和TR【修剪】命令，绘制图形，并将绘制好的图形修改至【顶棚】图层，如图13-42所示。

14 单击【快速访问】工具栏的【打开】按钮，打开"第13课\图例表"素材文件，如图13-43所示。

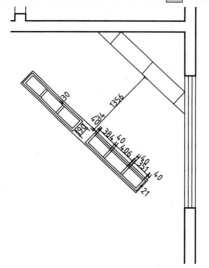

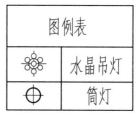

图13-42　绘制图形　　　　　　　　　　图13-43　素材文件

15 依次将【图例表】中的灯具图形布置到顶棚平面图中，如图13-44所示。

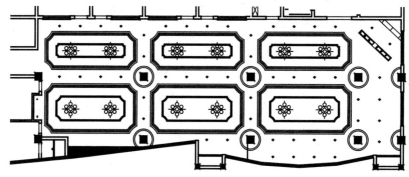

图13-44　布置灯具

16 调用I【插入】命令，插入【标高图块】图块，修改【比例】为10，在绘图区中合适区域的任意位置，单击鼠标，打开【编辑属性】对话框，输入2.800，单击【确定】按钮即可。

17 调用CO【复制】命令，将【标高】图块进行复制操作，双击相应的属性图块，修改其属性。

18 将【标注】图层置为当前。调用MLD【多重引线】命令，添加尺寸标注说明，并修改图名，得到最终效果，如图13-28所示。

13.4.2　绘制VIP豪华包厢顶棚平面图

　　VIP豪华包厢顶棚平面图包含了圆形吊顶造型，并布置了水晶吊灯、筒灯、灯带以及5mm灰镜等灯具，如图13-45所示，下面讲解其绘制方法。

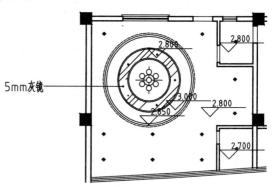

图13-45　VIP豪华包厢顶棚平面图

01 绘制吊顶造型。将【顶棚】图层置为当前。调用C【圆】和M【移动】命令，分别绘制半径为920、970、1370、1420、1920、2000和2070的圆，并修改最外侧圆的线型，如图13-46所示。

02 调用H【图案填充】命令，选择【AR-RROOF】图案，修改【图案填充比例】为45、【图案填充角度】为45°，填充图形，如图13-47所示。

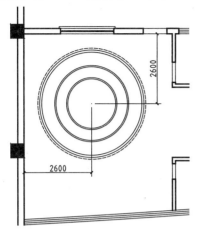

图13-46 绘制圆   图13-47 填充图形

03 调用CO【复制】命令，依次将灯具图形、标高图块、多重引线标注进行复制操作，并修改其参数，得到最终效果如图13-45所示。

13.5 绘制中式餐厅立面图

在绘制中式餐厅的装修施工图中，各个平面布置图的装修也需要对应绘制好立面效果图，从而方便设计并且使施工人员更加清楚、精确无误地进行施工。

13.5.1 绘制过道B立面图

过道B立面图主要是展示衣柜的立面图，其主要作用是用来放置衣服、展示衣服。如图13-48所示为过道立面效果图。

图13-48 过道立面效果图

大厅B立面图中需要绘制的图形主要有门和窗等图形，如图13-49所示，下面讲解其绘制方法。

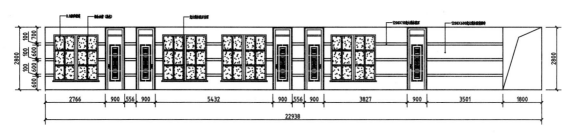

图13-49 过道B立面图

01 调用CO【复制】命令，复制平面布置图中的过道B立面的平面部分。

02 将【墙体】图层置为当前。调用L【直线】命令，绘制B立面墙体的投影线；调用O【偏移】命令，将最下方的水平投影线向上偏移2800，如图13-50所示。

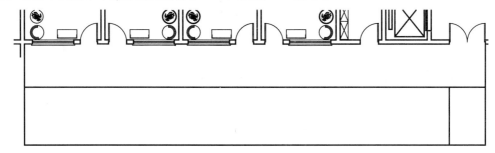

图13-50 绘制墙体投影线

03 调用TR【修剪】命令，修剪图形；调用PL【多段线】命令，结合【对象捕捉】功能，绘制图形，如图13-51所示。

图13-51 绘制图形

04 绘制窗户。将【门窗】图层置为当前。调用REC【矩形】、M【移动】和L【直线】命令，绘制图形，如图13-52所示。

05 调用REC【矩形】、M【移动】和O【偏移】命令，绘制矩形，如图13-53所示。

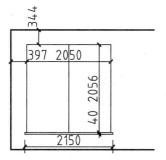

图13-52 绘制图形

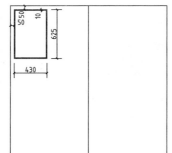

图13-53 绘制矩形

06 调用CO【复制】和MI【镜像】命令，复制图形，如图13-54所示。

07 调用H【图案填充】命令，选择【AR-CONC】图案，填充图形，如图13-55所示。

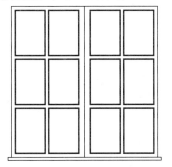

图13-54 复制图形

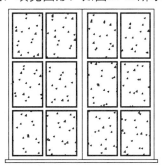

图13-55 填充图形

08 调用CO【偏移】命令，选择窗户图形，将其进行复制操作，如图13-56所示。

图13-56 复制图形

09 绘制门。调用PL【多段线】、O【偏移】和M【移动】命令，绘制图形，如图13-57所示。

10 调用X【分解】命令，分解内部多段线；调用O【偏移】命令，将分解后的上方水平直线向下分别偏移230和50；调用I【插入】命令，插入随书光盘中【门装饰】图块，如图13-58所示。

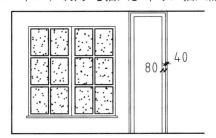

图13-57 绘制图形

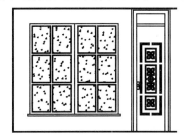

图13-58 修改图形

11 调用CO【复制】和MI【镜像】命令，选择门图形，将其进行复制操作，如图13-59所示。

图13-59 复制图形

12 调用O【偏移】、TR【修剪】和E【删除】命令，绘制图形，如图13-60所示。

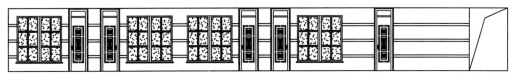

图13-60 绘制图形

13 将【标注】图层置为当前。调用MLD【多重引线】命令，添加多重引线标注；调用DLI【线性标注】和DCO【连续标注】命令，添加尺寸标注。

14 调用CO【复制】命令，复制图名对象，并修改其名称和比例，得到最终效果如图13-49所示。

13.5.2 绘制大厅C立面图

大厅C立面图主要是指收银台那一面的背景墙，收银台主要是餐厅里统一收款的地点，其主要作用就是钱的进账与支出，是餐厅必不可少的配套设施，如图13-61所示为收银台的立面效果图。

图13-61　收银台立面效果图

大厅C立面图中需要绘制的图形包括柱子、收银台、酒柜以及窗帘等图形，其中收银台、酒柜和窗帘可以作为图块调用，如图13-62所示，下面讲解其绘制方法。

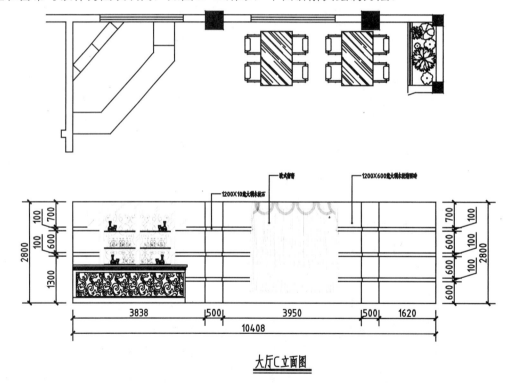

图13-62　大厅C立面图

01 调用CO【复制】命令，复制平面布置图中的大厅C立面的平面部分。

02 将【墙体】图层置为当前。调用L【直线】命令，绘制C立面墙体的投影线；调用O【偏移】命令，将最下方的水平投影线向上偏移2800，如图13-63所示。

03 调用TR【修剪】和E【删除】命令，修剪并删除图形，得到墙体，如图13-64所示。

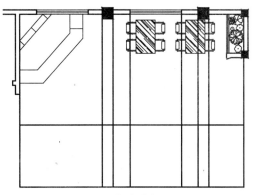

图13-63　绘制墙体投影线

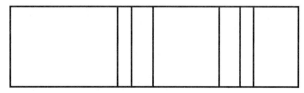

图13-64　修剪墙体

04 调用O【偏移】命令，选择最下方的水平直线向上进行偏移操作，如图13-65所示。

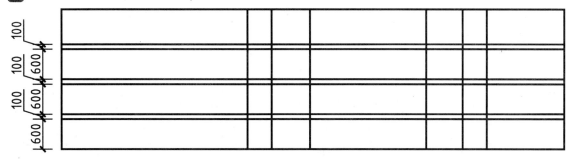

图13-65　偏移图形

05 绘制柱子。调用PL【多段线】和O【偏移】命令，绘制图形，如图13-66所示。

06 调用E【删除】命令，删除辅助线；调用CO【复制】、MI【镜像】和M【移动】命令，复制图形，如图13-67所示。

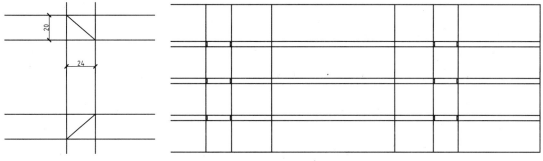

图13-66　绘制图形

图13-67　复制图形

07 调用I【插入】命令，插入随书光盘中的【收银台】、【酒柜】和【窗帘】图形，并调整其位置。

08 调用TR【修剪】命令，修剪多余的图形；调用E【删除】命令，删除多余的图形，如图13-68所示。

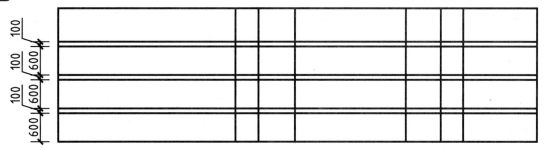

图13-68　修剪并删除图形

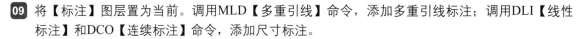

09 将【标注】图层置为当前。调用MLD【多重引线】命令，添加多重引线标注；调用DLI【线性标注】和DCO【连续标注】命令，添加尺寸标注。

10 调用CO【复制】命令，复制图名对象，并修改其名称和比例，得到最终效果如图13-62所示。

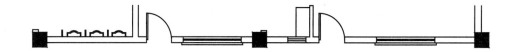

13.6 课后练习

　　走廊D立面图主要体现了走廊的立面造型效果。本实例讲解走廊D立面图的绘制方法，其方法和内容与过道B立面图和大厅C立面图的相似，读者可以参照前面介绍的方法来自行练习绘制，由于篇幅有限，在这里就不做详细介绍。效果如图13-69所示。

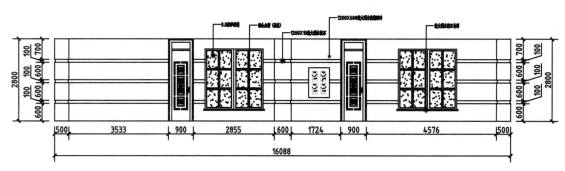

图13-69　走廊D立面图

第14课　绘制电气图和冷热水管走向图

电气图主要用来反映室内的配电情况，包括配电箱规格、配置、型号以及照明、开关、插座等线路的铺设和安装等。给排水施工图就是用于描述室内给水（包括热水和冷水）和排水管道、阀门等用水设备的布置和安装情况。本课将通过插座平面图、照明平面图、冷热水管走向图等图纸详细向读者介绍室内水电图的绘制方法。

本课知识：

1. 掌握电气设计的基础知识。

2. 掌握室内给排水的基础知识。

3. 掌握图例表的绘制方法。

4. 掌握插座平面图的绘制方法。

5. 掌握照明平面图的绘制方法。

6. 掌握冷热水管走向图的绘制方法。

14.1 电气设计基础知识

　　室内电气设计牵涉到很多相关的电工知识，为了使没有电工基础的读者也能够理解本章的内容，这里首先简单介绍一些相关的电气基础知识。

14.1.1 强电和弱电系统

　　现代家庭的电气设计包括强电系统和弱电系统两大部分。强电与弱电是以电压分界的，工作电压在220V以上为强电，以下为弱电。其中强电系统指的是空调、电视、冰箱、照明等家用电器的用电系统。

　　弱电系统指的是有线电视、电话线、家庭影院的音响输出线路、电脑局域网等线路系统，弱电系统根据不同的用途需要采用不同的连接介质，例如电脑局域网布置一般使用五类双绞线，有线电视线路则使用同轴电缆。

14.1.2 常用电气名词解析

1. 户配电箱

　　现代住宅的进线处一般装有配电箱。户配电箱内一般装有总开关和若干分支回路的断路器/漏电保护器，有时也装熔断器和计算机防雷击电涌防护器。户配电箱、住宅楼总配电箱或中间配电箱以单相220V电压供电。

2. 分支回路

　　分支回路是指从配电箱引出的若干供电给用电设备或插座的末端线路。足够的回路数量对于现代家居生活是必不可少的。一旦某一线路发生短路或其他问题时，不会影响其他回路的正常工作。根据使用面积，照明回路可选择两路或三路，电源插座三至四路，厨房和卫生间各走一条路线，空调回路两至三路，一个空调回路最多带两部空调。

3. 漏电保护器

　　漏电保护器俗称漏电开关，是用于在电路或电器绝缘受损发生对地短路时防人身触电和电气火灾的保护电器，一般安装于每户配电箱的插座回路上和全楼总配电箱的电源进线上，后者专用于防电气火灾。

4. 电线截面与载流量

　　在家庭装潢中，因为铝线极易氧化，因此常用的电线为BV线（铜芯聚乙烯绝缘电线）。电线的截面指的是电线内铜芯的截面。住宅内常用的电线截面有$1.5mm^2$、$2.5mm^2$、$4mm^2$等。导线截面越大，它所能通过的电流也越大。

　　载流量指的是电线在常温下持续工作并能保证一定使用寿命（如30年）的工作电流大小。电线载流量的大小与其截面积的大小有关，即导线截面越大，它所能通过的电流也越大。如果线路电流超过载流量，使用寿命就相应缩短，如不及时换线，就可能引起种种电气事故。

14.1.3 电线与套管

　　强电电气设备虽然均为220V供电，但仍需根据电器的用途和功率大小，确定室内供电的回路划分，采用何种电线类型，例如柜式空调等大型家用电气供电需设置线径大于$2.5mm^2$的动力电线，插座回路应采用截面不小于$2.5mm^2$的单股绝缘铜线，照明回路应采用截面不小于$1.5mm^2$的单股绝缘铜线。如果考虑到将来厨房及卫生间电器种类和数量的激增，厨房和卫生间的回路建议也使用$4mm^2$电线。

此外，为了安全起见，塑料护套线或其他绝缘导线不得直接埋设在水泥或石灰粉刷层内，必须穿管（套管）埋设。套管的大小根据电线的粗细进行选择。

14.2 给排水设计基础知识

室内给排水是装修施工图中不可缺少的。在绘制室内给排水图之前，首先需要对室内给排水图有个基础的认识。

1. 室内给水系统

室内给水是指通过自来水厂输送来的净水进入到某一个建筑物内后，进行用户给水分配的过程。室内给水系统的组成包含以下几个方面。

★ 引入管：穿过建筑物外墙或基础，自室外给水管将水引入室内给水管网的水平管。
★ 水表节点：需要单独计算用水量的建筑物，应在引入管上装设水表；有时根据需要也可以在配水管上装设水表。水表一般设置在易于观察的室内或室外水表井内，水表井内设有闸阀、水表和泄水阀门等。
★ 室内配水管网：由水平干管、立管和支管所组成的管道系统网。
★ 用水设备及附件：卫生器具的配水龙头、用水设备（如洗脸池、淋浴喷头、大便器及浴缸等）、闸门、止回阀等。
★ 升压蓄水设备：水泵、水箱、气压给水装置等。
★ 室内消防设备：按建筑物的防火规范要求设置的消防设备。如消防水箱、自动喷洒消防、水幕消防等设备。

2. 室内排水系统

室内排水是指用户将用脏的污水通过各种排水管网排到建筑物外进行再处理的过程。

室内排水系统组成包含以下几个方面。

★ 卫生器具及地漏等的排水泄水口：如洗脸盆、大便器、污水池及用水房间地面排水设施地漏等均包含有排水的泄水口。
★ 排水管网及附件：由污水口连接排水支管再到排水水平干管及立管最后排出室外所组成的排水管道系统网；以及排水管道为方便清理维修而设置的存水弯、连接管、排水立管、排出管、管道清通装置等附件。
★ 通气管道：为排除污水管道中的废气，以防这些气体通过污水管窜入室内而设置的通向屋顶的管道，通常设在建筑物顶层排水管检查口以上。通气管道的顶部一般要设置通气帽，以防止有杂物落入。

14.3 绘制图例表

图例表用来说明各种图例图形的名称、规格以及安装形式等，在绘制电气图之前需要绘制图例表。图例表由图例图形、图例名称及安装说明等几个部分组成。

▌14.3.1 绘制开关类图例表

开关是一种基本的低压电器，是用来接通和断开电路的元件，是电气设计中常用的电气控制器件，其主要用于控制电路的通断。开关类图例画法基本相同，先画出其中的一个，通过复制和修改即可完成其他图例的绘制。如图14-1所示为开关类图例表。

图例	名称
⬤━	单联开关
⬤═	双联开关
⬤≡	三联开关

图14-1 开关类图例表

01 新建空白文件。调用C【圆】命令，绘制一个半径为36的圆。

02 绘制单联开关。调用L【直线】命令，结合【象限点捕捉】和【正交】功能，绘制直线，如图14-2所示。

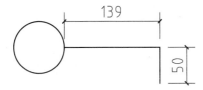

图14-2 绘制图形

03 调用H【图案填充】命令，在新绘制的圆内填充【SOLID】图案；调用RO【旋转】命令，将新绘制的图形旋转45°，如图14-3所示。

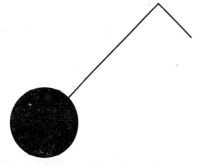

图14-3 绘制单联开关

04 调用CO【复制】命令，将新绘制的开关图形进行复制操作，并修改复制后的图形分别为【双联开关】和【三联开关】，如图14-4所示。

05 绘制图例表。调用REC【矩形】、X【分解】和O【偏移】命令，绘制图形，如图14-5所示。

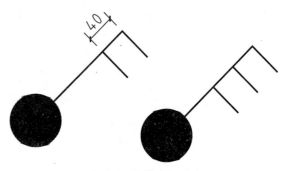

图14-4 绘制其他开关

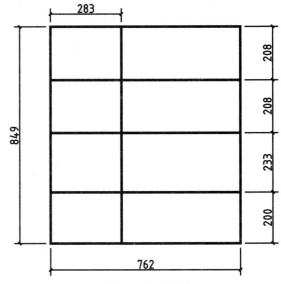

图14-5 绘制图形.

06 将【标注】图层置为当前。调用MT【多行文字】命令，添加多行文字，如图14-6所示。

图例	名称
	单联开关
	双联开关
	三联开关

图14-6 添加多行文字

07 调用M【移动】命令，将新绘制的图例移至表格中，得到最终效果如图14-1所示。

14.3.2 绘制灯具类图例表

灯具类图例包括筒灯、吊灯、金卤灯、吸顶灯、浴霸以及射灯等，在绘制顶棚图时，直接调用了图库中的图例。为了提高大家的绘图技能。下面将绘制如图14-7所示为灯具类图例表。

图例	名称
⊕	筒灯
✳	吊灯
▣	金卤灯
⊖	吸顶灯
▦	浴霸
⼏	射灯

图14-7 灯具类图例

01 绘制吊灯。新建空白文件。调用C【圆】命令，分别绘制半径为232和280的圆，如图14-8所示。

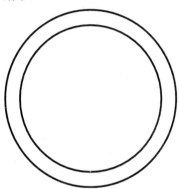

图14-8 绘制图形

02 调用C【圆】命令，结合【象限点捕捉】功能，捕捉大圆的上象限点为圆心，绘制半径为48的圆，如图14-9所示。

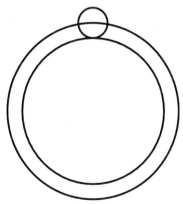

图14-9 绘制圆

03 调用L【直线】命令，结合【对象捕捉】和【45°极轴追踪】功能，绘制直线，如图14-10所示。

04 调用AR【阵列】命令，修改【项目数】为8，将新绘制的圆进行环形阵列操作，如图

14-11所示。

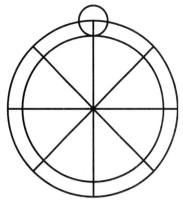

图14-10 绘制直线

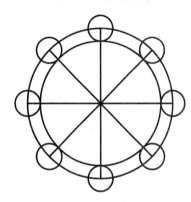

图14-11 环形阵列图形

05 绘制图例表。调用REC【矩形】、X【分解】和O【偏移】命令，绘制图形，如图14-12所示。

06 将【标注】图层置为当前。调用MT【多行文字】命令，添加多行文字，如图14-13所示。

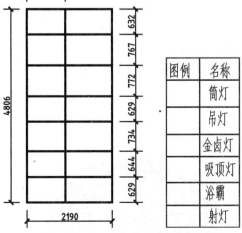

图14-12 绘制图形　　图14-13 添加多行文字

07 调用M【移动】命令，将新绘制的图例移

至表格中；调用I【插入】命令，插入随书光盘中的【筒灯】、【金卤灯】、【吸顶灯】、【浴霸】和【射灯】图块，得到最终效果如图14-7所示。

14.3.3　绘制插座类图例表

插座指有一个或一个以上电路接线可插入的座，通过它可插入各种接线，便于与其他电路接通。如图14-14所示为插座类图例表。

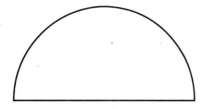

图例	名称
☀	单相二、三孔插座
⬕	空调插座
◹	电表箱

图14-14　插座类图例表

01 绘制单相二、三孔插座。新建空白文件。调用C【圆】命令，绘制半径为157的圆。

02 调用L【直线】命令，结合【象限点捕捉】功能，连接直线；调用TR【修剪】命令，修剪图形，如图14-15所示。

图14-15　绘制图形

03 调用L【直线】命令，结合【对象捕捉】功能，绘制一条长度为130的垂直直线。

04 调用RO【旋转】命令，将新绘制的垂直直线进行29°和-29°的旋转复制操作；调用H【图案填充】命令，在半圆内填充【SOLID】图案，如图14-16所示。

图14-16　绘制图形

05 绘制空调插座。调用CO【复制】命令，将新绘制的插座图形复制一份，将其修改为空调插座，效果如图14-17所示。

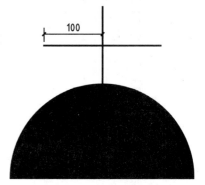

图14-17　绘制空调插座

06 绘制电表箱。调用REC【矩形】、L【直线】和H【图案填充】命令，绘制图形，如图14-18所示。

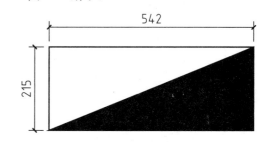

图14-18　绘制电表箱

07 调用REC【矩形】、X【分解】和O【偏移】命令，绘制图形，如图14-19所示。

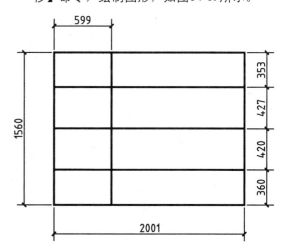

图14-19　绘制图

08 【标注】图层置为当前。调用MT【多行文字】命令，添加多行文字；调用M【移动】命令，将新绘制的图例移至表格中，得到最终效果如图14-14所示。

14.4 绘制插座平面布置图

在电气图中，插座平面布置图主要反映了插座的安装位置和数量。插座平面布置图在平面布置图基础上进行绘制，主要由插座和配电箱等部分组成。本实例讲解插座平面布置图的绘制方法，如图14-20所示。

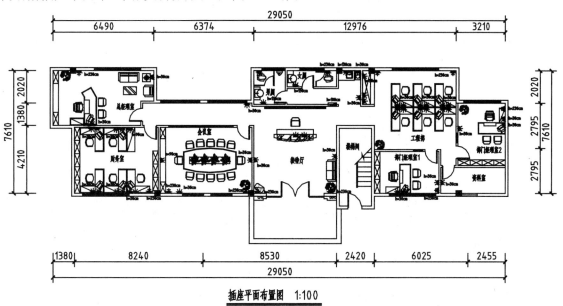

插座平面布置图 1:100

图14-20 插座平面图

01 打开随书光盘中的"第14课\14.4 绘制插座平面布置图.dwg"素材文件，如图14-21所示。

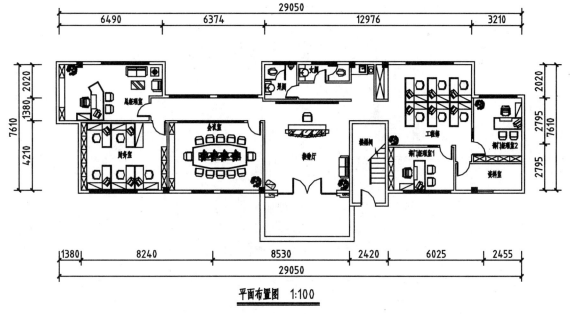

平面布置图 1:100

图14-21 素材文件

02 复制图例表中的插座、配电箱等图例到平面布置图中的相应位置，如图14-22所示。

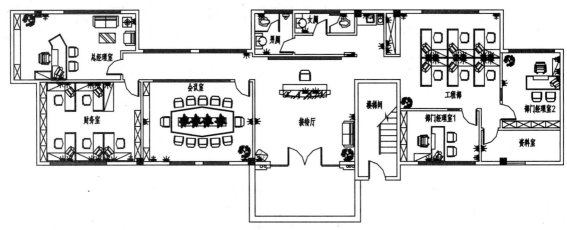

图14-22　布置插座图形

03 将【标注】图层置为当前。调用MT【多行文字】命令，创建多行文字，修改图名，最终效果如图14-20所示。

14.5 绘制照明平面图

照明平面图反映了灯具和开关的安装位置、数量和线路的走向，是电气施工不可缺少的图样，同时也是将来电气线路检修和改造的主要依据。照明平面图在顶棚图的基础上绘制，主要由灯具、开关以及它们之间的连线组成。本实例讲解照明平面图的绘制方法，如图14-23所示。

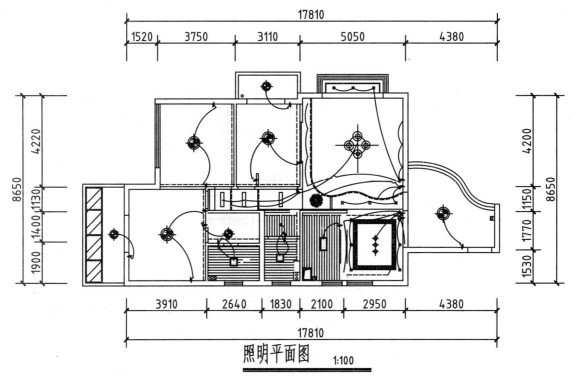

照明平面图　1:100

图14-23　照明平面图

01 打开随书光盘中的"第14课\14.5　绘制照明平面图.dwg"素材文件，如图14-24所示。

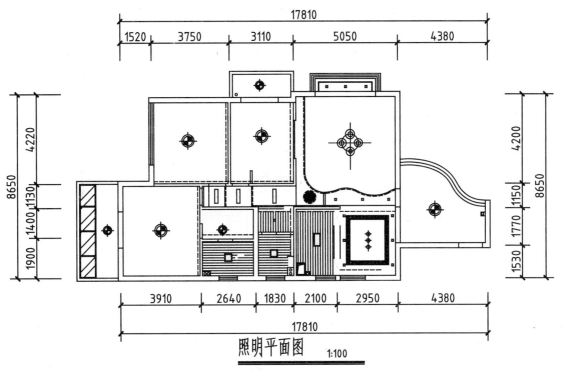

照明平面图 1:100

图14-24 素材文件

02 复制图例表中的单联开关、双联开关等图例到平面布置图中的相应位置,如图14-25所示。

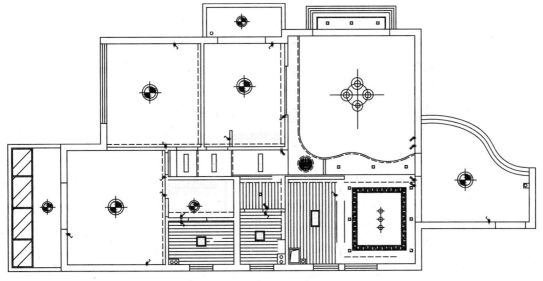

图14-25 布置开关图形

03 调用A【圆弧】命令,绘制连线,完成照明平面图的绘制,得到最终效果如图14-23所示。

14.6 绘制冷热水管走向图

冷热水管走向图反映了住宅水管的分布走向,指导水电工施工,冷热水管走向图需要绘制的内容主要为冷、热水管和出水口。本实例讲解冷热水管走向图的绘制方法,如图14-26所示。

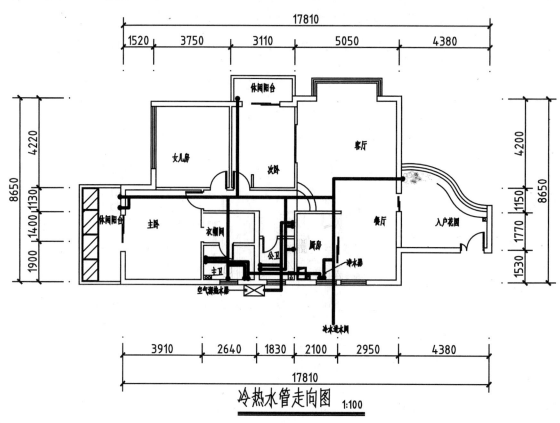

图14-26 冷热水管走向图

01 打开随书光盘中的"第14课\14.6 绘制冷热水管走向图.dwg"素材文件，如图14-27所示。

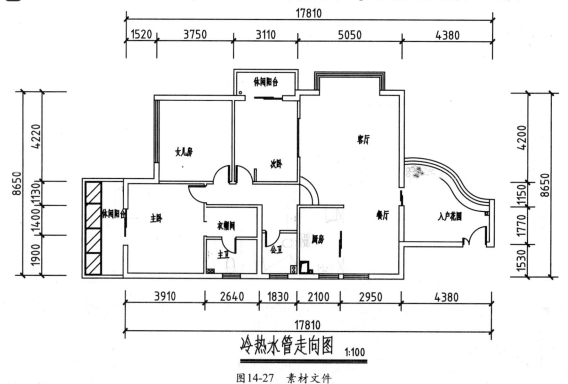

图14-27 素材文件

02 将【冷水管】图层置为当前。调用C【圆】和CO【复制】命令，依次绘制冷水管的出水口，其圆半径为50，如图14-28所示。

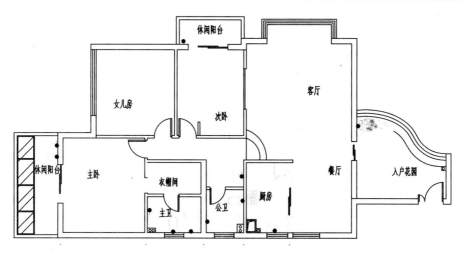

图14-28 绘制冷水管的出水口

03 调用L【直线】命令，结合【对象捕捉】和【极轴追踪】功能，绘制冷水管线路，如图14-29所示。

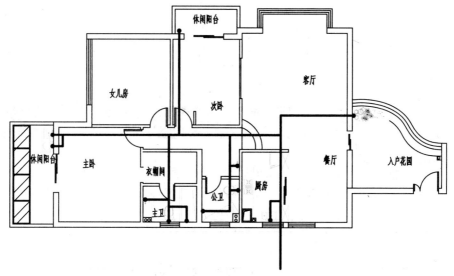

图14-29 绘制冷水管线路

04 绘制热水器和净水器。将【0】图层置为当前。调用REC【矩形】、M【移动】、L【直线】和TR【修剪】命令，绘制图形，如图14-30所示。

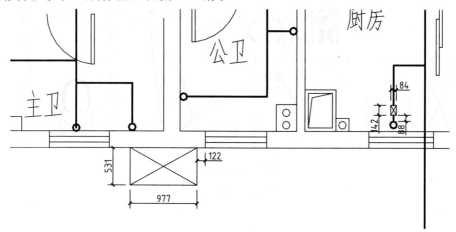

图14-30 绘制热水器和净水器

05 将【热水管】图层置为当前。调用C【圆】命令，依次绘制热水管的出水口。

06 调用L【直线】命令，结合【对象捕捉】和【极轴追踪】功能，绘制热水管线路，如图14-31所示。

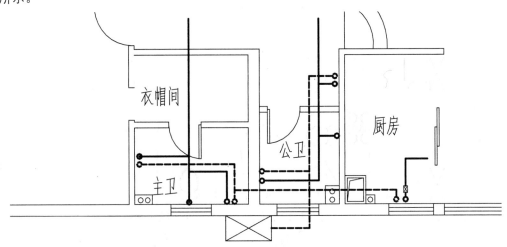

图14-31　绘制热水管出水口和线路

07 将【标注】图层置为当前。调用MLD【多重引线】和MT【多行文字】命令，添加多重引线和文字说明，得到最终效果，如图14-26所示。

14.7 课后练习

办公室的给排水图主要由给水管、排水管以及化粪池管3部分组成，本实例讲解办公室的给排水图的绘制方法，如图14-32所示。

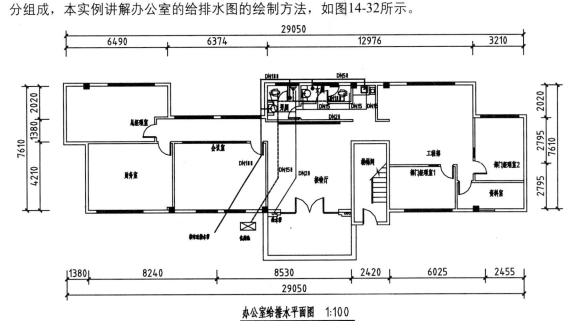

办公室给排水-平面图　1:100

图14-32　办公室给排水平面图

提示步骤如下。

01 打开随书光盘中的"第14课\14.7　课后练习.dwg"素材文件。

02 调用I【插入】命令，插入随书光盘中的【地漏】和【化粪池】图块。

03 将【给水管】图层置为当前。调用L【直线】命令，绘制给水管，如图14-33所示。

04 将【排水管】图层置为当前。调用L【直线】命令，绘制排水管。

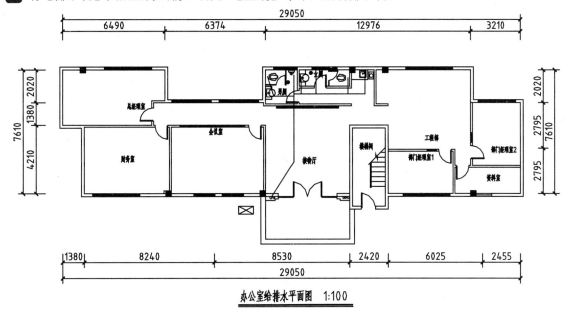

图14-33　绘制给水管

05 将【化粪池管】图层置为当前。调用L【直线】命令，绘制化粪池管，如图14-34所示。

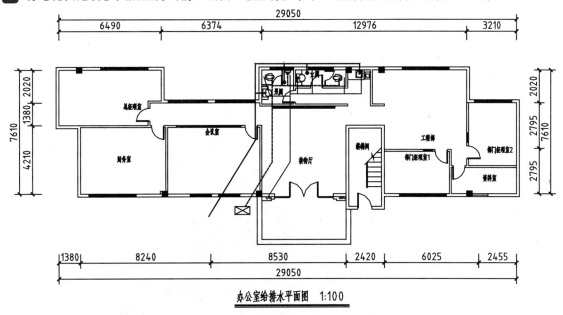

图14-34　绘制化粪池管

06 将【标注】图层置为当前。调用MT【多行文字】命令，添加多行文字，得到最终效果如图14-32所示。

第15课　绘制室内装潢设计剖面图和详图

由于在装修施工中常有一些复杂或细小的部位，在上述几课所介绍的平、立面图中未能表达或未能详尽表达时，则需使用剖面图和详图来表示该部位的形状、结构、材料名称、规格尺寸、工艺要求等。本课将详细介绍室内装潢设计剖面图和详图的操作方法。

本课知识：

1. 掌握电视背景墙造型剖面图的绘制方法。

2. 掌握门套剖面图的绘制方法。

3. 掌握大厅天花剖面图的绘制方法。

4. 掌握卫生间剖面图的绘制方法。

15.1 绘制电视背景墙造型剖面图

电视背景墙的造型剖面图主要是指将电视背景墙中的墙体、实木线条、铺贴的大理石以及墙纸效果详细的绘制出来，以供施工人员施工。本实例讲解电视背景墙的绘制方法，如图15-1所示。

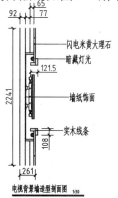

图15-1 电视背景墙造型剖面图

15.1.1 插入剖切索引符号

剖切索引符号用于表示剖切的位置、详图编号以及详图所在的图纸编号，在第8课内容讲解时已经将其创建出来，这里只需要直接调用即可。

01 打开随书光盘中的"第15课\15.1 绘制电视背景墙造型剖面图.dwg"素材文件。

02 调用I【插入】命令，打开【插入】对话框，单击【浏览】按钮，如图15-2所示。

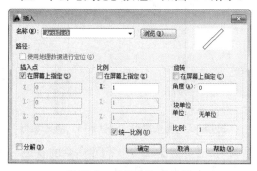

图15-2 【插入】对话框

03 打开【选择图形文件】对话框，选择"剖切索引符号"文件，如图15-3所示。

04 依次单击【打开】和【确定】按钮，指定插入点，打开【编辑属性】对话框，依次输入参数，如图15-4所示。

05 单击【确定】按钮，即可插入剖切索引符号，并对插入的图块进行调整，效果如图15-5所示。

图15-3 【选择图形文件】对话框

图15-4 【编辑属性】对话框

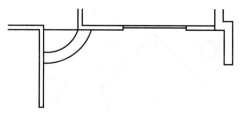

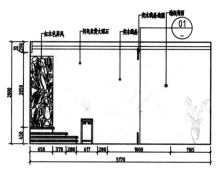

客厅电视背景墙立面图 1:100

图15-5 插入剖切索引符号

15.1.2 绘制剖面图

电视背景墙的造型剖面图主要是指将电视背景墙沿着垂直线，从中间垂直剖切出的节点详图效果。

01 将【墙体】图层置为当前。调用L【直线】命令，结合【正交】功能，绘制相互垂直的直线，如图15-6所示。

02 调用O【偏移】命令，将新绘制的垂直直线向右进行偏移操作，如图15-7所示。

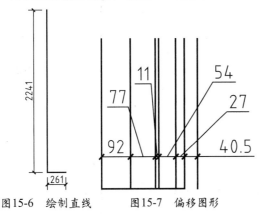

图15-6 绘制直线　　　　图15-7 偏移图形

03 调用O【偏移】命令，将新绘制的水平直线向上进行偏移操作，如图15-8所示。

04 调用EX【延伸】、TR【修剪】和E【删除】命令，修剪并删除多余的图形，如图15-9所示。

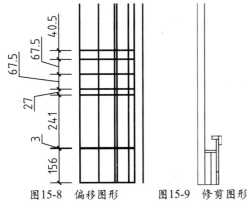

图15-8 偏移图形　　　图15-9 修剪图形

05 调用MI【镜像】命令，选择修剪后的图形将其进行镜像操作，如图15-10所示。

06 调用O【偏移】和TR【修剪】命令，绘制图形，如图15-11所示。

07 将【填充】图层置为当前。调用H【图案填充】命令，选择【SACNCR】图案，修改【图案填充比例】为18，填充图形，如图

15-12所示。

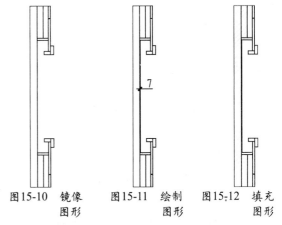

图15-10 镜像图形　　图15-11 绘制图形　　图15-12 填充图形

08 调用H【图案填充】命令，选择【AR-CONC】图案，修改【图案填充比例】为0.225，填充图形，如图15-13所示。

09 调用H【图案填充】命令，选择【ANSI37】图案，修改【图案填充比例】为5，填充图形。

10 调用H【图案填充】命令，选择【CORK】图案，修改【图案填充比例】为3.6，【图案填充角度】为45，填充图形，如图15-14所示。

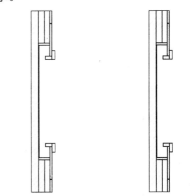

图15-13 填充图形　　图15-14 填充图形

11 调用E【删除】命令，删除多余的直线；调用I【插入】和CO【复制】命令，布置随书光盘中的【壁挂电视】和【暗藏灯光】图块。

12 将【标注】图层置为当前。调用MLD【多重引线】命令，添加多重引线说明；调用DLI【线性标注】命令，添加尺寸标注；调用CO【复制】命令，复制并修改图名，得到最终效果如图15-1所示。

15.2 绘制门套剖面图

门套的主要作用是为了固定门扇，其剖面图主要是表示门套的形状和使用材料等。本实例讲解门套剖面图的绘制方法，如图15-15所示。

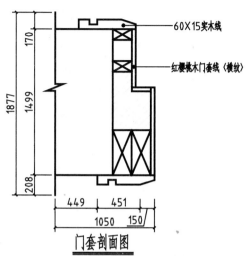

图15-15 门套剖面图

01 打开随书光盘中的"第15课\15.2 绘制门套剖面图.dwg"素材文件。

02 调用I【插入】命令，插入随书光盘中的"剖切索引符号"图块，并调整其位置和大小，如图15-16所示。

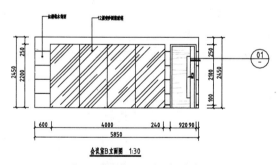

图15-16 插入剖切索引符号

03 将【家具】图层置为当前。调用L【直线】命令，开启【正交】功能，绘制直线，如图15-17所示。

04 调用O【偏移】命令，将新绘制的垂直直线向左进行偏移操作，如图15-18所示。

05 调用O【偏移】命令，将新绘制的水平直线向上进行偏移操作，如图15-19所示。

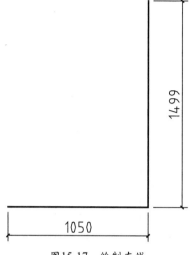

图15-17 绘制直线

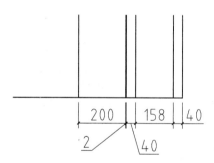

图15-18 偏移图形

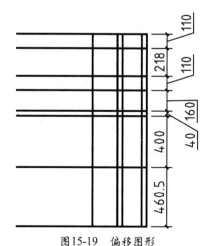

图15-19 偏移图形

06 调用TR【修剪】命令，修剪多余的图形；调用E【删除】命令，删除多余的图形，如图15-20所示。

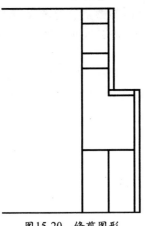

图15-20　修剪图形

07 调用L【直线】命令，结合【对象捕捉】功能，连接直线，如图15-21所示。

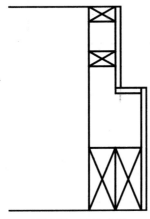

图15-21　连接直线

08 调用PL【多段线】命令，结合【对象捕捉】和【162°极轴追踪】功能，绘制多段线，如图15-22所示。

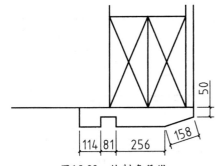

图15-22　绘制多段线

09 调用MI【镜像】和M【移动】命令，将新绘制的多段线进行镜像移动操作，如图15-23所示。

10 调用L【直线】命令，结合【极轴追踪】功能，绘制直线，如图15-24所示。

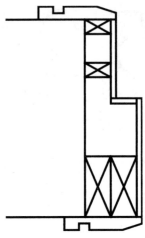

图15-23　镜像图形

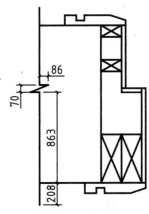

图15-24　绘制直线

11 将【填充】图层置为当前。调用H【图案填充】命令，选择【AR-CONC】图案，修改【图案填充比例】为40，拾取合适的区域填充图形。

12 调用H【图案填充】命令，选择【ANSI31】图案，修改【图案填充比例】为400，拾取合适的区域，填充图形，如图15-25所示。

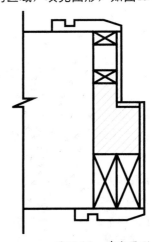

图15-25　填充图形

13 将【标注】图层置为当前。调用MLD【多重引线】命令，添加多重引线说明；调用DLI【线性标注】命令，添加尺寸标注；调用CO【复制】命令，复制并修改图名，得到最终效果如图15-15所示。

15.3 绘制大厅天花剖面图 ——○

大厅天花剖面图主要是指大厅的吊顶造型的节点详图，详细讲解了轻钢龙骨、纸面石膏板以及细木工板的绘制方法，效果如图15-26所示。

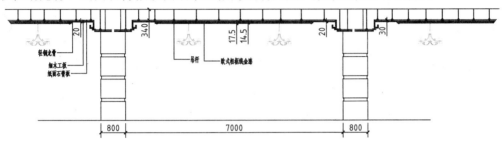

大厅天花剖面图

图15-26 大厅天花剖面图

01 打开随书光盘中的"第15课\15.3 绘制大厅天花剖面图.dwg"素材文件。

02 调用I【插入】命令，插入随书光盘中的"剖切索引符号"图块，并调整其位置和大小，如图15-27所示。

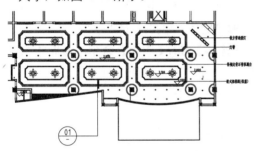

图15-27 插入剖切索引符号

03 将【墙体】图层置为当前。调用L【直线】命令，根据剖切位置绘制剖切面的投影线，如图15-28所示

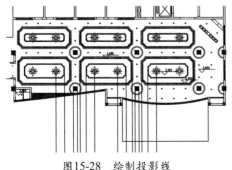

图15-28 绘制投影线

04 调用L【直线】命令，在投影线下方位置绘制一条水平线段，该线段表示吊顶标高3.100m的完成面。

05 调用O【偏移】命令，将新绘制的水平线段向上进行偏移操作，如图15-29所示。

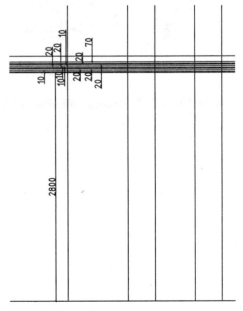

图15-29 偏移图形

06 调用O【偏移】命令，将从左数的第3条垂直直线进行偏移操作，如图15-30所示。

07 调用TR【修剪】命令，修剪图形；调用E【删除】命令，删除图形，如图15-31所示。

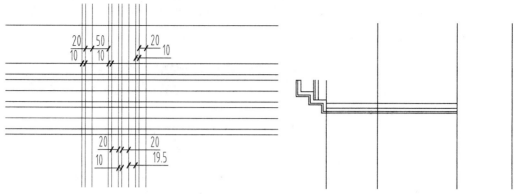

图15-30　偏移图形图　　　　　　　　　　　15-31　修改并删除图形

08 调用L【直线】命令，结合【对象捕捉】功能，连接直线，调用MI【镜像】命令，选择合适的图形，将其进行镜像操作，并延伸图形，如图15-32所示。

09 调用TR【修剪】命令，修剪图形；调用E【删除】命令，删除图形，如图15-33所示。

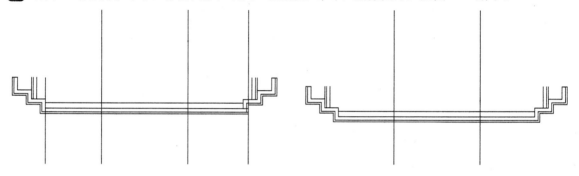

图15-32　镜像图形　　　　　　　　　　　图15-33　修剪并删除图形

10 调用O【偏移】命令，将最下方的水平直线向上进行偏移操作，如图15-34所示。

11 调用EX【延伸】命令，延伸相应的图形；调用TR【修剪】和E【删除】命令，修剪并删除图形，如图15-35所示。

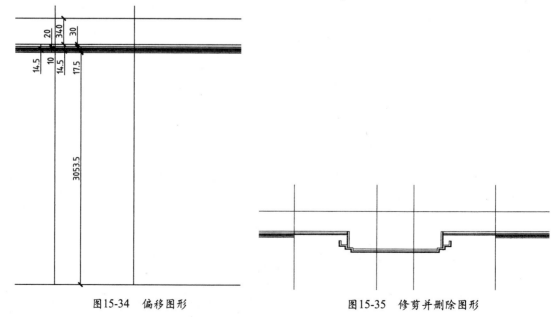

图15-34　偏移图形　　　　　　　　　　　图15-35　修剪并删除图形

12 调用CO【复制】命令，选择合适的图形将其进行复制操作。

13 调用I【插入】和CO【复制】命令，插入随书光盘中的【石膏角线】和【艺术吊灯】图块；调用SPL【样条曲线】命令，绘制样条曲线；调用TR【修剪】和E【删除】命令，修剪并删除多余的图形，如图15-36所示。

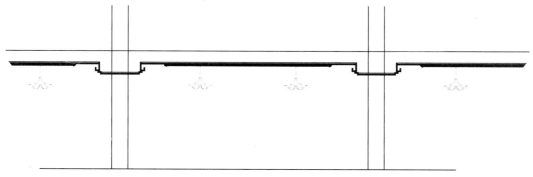

图15-36 插入图块并绘制图形

14 绘制柱子。调用O【偏移】命令，将左侧的两条垂直直线进行偏移操作，如图15-37所示。

15 调用O【偏移】命令，将最下方的水平直线进行偏移操作，如图15-38所示。

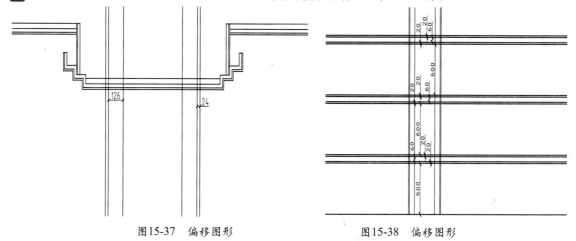

图15-37 偏移图形　　　　　　　　图15-38 偏移图形

16 调用L【直线】命令，结合【对象捕捉】功能，连接直线。

17 调用TR【修剪】命令，修剪多余的图形，如图15-39所示。

18 调用CO【复制】命令，选择新绘制的柱子将其进行复制操作，并删除多余图形，如图15-40所示。

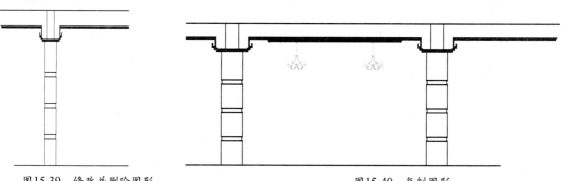

图15-39 修改并删除图形　　　　　　　图15-40 复制图形

19 绘制吊杆。调用REC【矩形】和M【移动】命令，结合【对象捕捉】功能，绘制矩形，如图15-41所示。

20 调用CO【复制】命令，将新绘制的矩形进行复制操作；调用X【分解】命令，分解矩形；调用TR【修剪】命令，修剪多余的图形，如图15-42所示。

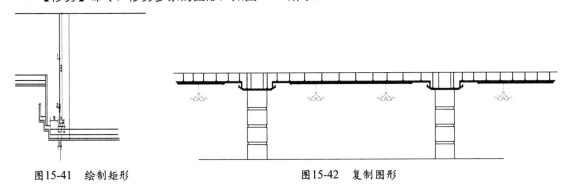

图15-41 绘制矩形　　　　　　　　　　　　　　　　图15-42 复制图形

21 调用I【插入】和CO【复制】命令，布置随书光盘中的【柱子装饰】和【暗藏T5黄色灯管】图块。

22 将【标注】图层置为当前。调用MLD【多重引线】命令，添加多重引线说明；调用DLI【线性标注】命令，添加尺寸标注；调用CO【复制】命令，复制并修改图名，得到最终效果如图15-26所示。

15.4 绘制卫生间剖面图

卫生间剖面图主要是指将卫生间沿着垂直线，从中间垂直剖切出的节点详图效果。本实例讲解卫生间剖面图的绘制方法，如图15-43所示。

大小，如图15-44所示。

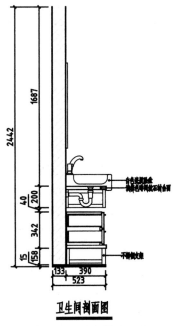

卫生间剖面图

图15-43 卫生间剖面图

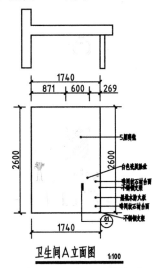

卫生间A立面图　1:100

图15-44 插入剖切索引

01 打开随书光盘中的"第15课\15.4 绘制卫生间剖面图.dwg"素材文件。

02 调用I【插入】命令，插入随书光盘中的"剖切索引符号"图块，并调整其位置和

03 将【墙体】图层置为当前。调用L【直线】命令，结合【正交】功能，绘制相互垂直的直线，如图15-45所示。

04 调用O【偏移】、TR【修剪】、H【图案填充】、E【删除】命令，修改图形，如图15-46所示。

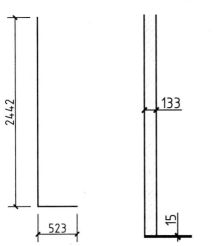

图15-45 绘制图形　　图15-46 修改图形

05 调用O【偏移】命令，将从左数第2条垂直直线向右进行偏移操作，如图15-47所示。

图15-47 偏移图形

06 调用O【偏移】命令，将从下数第2条水平直线向上进行偏移操作，如图15-48所示。

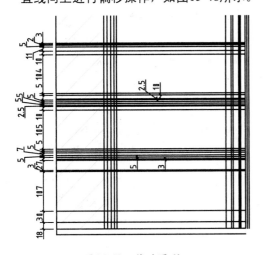

图15-48 偏移图形

07 调用EX【延伸】命令，延伸图形；调用TR【修剪】命令，修剪多余的图形；调用E【删除】命令，删除多余的图形，并将修改后的图形修改至【家具】图层，如图15-49所示。

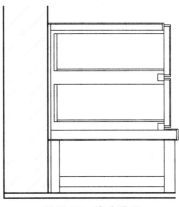

图15-49 修改图形

08 调用O【偏移】命令，将从左数第2条垂直直线向右进行偏移操作，如图15-50所示。

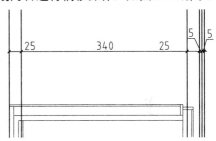

图15-50 偏移图形

09 调用O【偏移】命令，将从下数第2条水平直线向上进行偏移操作，如图15-51所示。

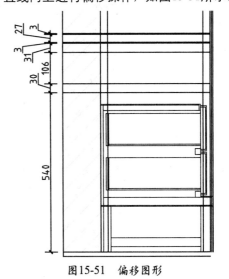

图15-51 偏移图形

10 调用EX【延伸】命令，延伸图形；调用TR【修剪】命令，修剪多余的图形；调用E【删除】命令，删除多余的图形，并将修改后的图形修改至【家具】图层，如图15-52所示。

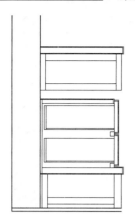

图15-52 修改图形

11 将【家具】图层置为当前。调用PL【多段线】和M【移动】命令，绘制多段线，如图15-53所示。

12 调用I【插入】命令，插入随书光盘中的【洗脸盆】和【抽屉把手】图块，并调整其位置；调用TR【修剪】命令，修剪图形，如图15-54所示。

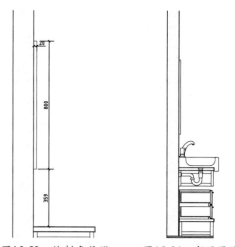

图15-53 绘制多段线   图15-54 布置图块

13 将【标注】图层置为当前。调用MLD【多重引线】命令，添加多重引线说明；调用DLI【线性标注】命令，添加尺寸标注；调用CO【复制】命令，复制并修改图名，得到最终效果如图15-43所示。

15.5 课后练习

接待厅的前台剖面图反映的前台的垂直中心位置处剖切出的图形，可以反映出前台的内部细节。本实例讲解接待厅前台剖面图的绘制方法，如图15-55所示。

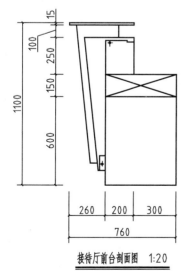

图15-55 接待厅前台剖面图

提示步骤如下。

01 打开随书光盘中的"第15课\15.5 课后练习.dwg"素材文件。

02 调用I【插入】命令，插入随书光盘中的【剖切索引符号】图块，并调整其位置和大小，如图15-56所示。

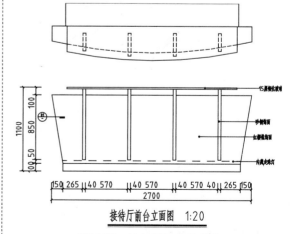

图15-56 插入剖切索引符号

03 调用REC【矩形】命令，绘制一个760×1100的矩形；调用X【分解】命令，分解矩形。

04 调用O【偏移】命令，偏移上方水平直线，尺寸如图15-57所示。

05 调用O【偏移】命令，偏移左侧的垂直直线，如图15-58所示。

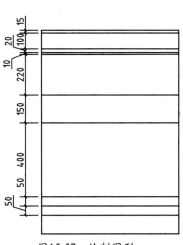

图15-57　绘制图形

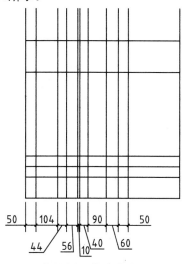

图15-58　偏移图形

06 调用L【直线】命令，结合【对象捕捉】功能，连接直线；调用TR【修剪】命令，修剪多余的图形；调用E【删除】命令，删除多余的图形，如图15-59所示。

07 调用I【插入】和CO【复制】命令，布置随书光盘中的【灯光】图块。

08 将【标注】图层置为当前。调用MLD【多重引线】命令，添加多重引线说明；调用DLI【线性标注】命令，添加尺寸标注；调用CO【复制】命令，复制并修改图名，得到最终效果如图15-55所示。

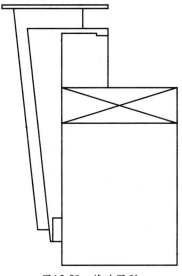

图15-59　修改图形

第16课
施工图打印方法与技巧

对于室内装潢设计施工图而言，其输出对象主要为打印机，打印输出的图纸将成为施工人员施工的主要依据。室内设计施工图一般采用A3纸进行打印，也可以根据需要选用其他大小的纸张。在打印时，需要确定纸张的大小、输出比例及打印线宽、颜色等相关内容。在最终打印输出之前，需要对图形进行认真检查和核对，在确定正确无误之后方可进行打印。

本课知识：
1. 掌握模型空间打印的方法。
2. 掌握图纸空间打印的方法。

16.1 模型空间打印

模型空间打印指的是在模型窗口进行相关设置并进行打印，本节将详细讲述模型空间打印的方法。

16.1.1 调用图签

施工图在打印输出的时候，需要为其加上图签，图签可以在创建样板时绘制好，并作为图块直接调用即可。

【案例16-1】：调用图签

01 单击【快速访问】工具栏中的【打开】按钮，打开"第16课\16.1 模型空间打印.dwg"素材文件，如图16-1所示。

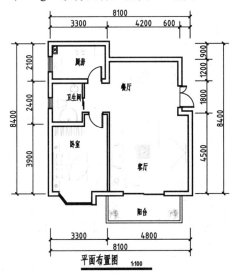

图16-1 素材文件

02 调用I【插入】命令，插入随书光盘中的【图签】图块，修改其【比例】为60，并调整插入位置，效果如图16-2所示。

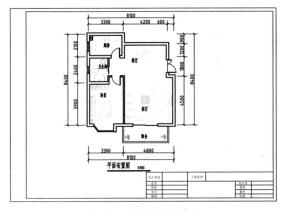

图16-2 添加图签效果

16.1.2 页面设置

页面设置是出图准备过程中的最后一个步骤。页面设置包括打印设备、纸张、打印区域、打印样式、打印方向等影响最终打印外观和格式的所有设置的集合。页面设置可以命名保存，可以将同一个命名页面设置应用到多个布局图中。

【案例16-2】：页面设置

01 在命令行中输入PAGESETUP并按回车键，打开【页面设置管理器】对话框，如图16-3所示。

图16-3 【页面设置管理器】对话框

02 单击【新建】按钮，打开如图16-4所示【新建页面设置】对话框，在对话框中输入新页面设置名称"A3图纸页面设置"，单击【确定】按钮，即创建了新的页面设置【A3图纸页面设置】。

图16-4 【新建页面设置】对话框

03 系统弹出【页面设置】对话框，如图16-5所示，在【页面设置】对话框【打印机/绘图仪】选项组中选择用于打印当前图纸的打印机。在【图纸尺寸】选项组中选择A3类图纸。

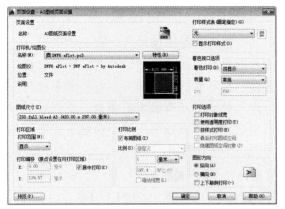

图16-5 【页面设置】对话框

04 在【打印样式表】列表中选择样板中选择【acad.ctb】样式，如图16-6所示，在随后弹出的【问题】对话框中单击【是】按钮，将指定的打印样式指定给所有的布局。

图16-6 【打印样式表】列表

05 单击选择的打印样式表右侧的【编辑】按钮，打开【打印样式表编辑器】对话框，如图16-7所示，依次修改【打印样式】列表框中【颜色3】（黑、0.1500mm）、【颜色4】（黑、0.1500mm）、【颜色5】（黑、0.1500mm）、【颜色6】（黑、0.1500mm）和【颜色7】（黑、0.5000mm）选项。

06 单击【保存并关闭】按钮，返回到【页面设置】对话框，勾选【打印选项】选项组【按样式打印】复选框，如图16-8所示，使打印样式生效，否则图形将按其自身的特性进行打印。

07 勾选【打印比例】选项组【布满图纸】复选框，图形将根据图纸尺寸缩放打印图形，使打印图形布满图纸。

08 在【图形方向】选项组设置图形打印方向为【横向】，如图16-9所示。

图16-7 【打印样式表编辑器】对话框

图16-8 【打印选项】 图16-9 【图形方向】
选项组 选项组

09 设置完成后单击【预览】按钮，检查打印效果。

10 单击【确定】按钮返回【页面设置管理器】对话框，在页面设置列表中可以看到刚才新建的页面设置【A3图纸页面设置】，选择该页面设置，单击【置为当前】按钮，如图16-10所示。单击【确定】按钮关闭对话框。

图16-10 【页面设置管理器】对话框

16.1.3 打印

在设置好图签和页面设置后，就可以使用【打印】命令，打印图纸了。

【案例16-3】：打印图纸

01 按快捷键Ctrl+P，打开【打印】对话框，在【页面设置】选项组【名称】列表中选择前面创建的【A3图纸页面设置】，如图16-11所示。

02 在【打印区域】选项组【打印范围】列表中选择【窗口】选项，如图16-12所示。

图16-11 【打印】对话框

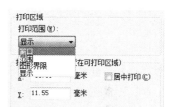

图16-12 【打印区域】选项组

03 单击【窗口】按钮，【页面设置】对话框暂时隐藏，在绘图窗口中分别拾取图签图幅的两个对焦点确定一个矩形范围，该范围即为打印范围。

04 完成设置后，确认打印机与计算机已正确连接，单击【确定】按钮开始打印。

16.2 图纸空间打印

模型空间打印方式只适用于统一比例图形打印，当需要在一张图纸中打印输出不同比例的图形时，可使用图纸空间打印方式。本节以立面图和剖面图为例，介绍图纸空间的视口布局及打印方法。

16.2.1 进入布局空间

进入布局空间的方法很简单，单击绘图窗口左下角的【布局1】或【布局2】选项卡即可进入图纸空间。

【案例16-4】：进入布局空间

01 单击【快速访问】工具栏中的【打开】按钮，打开"第16课\16.2 图纸空间打印.dwg"素材文件，如图16-13所示。

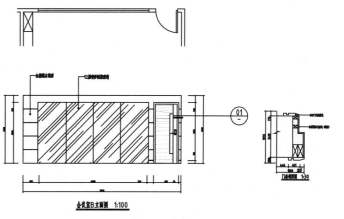

图16-13 素材文件

02 单击图形窗口左下角【布局1】选项卡进入图纸空间。当第一次进入布局时，系统会自动创建一个视口，该视口一般不符合我们的要求，可以将其删除，删除后的效果如图16-14所示。

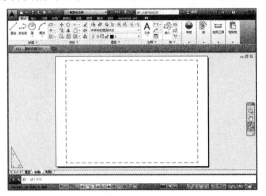

图16-14　布局空间

16.2.2　页面设置

在图纸空间打印中，需要重新进行页面设置。

【案例16-5】：页面设置

01 在【布局1】选项卡上单击鼠标右键，从弹出的快捷菜单中选择【页面设置管理器】命令，如图16-15所示。在弹出的【页面设置管理器】对话框中单击【新建】按钮，创建"A3图纸页面设置-图纸空间"新页面设置。

02 进入【页面设置】对话框中后，在【打印范围】列表中选择【布局】，在【比例】列表中选择【1∶1】，其他参数设置如图16-16所示。

03 设置完成后单击【确定】按钮关闭【页面设置】对话框，在【页面设置管理器】对话框中选择新建的"A3图纸页面设置-图纸空间"页面设置，单击【置为当前】按钮，将该页面设置应用到当前布局。

图16-15　快捷菜单

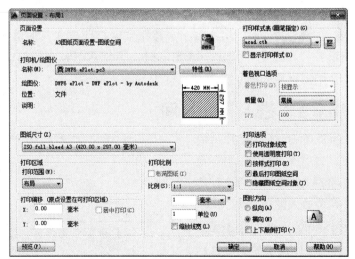

图16-16　【页面设置】对话框

16.2.3　创建视口

通过创建视口，可将多个图形以不同的比例打印布置在同一张图纸空间中。创建视口的命令有VPORTS和SOLVIEW，下面介绍使用VPORTS命令创建视口的方法。

【案例16-6】：创建视口

01 创建一个新图层【VPORTS】，并设置为当前图层。

02 创建第一个视口。在命令行中输入VPORTS【视口】命令并按回车键结束，打开【视口】对话框，在【标准视口】列表框中选择【单个】选项，如图16-17所示。

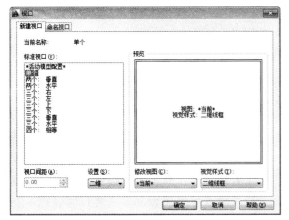

图16-17　【视口】对话框

03 单击【确定】按钮，在布局内拖动鼠标创建一个视口，如图16-18所示。该视口用于显示【立面图】。

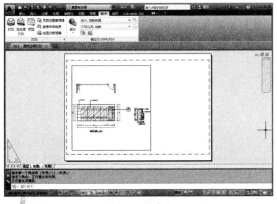

图16-18　创建视口

04 在创建的视口中双击鼠标，进入模型空间，处于模型空间的视口边框以粗线显示。

05 在状态栏右下角设置当前注释比例为1:100，如图16-19所示。调用PAN命令平移视图，使【立面图】在视口中显示出来。注意，视口比例应根据图纸的尺寸适当设置，这里设置为1:100以适合A3图纸，如果是其他尺寸图纸，则应该做相应调整。

图16-19　修改比例

06 在视口外双击鼠标，返回到图纸空间。

07 选择视口，使用夹点法适当调整视口大小，使视口内只显示【立面图】，结果如图16-20所示。

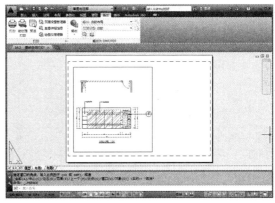

图16-20　调整视口大小

08 创建第二个视口。选择第一个视口，调用CO【复制】命令，复制出第二个视口，并调整视口的大小，该视口用于显示【剖面图】，输出比例为1：30，双击视口进入模型空间），使【剖面图】在视口中显示出来，并适当调整视口大小，结果如图16-21所示。

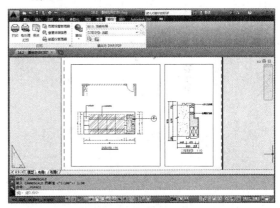

图16-21　创建第二个视口

提示

设置好视口比例之后，在模型空间内不宜使用ZOOM/Z命令或鼠标中间键改变视口比例。

16.2.4　加入图签

在图纸空间中，同样可以为图形加上图签，方法很简单，调用INSERT/I命令插入图签图块即可。

调用I【插入】命令，插入随书光盘中的

【图签】图块，修改其【比例】为0.95，并调整插入位置，效果如图16-22所示。

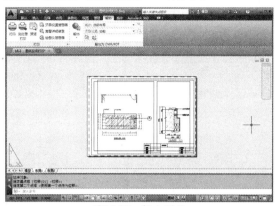

图16-22 插入图块

16.2.5 打印

创建好视口并且加入图签后，接下来就可以开始打印了。

【案例16-7】：打印图纸

01 在打印之前，执行【文件】/【打印预览】命令预览当前的打印效果，如图16-23所示。

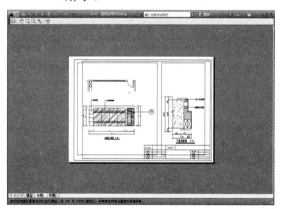

图16-23 预览打印效果

02 从图16-23的打印预览效果可以看出，图签部分不能很好打印，这是因为图签大小超越了图纸可打印区域的缘故。图16-22所示的虚线表示了图纸的可打印区域。

03 解决办法是通过【绘图配置编辑器】对话框中的【修改标准图纸所示（可打印区域）】选择重新设置图纸的可打印区域。单击【打印】面板中的【绘图仪管理器】按钮，打开【Plotters】文件夹，如图16-24所示。

图16-24 【Plotters】文件夹

04 在对话框中双击当前使用的打印机名称（即在【页面设置】对话框【打印选项】选项卡中选择的打印机），打开【绘图仪配置编辑器】对话框。选择【设备和文档设置】选项卡，在上方的树形结构目录中选择【修改标准图纸尺寸（可打印区域）】选项，如图16-25所示。

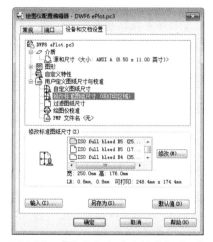

图16-25 【绘图仪配置编辑器】对话框

05 在【修改标准图纸尺寸】栏中选择当前使用的图纸类型（即在【页面设置】对话框中的【图纸尺寸】列表中选择的图纸类型），如图16-26所示光标所在的位置（不同打印机有不同的显示）。

图16-26 绘制矩形

06 单击【修改】按钮弹出【自定义图纸尺寸】对话框，如图16-27所示，将上、下、左、右页边距分别设置为2、2、7、2（可以使打印范围略大于图框即可），单击两次【下一步】按钮，再单击【完成】按钮，返回【绘图仪配置编辑器】对话框，单击【确定】按钮关闭对话框。

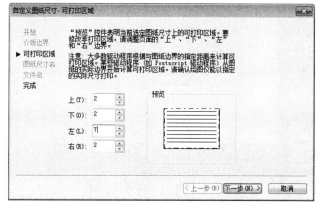

图16-27 【自定义图纸尺寸】对话框

07 修改图纸可打印区域之后，此时布局如图16-28所示（虚线内表示可打印区域）。

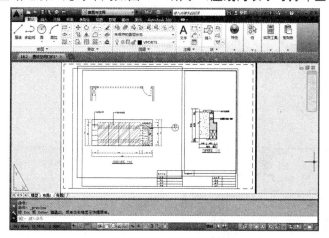

图16-28 布局效果

08 调用LAYER命令打开【图层特性管理器】对话框，将图层【VPORTS】设置为不可打印，如图16-29所示，这样视口边框将不会被打印。

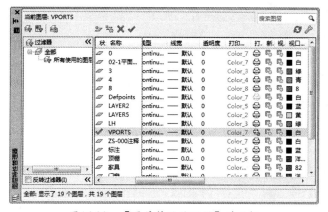

图16-29 【图层特性管理器】对话框

09 此时再次预览打印效果，如图16-30所示，图签已能正确打印。

10 如果满意当前的预览效果，按Ctrl+P组合键既可以正式打印输出。

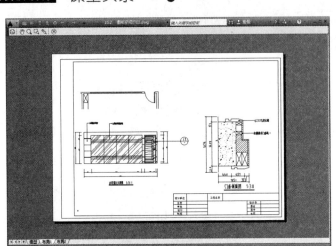

图16-30 打印效果

16.3 课后练习

布局空间下打印如图16-31所示办公空间平面布置图，并分别使用【颜色打印样式】和【命名打印样式】控制墙体、室内家具、尺寸标注图形的打印线宽、线型、颜色和灰度。

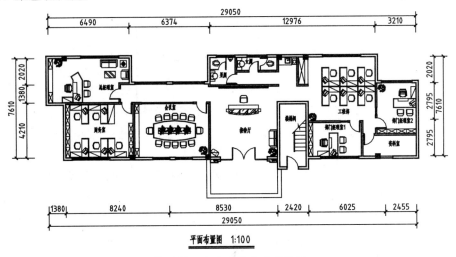

平面布置图 1:100

图16-31 办公空间平面布置图

提示步骤如下。

01 单击【快速访问】工具栏中的【打开】按钮 🔲，打开"第12课\12.8 课后练习"素材文件。

02 右击绘图窗口下的【模型】或【布局】选项卡，在弹出的快捷菜单中，选择【新建布局】命令，新建布局。

03 切换至新建的布局空间，再调整视口的大小。

04 再单击【应用程序】按钮 🔺，执行【打印】|【管理绘图仪】命令，设置参数，修改可打印区域。

05 在【布局】功能区中单击【布局】面板中的【页面设置】按钮，设置打印参数。

06 完成打印参数的设置，单击【浏览】按钮，浏览打印效果，再单击鼠标右键，将办公空间平面布置图打印出来。